中共南阳市委组织部
河南南阳干部学院 ◎组织编写

中外大型调水工程文化比较研究

焦红波　朱涵钰 等◎著

中国建筑工业出版社

图书在版编目（CIP）数据

中外大型调水工程文化比较研究／焦红波等著；中共南阳市委组织部，河南南阳干部学院组织编写．—北京：中国建筑工业出版社，2023.7

ISBN 978-7-112-28894-6

Ⅰ.①中… Ⅱ.①焦… ②中… ③河… Ⅲ.①调水工程—水文化学—对比研究—中国、国外 Ⅳ.①TV68

中国国家版本馆CIP数据核字（2023）第125479号

责任编辑：朱晓瑜　张智芊
文字编辑：李闻智
书籍设计：锋尚设计
责任校对：姜小莲
校对整理：李辰馨

中外大型调水工程文化比较研究
中共南阳市委组织部　河南南阳干部学院　组织编写
焦红波　朱涵钰　等　著
*
中国建筑工业出版社出版、发行（北京海淀三里河路9号）
各地新华书店、建筑书店经销
北京锋尚制版有限公司制版
北京市密东印刷有限公司印刷
*
开本：787毫米×1092毫米　1/16　印张：13¼　字数：296千字
2023年8月第一版　2023年8月第一次印刷
定价：**59.00**元
ISBN 978-7-112-28894-6
（41269）

"南水北调精神教育文丛"
编辑委员会

2022年9月，南水北调干部学院经过中共中央组织部办学质量评估，纳入中共中央组织部党性教育干部学院目录，并更名为河南南阳干部学院。

前言

水是生存之本、文明之源。我国基本水情一直是夏汛冬枯、北缺南丰，水资源时空分布极不均衡。2021年5月14日，中共中央总书记、国家主席、中央军委主席习近平在河南省南阳市主持召开推进南水北调后续工程高质量发展座谈会并发表重要讲话。他强调，南水北调工程事关战略全局、事关长远发展、事关人民福祉。进入新发展阶段、贯彻新发展理念、构建新发展格局，形成全国统一大市场和畅通的国内大循环，促进南北方协调发展，需要水资源的有力支撑。党的十八大以来，在以习近平同志为核心的党中央坚强领导下，全力推进调水工程高质量发展，加快构建国家水网，为全面建设社会主义现代化国家、以中国式现代化全面推进中华民族伟大复兴提供有力的水安全保障。党中央统筹推进水灾害防治、水资源节约、水生态修复、水环境治理，建成了一批跨流域、跨区域重大引水调水工程，水资源配置格局实现全局性优化。可以说，大型调水工程，无疑是人类水利文明系统乃至整个文明体系中极其辉煌的建设成果。成功的调水工程，从形态上看是技术和物料的结合，其内涵总是体现人水和谐理念和生态可持续发展的目标。然而，当前全球水问题十分复杂，涉及制度、传统文化、人文价值等深层次原因，从文化角度审视和解决水问题尚未成为社会的自觉意识和行动。值此之际，对人类水利文明的演进开展解读，为解决依然严重的水问题寻求文化支撑，以先进水文化推进现代水利事业科学发展、和谐发展，是摆在我们面前的重大课题。

人类工程史的实践表明，伟大工程呼唤并催生伟大文化，伟大文化成就并引领伟大工程。数千年来，中华民族在治水兴水及其重大工程建设方面取得了辉煌的历史成就，在工程建设管理实践中积累形成了丰富经验。毫无疑问，水为智者提供了丰富的文化源泉，智者亦开发了无穷的水文化成果宝藏。正如此，调水工程文化作为中华文化内容之一，是其中极具光辉的文化财富，也是我们具有高度文化自信的基础，为现代水利、可持续发展水利事业提供了强大的精神动力和智力支持。伴随经济全球化与世界多元化，新阶段水利高质量发展对水文化建设提出了更高要求，迫切需要深入挖掘中外优秀治水文化的丰富内涵和时代价值。以此而论，研究中国的大型调水工程文化，势必要加入世界性的调水工程文化创新发展问题。其中，开展中外大型调水工程文化比较这一专题研究，亦是实现这一要求的题中应有之义。自2000年起，联合国教科文组织就展开了关于水与文化多样性的讨论，并于2007年正式设立了“水与文化多样性项目”，提出了“水的文化多样性是可持续的关键”的理念。与之相关，水利部《水文化建设规划纲要（2011—2020年）》明确指出，积极参与国际水文化活动，加强世界先进治水思想、先进治水技术、先进管水经验交流，从中吸收先进的治水理念和文化思想，吸收借鉴世界各国优秀文化成果。但目前来看，国内外有关水文化知识方面的交流与合作非常有限，相关工作的进度还处于起步阶段，中外大型调水工程文化比较研究仍有待深入。故开展多维度、深层次的中外大型调水工程文化比较研究，对全球水利改革发展、全球水文化建设发展具有深远的学术价值和现实意义。

进行中外大型调水工程文化比较，其考察的内容和侧重点不同于其他一般性的比较，而是更多地把比较对象和考察内容放在人水关系改良完善的目的及效果上，植入人水和谐共生现代化的文化坐标及其主要衡量指标中。因而，本书所展开的"文化比较"，总的来看有两个视域：一是"人类文明交流互鉴视域"，即水文化传播视域，主要着眼于其比较的高度、广度；二是"人水关系和谐发展视域"，即水文化理论视域，主要着眼于其比较的深度、厚度。在人类文明交流互鉴视域下，本书的目的与任务，主要体现在两个方面：一是要以"美人之美、美美与共"的心态，学习借鉴他人的优点，吸纳国外大型调水工程创造创新的优秀成果、理性经验与成功方案；二是要坚定文化自信，强化文化传播自觉，为完整讲好中国大型调水工程建设的故事，传递中国大型调水工程的价值与智慧做些铺垫性乃至开拓性的工作。

基于上述认知，作者力图借助比较研究的视角，从工程历史、文化传承到实践经验，从技术创新到社会影响，深入挖掘中外大型调水工程文化的内涵与外延。本书的研究思路如下：一方面，立足于人类文明的多元性与交流互鉴的趋势，对中外大型调水工程的兴建历程、技术成就、功能定位及社会影响进行探索与比较，并通过回顾国际水文化建设与全球水问题的发展现状，强调国际合作在大型调水工程文化中的重要性。在此基础上，构建了相应的指标体系来揭示中外大型调水工程的文化内涵、质量、实质和精髓，旨在为实际工程规划和实施提供有益的指导和参考。另一方面，作为对中外大型调水工程文化比较的解析与反思，将中外大型调水工程兴建的共性与个性、多维价值与文化建构、重大关切与回应、历史经验与教训等方面作为研究重点，深刻剖析了水文化对水利实践及社会民生的影响。同时，本书还将南水北调工程作为典型案例，试图通过分析这一重大调水工程的"大成智慧"，为其他类似工程的规划、设计和管理提供经验和启示，为推进全球水利事业的改革发展和水文化建设的繁荣发展做出力所能及的贡献。

为构建全景式的中外大型调水工程文化解读，每个章节都从不同角度、不同层面把握了中外大型调水工程文化的多维性：

第一章以人类文明的交流与互鉴为切入点，深刻剖析了中外大型调水工程文化比较的背景和必要性。人类社会正处于全球化与多元化并存的时代，文化多样性为工程实践做出了重大贡献。而中外大型调水工程文化的比较研究，为推动不同文明之间的对话与互鉴，为解决全球水资源难题提供了新的思路。

第二章侧重于历史和成就，考察了中国古代和近现代大型调水工程的兴建历程、技术成就和对社会发展的影响。本章从工程的角度探讨了中国人民的智慧与创新在水资源管理中的体现，以及这些工程对农业生产、水利文化传承以及经济社会发展的积极影响，突显了中国在水利领域取得的卓越成就。

第三章深入探讨了中华水文化中蕴含的哲学思想、审美情趣、道德观念等核心要素。通过对水文化的历史脉络追溯，本章全面展示了中华水文化的渊源、发展历程以及精髓的形成与内在逻辑，诠释了中国人民对水的崇尚和对水资源的智慧利用，揭示了中华水文化所蕴含的深刻内涵及其对中国文化体系的深远影响。

第四章着眼于国外不同大型调水工程的功能定位和实践路径，展示了调水工程在国际上的多样性。通过探讨不同国家关于大型调水工程的设计理念、技术选择和工程规模等方面的独特之处，不仅突显了文化在工程演进中的作用，更为跨文化比较和工程实践提供了新的视角和启示。

第五章全面展示了国际水事会议的主题以及历届世界水资源论坛中中国的参与情况。本章不仅强调了国际合作在应对全球水资源挑战中的重要性，探讨了各国共同努力解决水问题所带来的积极影响和成就；亦回顾了中国在世界水资源论坛中的角色和作用，突显了中国在全球水问题解决中的积极参与和引领作用。

第六章从人类学、社会学、历史学等多个角度，展示了不同学者对于水文化的研究思路与创新成果。通过梳理水文化的研究演变轨迹，本章揭示了水文化研究领域的新兴议题和学科交叉融合方向，不仅挖掘出了各国在水文化研究领域中的核心观点和共识，更强调了水文化的传承与创新，以及如何在实际工程项目中充分考虑文化因素，实现工程目标与社会价值的有机融合。

第七章和第八章旨在深入剖析调水工程所处的社会文化背景、历史传统、价值观念等因素，对不同文化类型的调水工程进行详细分类。通过构建相应的指标体系，中外大型调水工程的文化内涵、质量、实质和精髓得以揭示。不可忽视的是，大型调水工程的文化评估又是一项可操作的实践，必须在具体评估实践过程中不断地总结经验，改进评估方式，使其适合实际，并臻于完善。

第九章将文化与工程的内在联系相结合，展示了文化在工程背后的价值观塑造。通过对比分析，本章不仅揭示了不同文化和社会背景下调水工程的共同价值和独特贡献，以及其在解决水资源问题上的相似和差异之处；更诠释了调水工程如何在文化层面上塑造社会认知、强化文化身份，并对当地文化传统产生深远影响。

第十章呈现了中外大型调水工程的文化建构典型案例。以美国胡佛大坝和中国南水北调工程为代表，揭示了这些调水工程在建设过程中所承载的文化意义和社会价值。通过对比分析，本章突显了不同国家在大型调水工程中所体现的文化传承和精神传统，为读者深入理解调水工程背后的文化内涵提供了深刻的视角。

第十一章既基于大型调水工程在建设过程中面临的共同挑战，详细探讨了各国在工程规划、技术创新、环境保护、社会影响等方面的共同经验，强调了国际合作对于推动水利工程领域的进步和发展所产生的积极影响；又指出了各国在工程设计、施工技术、管理模式等方面的独特之处，突显了相互合作、互补优势对提高大型调水工程建设水平的作用。

第十二章强调了中外大型调水工程争议的常态性和必然性，并将美国从“建坝”到“反坝”的争议作为典型，通过审视不同文化观念、环保意识、土著文化保护等因素，来揭示美国大型调水工程争议的文化背景和社会动态。这同时印证了工程规划、社会参与和环境保护间的平衡对实现可持续发展的重要性。在面对争议和挑战时，追求人与水资源的和谐共生始终是调水工程建设的最终目标。

第十三章全面分析了中外大型调水工程建设中所获得的经验教训与反思，从投资、生态、节水、地质安全和跨流域调水等多个角度，深刻总结了在工程建设中需要注意的关键问题，旨在为未来类似工程的规划、设计、施工和运营提供指导和借鉴，最大限度地提高工程效益和可持续性。

第十四章和第十五章全面介绍了科学回应大型调水工程建设中重大社会关切的方法与策略，从机制构建到决策方法，再到效益最大化和生态保护，一一突显了科学在解决大型调水工程建设中社会问题中的重要作用，有利于为大型调水工程的合理建设与可持续发展提供科学的指导和方向。

第十六章详细描述了南水北调工程从构想到建设的历程，全面展示了南水北调工程的"大成智慧"。从工程技术创新到国家发展，从环境效益到可持续价值，无不体现着中国在可持续发展、水资源协调配置及长远战略目标方面的智慧与担当；也为国际社会在解决类似水资源问题时提供了成功范例，对技术创新、国家战略、社会经济、生态环境和国际合作等方面具有重要作用。

第十七章阐述了南水北调精神的内涵，包括对水资源管理和生态环境保护的高度重视，以及在实现区域均衡发展、改善人民生活等方面的积极作用。本章既揭示了南水北调精神在中国现代化建设和可持续发展中的重要地位，展现了中国在水资源管理领域所取得的成就和经验；又通过介绍南水北调工程文化在国际交流中的传播情况，突显了其在国际舞台上的积极形象，以及在推动全球水资源问题的解决和文化传承中的重要意义。

有比较，才有鉴别；有鉴别，才有取舍。只有通过比较，才能知己知彼；只有知己知彼，才能更好地比较；更好地取人之长、补己之短，才能扬己之长为他人贡献智慧、提供经验，实现共同进步、共同发展。《中外大型调水工程文化比较研究》的编写，源于对水资源管理与可持续理念的深刻思考，源于对文化传承和社会发展的重大关切。本书通过比较不同国家在大型调水工程中的成功经验和困难挑战，不仅揭示了大型调水工程背后的文化意义、技术价值以及对全球水资源领域的深远影响，更为社会可持续发展提供了一扇通往更深层次认识的窗口。我们不能脱离水利实践片面地建设水文化，应避免就工程建工程、忽视水文化发展的倾向。要在水利发展中实现水文化进步，满足当代水利人对水文化的基本需求，展现我国水利建设的文化内涵，引导社会建立人水和谐的生产生活方式，使水文化更好地适应现代水利建设的需要。因此，本书的意义将远超技术与工程，而更加涵盖了人类社会、文化传承和未来发展的全局视角。不仅为推动不同调水工程文化的包容共存、交流互鉴贡献了中国智慧；也为推动人类文明发展、推进人类现代化进程、构建人类命运共同体提供了中国调水工程文化方案。

目录

第一章　中外大型调水工程文化比较与人类文明互鉴 1

第一节　“文化”和“文明”的含义及其内在关系 2

第二节　中外大型调水工程文化比较的目的与任务 5

第三节　中外大型调水工程文化比较的内容与重点 7

第二章　中国大型调水工程的兴建及其历史贡献 9

第一节　中国古代大型调水工程的修筑及多维功能 10

第二节　新中国大型调水工程的兴建及伟大成就 15

第三章　中华水文化及其精髓的形成与发展 23

第一节　中华水文化的渊源与发展 24

第二节　中华水文化精髓的形成及其内在逻辑 25

第四章　国外大型调水工程的功能类型 31

第一节　以航运为主的大型调水工程 32

第二节　以灌溉为主的大型调水工程 33

第三节　以供水为主的大型调水工程 40

第四节　以开发利用为主的大型调水工程 43

第五章　全球水问题与国际水事会议（论坛）主旨 49

第一节　国际水事会议及活动 50

第二节　历届世界水资源论坛和中国的参与 53

第六章　国际水文化研究进展及核心话语传播　59

第一节　国际水文化理论研究的重点及新动向　60
第二节　水文化教育传播与“世界水日”“中国水周”主题　64
第三节　中外水文化的核心理念与大型调水工程文化比较坐标　67

第七章　中外大型调水工程文化分类评估指标体系（上）　69

第一节　中外大型调水“工程生命”评估指标　72
第二节　中外大型调水“工程智慧”评估指标　75
第三节　中外大型调水“工程伦理”评估指标　78

第八章　中外大型调水工程文化分类评估指标体系（下）　81

第一节　中外大型调水“工程美学”评估指标　82
第二节　中外大型调水“工程荣誉”评估指标　88
第三节　中外大型调水“工程效益”评估指标　90

第九章　中外大型调水工程的多维价值与文化建构　97

第一节　中外大型调水工程的多维价值与比较视角　98
第二节　中外大型调水工程的文化建构　100

第十章　中外大型调水工程的文化建构典型案例　103

第一节　美国胡佛大坝的“精神文化建构”　104
第二节　中国南水北调工程的“精神文化建构”　107

第十一章　中外大型调水工程建设的共性分享和个性互鉴　123

第一节　中外大型调水工程建设的共性分享　124
第二节　中外大型调水工程建设的个性互鉴　128

第十二章　中外大型调水工程争议问题的文化分析　133

第一节　中外大型调水工程争议的常态性和必然性　134

第二节　美国从建坝到反坝的争议的文化动因　135
第三节　实现人水和谐共生是中外大型调水工程建设的核心目标　139

第十三章　中外大型调水工程建设的经验教训与反思　145

第一节　对于投资量大、回收期长的问题应强化科学预测　146
第二节　对生态环境的负面影响须设法有效减少和避免　146
第三节　必须以节水为优先事项实施系统治理战略　148
第四节　对于工程线路地质安全要高度警惕和预防　151
第五节　对于跨流域调水的运作事务的组织协调应集中统一　151

第十四章　科学回应大型调水工程建设中的重大社会关切（上）　153

第一节　科学回应大型调水工程建设中的重大社会关切的重要性　154
第二节　科学回应大型调水工程建设中的重大社会关切的机制构建　155
第三节　科学对待大型调水工程建设中的民主决策与科学决策问题　159

第十五章　科学回应大型调水工程建设中的重大社会关切（下）　163

第一节　科学对待大型调水工程综合效益最大化问题　164
第二节　科学对待大型调水工程生态环境效应和生态保护问题　165
第三节　科学对待大型调水工程建设中“两手发力”问题　169

第十六章　中国南水北调工程的“大成智慧”　173

第一节　由“大成智慧”到“大国重器”　174
第二节　由“功在当代”到“利在千秋”　184
第三节　由“空间均衡”到“人水和谐”　187

第十七章　中国南水北调工程文化的核心与传播　191

第一节　中国南水北调工程文化的核心是南水北调精神　192
第二节　中国南水北调工程文化的对外交流　196

参考文献　198

后记　202

第一章　中外大型调水工程文化比较与人类文明互鉴

人类由比较而明智，世界因互鉴而进步。当今时代，科技和通信技术的迅速进步，使全世界各种文明的交流成为社会发展的新常态，各种文明交流互鉴显示了人类大智慧。2014年3月，国家主席习近平在巴黎联合国教科文组织总部演讲时指出，文明是平等的，人类文明因平等才有交流互鉴的前提。各种人类文明在价值上是平等的，都各有千秋，也各有不足。世界上不存在十全十美的文明，也不存在一无是处的文明，文明没有高低、优劣之分。要了解各种文明的真谛，必须秉持平等、谦虚的态度。如果居高临下对待一种文明，不仅不能参透这种文明的奥妙，而且会与之格格不入。历史和现实都表明，傲慢和偏见是文明交流互鉴的最大障碍。习近平总书记胸怀世界，高瞻远瞩，不仅强调了文明交流互鉴的重大意义，而且为文明交流互鉴指明了正确的方向和道路。文明交流且相互借鉴可以增进各国人民友谊，有效推动人类社会进步及维护世界和平。不同国家之间相互尊重和包容，才能尽量避免出现"文明冲突"的现象；尽快实现人类期望的"文明和谐"，才能使不同国家之间的文明共存，不起冲突，有效推动人类社会的发展。这是何等的远见卓识！

2019年5月15日，国家主席习近平在出席亚洲文明对话大会开幕式时发表题为《深化文明交流互鉴 共建亚洲命运共同体》的主旨演讲。他又一次谈到，文明因多样而交流，因交流而互鉴，因互鉴而发展。他强调，我们要加强世界上不同国家、不同民族、不同文化的交流互鉴，夯实共建亚洲命运共同体、人类命运共同体的人文基础。并呼吁与会代表和世界各国要坚持相互尊重、平等相待，美人之美、美美与共，开放包容、互学互鉴，与时俱进、创新发展，共同创造亚洲文明和世界文明的美好未来！他强调指出，我们应该用创新增添文明发展动力、激活文明进步的源头活水，不断创造出跨越时空、富有永恒魅力的文明成果。这是何等的宽广视域！

2019年8月19日，中共中央总书记、国家主席、中央军委主席习近平在甘肃省考察时强调，我们要铸就中华文化新辉煌，就要以更加博大的胸怀，更加广泛地开展同各国的文化交流，更加积极主动地学习借鉴世界一切优秀文明成果。这是何等的文化自信，何等的大国领袖风范！

中国作为一个负责任的发展中大国，面对经济全球一体化，中国水利必须全方位进入国际舞台，需要进一步扩大各个政府部门之间关于水利工作方面的交流与沟通，并且需要积极参加国际组织和有关国际水利方面的活动，广泛参与国际竞争与合作。而且还要不失时机地积极宣传介绍中国水利重大成就，持续不断地开展水文化交流互鉴活动，以更好地发挥我国水利在国际水利舞台中的影响和作用。而进行中外大型调水工程文化比较研究，则是题中应有之义。

第一节 "文化"和"文明"的含义及其内在关系

对中外大型调水工程文化做比较，在理论思维上离不开对于"文化"和"文明"的含义及其内在关系的界定与辨析。

目前，国际学界比较有代表性的理解主要分为两类。第一类将“文化”和“文明”视为近义词，认为二者具有相通性和交叉性，都可以广义地理解为人类活动及其成果，一般不加以区分，或只是有所偏重，如爱德华·泰勒在《原始文化》中的理解，他在开篇就指出：“文化，或文明，就其广泛的民族学意义来说，是包括全部的知识、信仰、艺术、道德、法律、风俗，以及作为社会成员的人所掌握和接受的任何其他的才能和习惯的复合体。”他对“文化”的这一定义至今仍是最为经典的概括。他认为，不同的文化现象既有共同性，又有连续性和因果关系；每种文化都具有不同的发展阶段，每一阶段都是前一阶段的产物，且影响后一阶段的形成；前一阶段的礼仪习俗，会遗留给下一个甚至以后的若干个阶段，同时它们又是过去的见证，因而可以根据文明社会中的古代文化遗留来判断文明时代和蒙昧时代的内在联系。“文化”“文明”“文化遗留”是泰勒开创的几个重要概念，也是本课题的重要参考。第二类将“文明”视为体现文化认同、进行文化归类的聚合体[①]。当代美国学者亨廷顿认为，文明和文化都涉及一个民族全面的生活方式，文明是放大了的文化。它们都包括“价值、规则、体制和在一个既定社会中历代人赋予了头等重要性的思维模式”[②]。“文明是最广泛的文化实体……文明是人最高的文化归类，是人们文化认同的最广范围。”[③]这种观点在中西方文化界都有一定的影响，本课题对此意涵也有所采用。

北京大学资深教授何怀宏在其最新出版的文明史著作《文明的两端》一书中，就“文明”与“文化”的含义问题先做了厘清，他认为二者有五点不同：①“文明”与“野蛮”相对。②“文明”更强调共性、普遍性、普世性，而“文化”则更强调特殊性、差异性、民族性。“文明”比“文化”具有更大的涵盖性和包容性。当就地域或社会、民族、宗教提及“文明”的时候，我们是就其共性而言的；而当我们说到“文化”，就常常已经意味着多元了。③“文明”首先意味着一个普遍的历史过程，其范畴一般不会包括单纯采集狩猎的人类历史阶段；但“文化”却可以指原始社会的文化。“文明”有一个确定的历史，即一般都认为人类文明是从一万余年前开始的，但人类文化却没有这样一个统一的、明确的历史。正是基于文明有确定的万年历史，才有了“文明的两端”——文明诞生的一端和文明现代的一端。④“文明”一定包含“物质文明”，但“文化”却并不一定如此。⑤“文明”的传递是“明”，明白了之后很快就可以照着做；而“文化”的传递则是“化”，大概非得有一个濡染、生长的过程不可。对于“文明”，他认为可以这样定义：文明就是一定数量的人们，具有一定的可以持久固定群居的物质生活基础，形成了或者正在走向一定的政治秩序，具有一定的精神生活形态的人类开化状态。即文明一般包括物质文明、政治文明和精神文明三个要素。这三个要素合起来才可以说是“文明”，才能真正地抓住人类文明发展的底层逻辑——“以

① 爱德华·泰勒. 原始文化［M］. 上海：上海文艺出版社，1992：1.

② 塞缪尔·亨廷顿. 文明的冲突与世界秩序的重建［M］. 周琪，等译. 北京：新华出版社，2010：24-25.

③ 塞缪尔·亨廷顿. 文明的冲突与世界秩序的重建［M］. 周琪，等译. 北京：新华出版社，2010：26.

物质为基础、以价值为主导、以政治为关键”，理解文明的“过去”与“未来”，回答好文明何以为文明，并非是“始于物质，终于物欲”[①]。

著名学者韩庆祥在其研究中提出“文化是人化为物，文明是化人为善”的观点。他从哲学视角出发，围绕文明的本体、关系、过程、结构和功能五个维度，辨析了文明与文化两个概念，论述了文明对于国家发展和社会进步的重要意义。他认为文化和文明既有联系，又有区别，二者具有相通之处，都与人有关，是人化的产物，也都在化人。在他看来，文明主要是在人与人的关系框架中使用的一个概念，意指“化人为善”“利他为善”，其立足点、着眼点是“化人”“为善”，注重于“内化”；而文化则常常是在人与物的关系框架中使用的一种范畴，意指“人化为物”，其立足点、着眼点是“人化”“为物”，注重于“外化”。从这个意义上可以说，文明高于文化，文化不完全等于文明，文化中“化人为善”“利他为善”的进步方面则为文明[②]。

国内专家学者的上述分析及结论，对我们的研究很有启迪。“文化”和“文明”，是一对同时产生、一同成长的“孪生姊妹”，是人文社会科学领域的两个重要范畴，看似相近，实则有别。二者是一对同中有异、关系复杂的术语。用英国一位文学批评家、文化学者的话说，“文化”与“文明”，最初指相似的事物，意义相近。但到了现代，我们发现它们的意义不仅有所不同，有时候还恰恰相反[③]。事实上，由于这两个概念在形成发展中错综复杂的关联性，在相当普遍的情形下，人们很难将这两个概念辨别清楚[④]。

令人称道的是，在学术界，一直以来，越是受到“文化”与“文明”定义繁杂多变的困扰，人们越是知难而进、迎难而上，力图用自己的思维方式和研究实践对“文化”与“文明”做出相对明确的界定或者予以择定。因为这是研究“文化”与“文明”所有问题的立论前提，或者说这是所有自主研究该领域的思维逻辑。

本书作为一项专题研究，即以人类文明互鉴为宗旨的中外大型调水工程文化比较研究，我们在知晓“百家争鸣”“百花齐放”的基础上，更加倾向于一种通俗易懂的、接近大众的定义表述：“文化”与“文明”是近义词。文化分为广义和狭义两个方面，广义的文化是指人类创造的一切物质产品和精神产品的总和；狭义的文化专指语言、文学、艺术及一切意识形态在内的精神产品。“文化”与“文明”是一个包含与被包含的关系。从含义上来说，文化的范围更广，而文明则是属于文化的一部分，文明是文化的精华所在。从动静关系分析来

---

① 何怀宏．文明的两端［M］．桂林：广西师范大学出版社，2022：2-5，10-11.

② 韩庆祥．中国式现代化的根本特征：人民中心——读王立胜《中国式现代化道路与人类文明新形态》[EB/OL].（2022-12-11）[2023-5-5]. https://www.gmw.cn/xueshu/2022-12/11/content_36227705.htm.

③ 特里·伊格尔顿．论文化［M］．北京：中信出版社，2018：5.

④ 对于这样一个含义多样、用法混乱的词，要就其各式各样的语义做出细致的考辨，几乎是不可能的。不过，即便是仅做一点粗略的类型学分析，也能看到文明概念在含义上罕见的复杂性。大致说来，学术界使用的“文明”或“文化”一词，在不同的情况下具有不同学科方面的侧重或偏向。有哲学意义上的文明概念，也有社会学意义上的文明概念；有心理学意义上的文明概念，也有人类学意义上的文明概念；还有一种政治经济学意义上的文明概念，以及从意识形态角度着眼使用的“文明”概念，诸如西方文明、东方文明、资本主义文明、社会主义文明等。

看，文化强调过程和机制，讲求的是演变中的动态，而文明只注重结果，它是一种静态的实体。如果用一个形象的例子来说则是：在你面前有一个水杯，如果用“文化”和“文明”来给它下定义，则这个水杯就是一种“文明”，而制作水杯的过程则称为“文化”①。换句话说，我们更倾向于从动、名词上看二者的联系与区分：如果把“文明”当作名词，把“文化”当作动词，再来把握二者的联系与区别，即可将“文明”视为“文化”的成果或结晶；反过来，如果我们把“文明”当作动词，把“文化”当作名词，也可将“文化”视为“文明”的渊源或场域。本书正是基于对上述“文化”与“文明”融通共生关系的认知来研究相关问题的。

第二节　中外大型调水工程文化比较的目的与任务

中外大型调水工程，无疑是人类水利文明系统乃至整个文明体系中极其辉煌的建设成果；中外大型调水工程文化，无疑是人类水利文化系统乃至整个水文化体系中极其厚重的组成部分。其主要原因在于人类的生存发展离不开水利文明与水利文化的创造与创新。水利文明与水利文化的创造与创新在人类文明创造史上，既具有持久的历时性，又具有普遍的共时性。

中外水利文明交流互鉴是人类文明交流互鉴的重要组成部分，是推动人类水文化发展繁荣的重要举措。其中，中外大型调水工程文化比较是实现这个目标的题中应有之义。中国水利改革发展，中国水文化建设发展，需要我们将我国水利文明创造与创新的重大成果、水文化建设系列成果包括大型调水工程文化系列成果充分地推介给世界，同时也需要我们将国外相关成果积极地借鉴过来。

有比较，才有鉴别；有鉴别，才有取舍。只有通过比较，才能知己知彼；只有知己知彼，才能更好地比较，更好地取人之长、补己之短，才能扬己之长为他人贡献智慧，提供经验，实现共同进步、共同发展。

所谓比较，就是根据一定标准，在两种或两种以上有某种联系的事物之间，辨别高下、异同。中国历史上有很多著名思想家都倡导过对文化比较的研究。北齐的颜之推在《颜氏家训·省事》里说过：“不顾羞惭，比较材能，斟量功伐。”南宋的朱熹在《朱子语类》卷十九里讲道：“先看一段，次看二段，将两段比较，孰得孰失，孰是孰非。”明代的唐顺之在《答江五坡提学书》里曾说：“比较同异，参量古今。”

比较学是一门新兴学科，是关于比较的方法、原则、规律的学问，主要是用对比、类比、相关、归纳、联想等比较学方法研究事物之间的异同之处和相互影响、相互联系，通过比较产生相关新思想、新学科、新规律。比较学在科学研究乃至人类社会生活中占有重要地位。

---

① 少华. 浅谈“文化”与“文明”［N］. 中华读书报，2015-6-24（21）.

比较，可分为简单比较与综合比较、横向比较与纵向比较、平行比较与影响比较等。其中，横向比较主要用于分析同类事物的相同属性在某时刻呈现的异同，纵向比较主要用于分析同类事物的相同属性在不同时刻呈现的异同；平行比较主要用于两种互无影响的对象之间的比较，影响比较主要用于两种相互影响的不同对象之间的比较。中外大型调水工程文化比较更多的是综合比较、横向比较和平行比较。

在人类文明交流互鉴视域下，开展中外大型调水工程文化比较的目的与任务，主要体现在两个方面：一是要以“美人之美、美美与共”的心态，学习借鉴他人的优点，吸纳国外大型调水工程创造创新的优秀成果、理性经验与成功方案；二是要坚定文化自信，强化文化传播自觉，为完整讲好中国大型调水工程建设的故事，传递中国大型调水工程的价值与智慧做些铺垫性乃至开拓性的工作。

做好这项工作，思想须到位，设计须到位，功夫也须到位。首先要把功夫下到所比较内容与所比较资源的梳理整合上，下到对于所比较内容与所比较资源的理论思考、科学辨别、学术研究以及价值判断上。

开展中外大型调水工程文化比较，助推中外水文化交流互鉴，是一项十分有意义的工作，也是一项很艰辛的劳动。这项工作将会进一步拓展我们对人类水利文明演进的历史解读和国际观察的视野，为推进我国水利事业的改革发展和水文化建设的繁荣发展做出力所能及的贡献。

我国水文化领域的对外交流工作尚处于起始阶段。水利部《水文化建设规划纲要（2011—2020年）》明确指出，积极参与国际水文化活动，加强世界先进治水思想、先进治水技术、先进管水经验交流，从中吸收先进的治水理念和文化思想，吸收借鉴世界各国优秀文化成果。同时要加大我国水文化对外的传播力度，提升我国水文化产品的影响力和竞争力，积极推动中华水文化面向未来、走向世界。

党的十八大以来，习近平总书记先后对保护传承弘扬利用黄河文化、长江文化、大运河文化做出一系列重要指示批示，明确提出统筹考虑水环境、水生态、水资源、水安全、水文化和岸线等多方面的有机联系，为水文化建设提供了根本遵循和行动指南。2022年，水利部办公厅印发《“十四五”水文化建设规划》（以下简称《规划》）。《规划》共分为七部分，包括现状与形势、总体要求、水文化保护、水文化传承、水文化弘扬、水文化利用和保障措施。《规划》提出，水利行业作为发展水文化的主力军，要深入贯彻落实“节水优先、空间均衡、系统治理、两手发力”治水思路，紧紧围绕治水实践，以保护、传承、弘扬、利用为主线，以黄河文化、长江文化、大运河文化为重点，积极推进水文化建设，为推动新阶段水利高质量发展凝聚精神力量。当前，一些研究学者们不只是关注国内水文化研究成果，他们已经注意到并且开始介绍国外的有关水文化研究现状及其研究成果。但目前来看，国内外有关水文化知识方面的交流与合作非常有限，相关工作的进度还处于起步阶段，中外大型调水工程文化比较研究也只是刚刚启动。

第三节　中外大型调水工程文化比较的内容与重点

水是生命之源，没有水便没有生命的诞生，也不会有人类文明的诞生。古今中外，所有的水利工程包括大型调水工程，无一不是人水关系的产物，无一不是兴建者主体对人水关系的理解与构建、维护与完善的结果。在人水和谐关系视域下，大型调水工程，既是水科学研究的重大课题，同时也是水文化研究的核心内容。再进一步地说，中国水文化乃至国际水文化，基本上都是围绕人水关系而开展研究的，也都是围绕人类主体对人水关系的理解与构建、维护与完善这个主题而展开的。

人水关系的形成因素有很多，概括而言，主要是由于人与水互动的规模、质量、途径、特点的差异而导致和形成的。大致有以下几个方面：一是自然环境的水情变化对人类社会的影响及发生冲突的程度；二是人类认识水、利用水和改造水的能力水平的高下强弱；三是人类对水的性能、功用、生态完备性的心理认同度与情感深沉度。以上这些因素都会影响人水关系的存在状态，并影响人类水文化的形成、构建和发展。所以，水文化的形成发展状况实际上反映了人水关系的状态。同样，古今中外的调水工程文化其实就是人水关系状态的一种表征。

从人水关系来看，人与水之间最基本的关系是“亦友亦敌”的矛盾关系，并且是伴随着人类生命的整个过程的。尽管水与人类存在着天然的联系，但其分布并不是一开始就顺从人意，而人在自己的生存实践中也不会任“水”摆布；人与水理应广结善缘，良好相处，但实际上往往矛盾冲突居多。水的自然变化是无序与有序相互交织的，人在水自然面前，既存在着“有能进行时”，又存在着“无能进行时”；既存在着“逞能进行时”，还存在着“乱能进行时”；有作为、无作为、乱作为时有发生。人水关系就是在这样的“进行时”中不断产生的，或者说是由此而变化发展的。人们正是在与水进行永无休止的周旋过程中，延续并创造着自己的历史文化。人水关系往往因人而变、因时而异、因地而别，呈现出不同的存在状态，甚至是错综复杂的局面。但究其根本原因，就在于人与水“亦友亦敌”的矛盾关系是多维的、立体的、网状的。

往者不可谏，来者犹可追。全世界越来越多的国家和有识之士已经意识到水的重要性，人水和谐共生及其现代化在20世纪下半叶被提上了联合国议事日程。1977年，第一届联合国水事会议在阿根廷马德普拉塔（Mar del Plata）召开，提出了“避免在20世纪末发生全球性水危机”的目标。1997年联合国发布的《世界水资源综合评估报告》中指出：水问题将严重制约21世纪全球经济与社会发展，并可能导致国家间的冲突。为缓解水冲突和水危机，在联合国的积极推动下，近年来加强和改善水资源开发和需求供给管理问题，也已被提升到了全球的战略高度，并相继召开了一系列专题会议，出台了相关决议及备忘录。

人水关系是人与自然关系的重要体现。人与自然关系的改良与完善，不是自发形成的，而是源于人类的社会实践活动对自然的适度改造和合理性作为，通过适度合理的实践活动，变天然自在的自然为人化的自然，实现人与自然关系的良性转变，达到相对和谐的状态。水，原本是一种天然的自然存在物，人们通过自身的实践活动，逐渐消除人与水之间的紧张甚至是对抗关系，最终目标是实现人与水的和谐相处。从历史发展的总趋势来看，人水关系的改善是在矛盾中寻求和谐的过程，即由单层面和谐到多层面和谐，由低级别和谐到高级别和谐，由部分和谐到整体和谐，由不尽和谐到充分和谐的螺旋式递进的过程。

水利工程发源于原始社会，勃兴于封建社会，复兴于工业社会。水利工程作为人类文明的重要形式，是最能直观地表征人类文明的一种载体。进行中外大型调水工程文化比较，其考察的内容及侧重点不同于其他一般性的比较，而是更多地把比较对象和考察内容放在人水关系改良完善的目的及效果上，植入人水和谐共生现代化的文化坐标及其主要衡量指标中。

中外大型调水工程文化比较，比较的是文化内涵、品位和时代价值。人类水利工程史表明，大型调水工程蕴含的文化非同一般，它是特定主体政治文化、经济文化、社会文化乃至生态文化集聚效应的结晶。伟大的水利工程往往呼唤伟大的水利文化，伟大的水利工程往往需要伟大的水利文化的引领；成功的大型水利工程往往会催生出辉煌的水利工程文化，成功的大型水利工程往往就是辉煌的水利文化的凝结与明证。

成功的大型调水工程蕴含着人类水利文明的核心要素，蕴含着人类水利文化的灵魂精髓，体现了人们对于水的价值、人类与水的关系及其开发利用规律性的科学认知，寄托着人们对美好生活的向往和对水自然空间均衡的期望，展示了人们认识水自然、改造水自然和利用水自然，以异水（异地调水）求同济、以斗争求和谐、以奋斗求幸福的能力和能量。

水利文明与水利文化，是水文化体系内的重要形态和核心范畴。中外大型调水工程的文化比较，既不是一般性的笼而统之的“文化”比较，也不是就“工程文化”而论工程文化，而是重在衡量蕴含其中的水文化（水利文化）的内涵、品位、价值及其张力。本书所展开的“文化比较”，总的来看有两个视域：一是“人类文明交流互鉴视域”，即水文化传播视域，主要着眼于其比较的高度、广度；二是“人水关系和谐发展视域”，即水文化理论视域，主要着眼于其比较的深度、厚度。

比较衡量大型调水工程，可以选择不同的坐标和尺度。①水政治向度。主要是看工程决策为了什么，为了谁、谁收益，决策者的政治立场、目的，移民的安置政策等。水政治向度反映的是水需求主体与水供给主体的政治关系及其权利关系。②水经济向度。主要是看工程建设投入与产出、经济效益，水权确立、水价制定等。水经济向度反映的是建设主体与使用主体的经济关系、投资主体与购买主体的交换关系。③水科学向度。主要是看工程科技的含量及水平等。水科学向度反映的是建设主体在施工过程中对科研成果与先进技术手段的应用，在解决工程建设难题时的科技发明、创造的状况。④水生态向度。主要是看工程生态对水生态的影响或改善，对周围生态的影响及改善等。水生态向度反映的是人与水生态及生态环境的关系。当然，还可以选择从其他向度进行比较，如需求向度、目标向度、问题向度、规律向度、社会向度等。本书采取的是综合比较的向度，重点从中外大型调水工程兴建的共性与个性、多维价值与文化建构、重大关切与回应、历史经验与教训等方面入手，对上述各种向度都有所吸纳和涉及。

第二章 中国大型调水工程的兴建及其历史贡献

地球表面约70%覆盖着水资源，但其中约97%的水资源是人类不可以直接饮用或者使用的海水，在剩余的约3%的淡水中，只有约1/3的水资源可以供人类开发使用。淡水资源少之又少，其分布也是非常不均衡。根据水文数据，我国的淡水资源总量约28000亿m^3，约占全球水资源的6%，仅次于巴西、俄罗斯和加拿大，名列世界第四位。但是，我国的人均水资源量只有2300m^3左右，是世界平均水平的1/4，我国是全球人均水资源最为贫乏的国家之一。目前，世界上有26个国家处于频繁缺水的状况，另外约有4亿居民正在面临“水危机”的处境。缺水对人类的生存和发展敲响了警钟，缺水已经成为制约区域经济发展的“瓶颈”。

河川径流是人类最早利用的水资源，也是上、中、下游地区重新分配水资源的必由之路。但是，由于社会经济发展，仅仅凭借从流域内调水已经不能满足经济发达地区的用水需求，需要跨流域调水才能满足用水需要。于是，在20世纪中叶，世界各国已经开始摸索跨流域调水了。据国家统计局数据，目前世界上已建、在建和拟建的大规模、长距离、跨流域调水工程已达160多项，分布在24个国家。人类重新分配水资源得益于大规模、长距离、跨流域的调水，这种调水方式可以有效缓解缺水地区供需矛盾，引起了国际社会的普遍重视。

众所周知，水是生命之源，也是生产的一大要素，还是生态的一大基础。跨流域的调水可以带来明显的好处，它可以帮助贫水区开发水资源，也可以使得已经受水的区域增加更加广阔的水域、水带与大气圈，水层之间的垂直水汽交换变得更加强烈，江湖水资源得到有效调节；它不仅有助于形成食物链基地，还为珍稀和濒危野生动物提供栖息地；它不仅能提供廉价无污染水电且促进航运事业发展，还能增强水自身的净化能力并改善水的质量；各个国家的调水大坝和渠道还可以成为风景优美的旅游区域。

第一节　中国古代大型调水工程的修筑及多维功能

中国自古以来就是一个水利大国，修筑了大大小小不可胜数的水利工程，以开发水利、减少水害。其中，引水工程占比最高、数量最多。实际上，不管是灌溉工程，还是城市供水工程，都是把河水或湖水引到原来水不可能流经的地方，使用后的余水再排回河湖的下游或另外的河湖中，所以这些工程都可以称为调水工程。中国古代，不仅有本流域的调水工程也有跨流域的调水工程，不仅有中小型的调水工程也有大型的调水工程。

据史料记载，公元前486年修建了引长江水入淮河的邗沟工程；公元前361年修建了引黄河水入淮河的鸿沟工程；公元前256年修建了引岷江水入成都平原的都江堰引水工程，使成都平原成为“水旱从人”的“天府之国”；公元前246年起兴建引泾河水后排水灌溉关中地区入洛水的郑国渠，使贫瘠的渭北平原变成富饶的八百里秦川；公元前219年建成了引湘江水入珠江水系的灵渠工程，等等。

古代典型的跨流域调水工程当属“大运河”，以至于人们常说“一部中国运河史就是一部中国调水史”。中国自然条件的特点，除水资源分布不均外，还有地势西高东低，河流流向多为自西向东等，缺少南北沟通的水系。运河把两个流域连接起来，它不只是把水从一个流域调到另一个流域，而是使之成为连接南北的漕运通道，使载人载物的大小船只通行其上，往来无阻。

我国最早开通的人工运河是长江和淮河间的邗沟，即今江苏省江北运河的前身。春秋时期，吴王夫差为了北上争霸，于鲁哀公九年（公元前486年），筑邗城（今扬州），开始由此向北，利用多个天然湖泊开掘运河连接至当今淮安，以沟通长江和淮河间水运。此后四年，又在今山东鱼台到定陶开运河（史称菏水），以沟通济水和泗水，从而在淮河和黄河之间实现通航。

战国中期，魏惠王十年（公元前360年），自黄河开鸿沟，向南接通淮河北岸各支流，向东经过济水通往泗水，形成了水运网。向东一支又名古汴水，是隋代以前黄河和淮河之间最重要的水上通道。

秦代开灵渠沟通湘漓二水，从而把长江水系和珠江水系沟通，成为后代的重要运河之一。此时，黄河经由鸿沟、古汴水，通泗水、淮河，经邗沟通长江，再由长江通过支流湘江过灵渠，由漓江、西江通广州，形成黄河、淮河、长江和珠江四大水系南北沟通的大水网。

东汉献帝时，曹操向北方用兵，开凿了一系列运河，沟通黄、海、滦河各流域。建安九年（204年），自黄河向北开白沟，后又开平虏渠、泉州渠连通海河各支流。大致相当于后来的南运河和北运河南段。又向东开新河通滦河。平虏渠、泉州渠、新河三条运河大致平行于渤海岸，如此由内河行运可以避免海上行船的风险。建安十八年（213年），曹操又开利漕渠，自邺城（今河北省临漳县邺镇）至馆陶南通白沟。魏景初二年（238年），司马懿开鲁口渠，在今饶阳县附近凿滹沱新河入泒水。这时，自海河、滦河水系可以经黄河、汴河，通泗水、淮河，经邗沟至长江，过江后由江南各河至杭州一带，已形成了早期沟通滦河、海河、黄河、淮河、长江各大流域直至杭州通钱塘江的水运网。

隋代统一南北，大业元年（605年），从洛阳西苑开运河，以谷水和洛水为源，至洛口入黄河，再从板渚入古汴河故道至开封以东转向东南直至泗州（在今江苏盱眙县的淮河对岸）入淮河（亦称汴河，其经汴京一段即宋代清明上河图所绘河段）。大业四年（608年），又向北开永济渠，由黄河通沁水、卫水，自今天津西再转入永定河分支通涿郡（今北京）。开皇七年（587年）和大业元年（605年），还两次整修拓宽了邗沟。大业六年（610年），又系统整修了江南运河。这样，由永济渠、通济渠、邗沟和江南运河组成的南北大运河把海河、黄河、淮河、长江和钱塘江联系在一个航运网中。随后又加入长江经灵渠和珠江相通，此时是六大水系相通。唐代每年经这一航道自江淮向长安、洛阳漕运300万～400万石粮食。宋代每年从江淮运600万石粮食至汴京。众所周知，北宋建都于开封，很大程度上就是看中了运河行运方便。当时，还曾开惠民河西南通河南南部，并曾试开沟通汉水支流白河的运河，但最终由于多种原因而没有成功。至今此运河一段尚有遗存，或许可称其为今日南水北调中线线路的先河。

元代统一全国，建都大都（今北京），着手建设以大都为终点的南北运河。至元二十年（1283年），修济州河，自济宁至安山（今黄河南岸）。南方来船由泗水入济州河，到东阿入大清河（位于黄河河道以下）出海北上，至天津入内河。至元二十六年（1289年），修会通河，自安山到临清接卫河，南方来船可入会通河直接经卫河北上。后来，济州河与会通河合称会通河。至元三十年（1293年）修通惠河，自北京北白浮泉引水入北京城，再开河至通州接北运河，至天津接南运河（临清以下为卫河）。这样，由北京经通惠河、北运河、南运河、会通河可至济宁，再沿泗水河道至徐州入黄河，沿黄河顺流至淮安入邗沟（淮扬运河），经扬州至瓜洲，过长江至镇江入江南运河，直达杭州。至此，京杭大运河全线贯通。

明清两代，京杭大运河是国家的主干运输线路，国家投入了大量的人力物力进行维修和管理。永乐九年（1411年），于山东汶河上筑戴村坝，引汶水至南旺入运河南北分流，解决了会通河段水源缺乏的问题。嘉靖四十四年（1565年）修南阳新河，北起济宁以南的南阳镇至徐州以北的留城，将原昭阳、独山诸湖西的运河线路改在湖东，降低黄河泛滥产生的影响。万历三十二年（1604年），开运河，自夏镇（今微山县治）至宿迁，避开徐州至宿迁段的黄河航行。清康熙二十七年（1688年），开中运河，自宿迁至清口，从清口过黄河即可入淮扬运河，河身紧邻黄河左岸与黄河平行，使运河河道完全脱离黄河以回避其风险。

京杭大运河纵贯南北，所经地区气候、水文、地形、土壤情况各不相同，各河段都有明显的特点，特别是明代把北运河（包括通惠河）、南运河、会通河（包括济宁以南的泗水河段）、黄河航运段、淮扬运河、渡江段和江南运河分别称为白漕、卫漕、闸漕、河漕、湖漕、江漕和浙漕，反映了各段之间的不同特性。北运河实为海河水系的一支，在通州与通惠河相接，直达北京。当时黄河行南线，即从兰考向东南经徐州、淮阴向东入海，南运河和会通河在山东临清相接，沟通了当时的海河水系和黄河水系。黄河航运段，即徐州至淮阴的黄河河段，后来在黄河右侧先后开南阳新河、泇河和中运河才使运河与黄河分离。淮扬运河，即今江苏的江北运河，当时黄河和淮河在淮阴以下已合而为一，所以它是连接长江和黄淮的运河，黄河因淤积而变高，淮扬运河成为排泄淮河水的入江水道。江南运河则是连接长江水系和钱塘江水系的运河。古代提水能力不大，从低处向高处调水困难，绝大多数都是设法使水自流。为此，当时的广大劳动人民和相关参与者付出了巨大的劳力和智慧，令人叹为观止。

由于各大水系间的运河水源、流向和自然社会条件各不相同，为维护沟通全国的这一庞大的水网，相继采用了多种多样的工程技术和管理措施，积累了很多宝贵的经验，尤其值得珍视。世界上开凿最早、里程最长的水利工程是我国的京杭大运河，它南起浙江杭州，北至北京通州北关，全长超过1700km，贯通六省市，流经钱塘江、长江、淮河、黄河、海河五大水系。大运河的开凿经过了三个历史阶段：公元前486年，吴王夫差首次在扬州开挖邗沟，沟通了长江和淮河。而至7世纪的隋炀帝时期和13世纪的元代，又先后两次大规模开凿运河，终于建成了这条沟通我国南北漕运的大动脉。迄今为止，大运河已经畅通数百年，有效促进了南北经济文化之间的交流与沟通，并且在南北之间调运粮食的问题也得到了有效解决。但从19世纪后，由于南北海运开辟，津浦铁路通车，加之黄河改道淤塞运河中段，因此，部分河段被断航，只有江浙一线仍畅通无阻，并成为旅游热线。

2019年12月，中共中央办公厅、国务院办公厅印发《长城、大运河、长征国家文化公园建设方案》。2020年10月，《中共中央关于制定国民经济和社会发展第十四个五年规划和二〇三五年远景目标的建议》提出建设长城、大运河、长征、黄河等国家文化公园。大运河国家文化公园包括京杭大运河、隋唐大运河、浙东运河三个部分。

当前有文字记载的跨流域引水的实践，给我国历史发展带来了重大影响，在人类水利史上也写下了重要篇章。现将目前尚可考察的调水工程列举如下。

一、灵渠

灵渠是长江水系和珠江水系间的古运河，又名陡河或兴安运河，在今广西壮族自治区兴安县境内。它以长江水系的湘江上游来水为源，筑坝挖渠，引水至珠江水系的漓江，实现了两大水系间的水运往来，是京广铁路、湘桂铁路通车以前，广东、广西（古称岭南）与中原地区的主要交通干线。

秦统一六国后，向岭南用兵，于秦始皇二十八年（公元前219年）派监御史禄凿灵渠运粮，这是秦为统一全国而建的一项重要工程。历经2000余年，各朝各代都曾对该工程进行建设和维护，使其一直保持岭南与中原间交通主干线的地位。

灵渠由渠首、南渠和北渠三部分组成。渠首是用拦河坝拦断湘江的上游段（称海洋河），抬高水位，分水入南渠和北渠，分别与漓江和湘江的下游沟通，以实现通航。拦河坝今称大天平和小天平，平时壅水入两渠，洪水季节，将多余的水量自天平顶溢流排入下游湘江故道。南渠是由人工河段、半人工河段和天然河段相接组成的引湘江水到漓江的引水渠，其间穿越了人工开凿的长江、珠江间的分水岭；北渠是湘江原河槽右岸另外开凿的一条弯曲的人工渠道，实现了自分水塘至湘江下游的通航，并保证了渠首的合理分水。灵渠上修建了大量的坝、陡、堤、堰、涵，以保障引水、行船、防洪和沿岸农田灌溉。工程规划设计极其合理和精巧，至今国内外专家和各方人士仍极为赞赏，这是我国早期水利工程的典范。

二、都江堰

都江堰位于四川成都平原西部的岷江上，距成都56km，是2000多年前我国战国时期秦国蜀郡太守李冰及其子率众修建的一座大型水利工程。我国现存的最古老且依旧在灌溉田畴的水利工程便是都江堰，是造福人民的伟大水利工程，也是我国科技史上的一座丰碑，被誉为“世界奇观”。

2000多年以来，都江堰引水灌溉，才使蜀地有“天府之国”的美誉。都江堰是“天府”富庶之源，现在对农田灌溉仍具有无法替代的巨大作用，可以灌溉农田1000多万亩。

都江堰水利工程最主要的部分是都江堰渠首工程，都江堰灌溉系统中的关键设施就是渠道工程。渠道主要由鱼嘴分流堤、宝瓶口引流工程和飞沙堰溢洪道三大工程组成。

在开凿宝瓶口以前，宝瓶口离堆是湔山虎头岩的一部分。李冰根据水流及地形特点，在坡度较缓处，凿开一道底宽17m的楔形口子。峡口枯水季节宽19m，洪水季节宽23m。《永康军志》载："春耕之际，需之如金"，号曰"金灌口"。因此，宝瓶口古时又名金灌口。宝瓶口是内江进水咽喉，是内江能够"水旱从人"的关键水利设施。由于宝瓶口自然景观瑰丽，有"离堆锁峡"之称，是历史上著名的"灌阳十景"之一。

安澜桥是名扬中外的古索桥，位于都江堰鱼嘴分水堤之上，横跨内外两江，长500m。索桥在四川西部地区起源较早。安澜索桥修建的具体年代已无所考证，但据《华阳国志・蜀志》记载，李冰"能笮"。《水经注・江水》载："涪江有笮桥"，证明至少安澜桥的修建，不会晚于修筑都江堰的年代。"笮"意为竹索，这是川西古代索桥的主要建筑材料，故安澜索桥又被称为竹桥、绳桥、竹藤桥等。

三、通惠河

通惠河是元代京杭大运河最北端于北京城中经过的一段。至元二十八年（1291年）水利专家郭守敬提出开通惠河的建议，并于1292年开工，至元三十年（1293年）秋建成。运河全长约80km，上游以昌平白浮诸泉为源，沿西山麓修建约30km的白浮瓮山河，引导沿途山溪泉水汇集到瓮山泊（今昆明湖），作为水源调节水库。以下沿今长河流至城内积水潭，作为运河终点码头。积水潭以下行船路线沿今南河沿大街、正义路，东南出城入通惠河至通州，接北运河。其源头昌平白浮诸泉原汇流至沙河，属潮白河流域，此工程将其引入高梁河，实为跨流域调水。为节约用水，保证顺利通航，在河道上共建闸11处24座，派闸夫军户管理，可使漕船直接驶入大都城内，卸粮入京师粮仓。据推算，每年可运粮约280万石。元末明初几十年荒废，上游白浮瓮山河断流。永乐年间迁都北京后曾几次修治，但水源断绝致使运河一直不通畅，加之城市改建，运河只通到东便门外大通桥，因此，明代又称大通河。嘉靖七年（1528年），吴仲彻底改建通惠河上的闸坝，为了节水，平时闸门不再开启。清初为泄洪在两岸开月河，建滚水坝。北运河与通惠河衔接处改在通州城北石坝处，漕船停坝后，倒粮入通惠河再运至京仓。另外，在通州东门外建土坝，供运船停靠，将漕粮海运至通州粮仓。20世纪初，京杭大运河全线停运，通惠河不再运粮，成为北京城区排水总干渠。

四、引汶济运

京杭大运河山东段（会通河）地势较高，水源困难，是运河南北贯通的主要障碍之一。汶河是独流入渤海的大清河（1855年黄河自兰考铜瓦厢改道后成为黄河的下游河段）的支流，汇集众多泉水，是这一地段可开发的唯一水源。东晋时就有引汶济泗的记载，这是自大清河水系调水济运的开始。至元二十六年（1289年）开会通河时，于汶河上城坝，分引汶河水量的2/3经引河至济宁入会通河南北分水，使航运成为可能。济宁不是运河的最高点，分水不通畅。明永乐九年（1411年），为解决北京的漕运问题，宋礼主持重开会通河，修复堽城坝，引汶济运；并采用汶上老人白英的建议在下游另修戴村坝，引汶河水至运河最高点南旺，作为济运的主要水源。又于分水口南北建闸控制，以使分流合理。自南旺分水点南到徐州入黄河，北到临清入南运河，沿途接纳泉流和一些小河，使会通河全线用水大致有保证。南旺分水口周围分布着马踏、蜀山、南旺诸湖，与引水渠、运河都有斗门相通，用以调节水量，称为水柜。当引水渠来水过大时，首先可经右岸中途的何家坝溢流入运河下游；夏秋水大或冬修时，将汶河来水蓄入湖中，春季和夏初，由湖中放水济运。为避免引水带入大量泥沙淤积运河，历史上曾用疏浚和以湖为水柜，也用沙柜澄淤吐清的办法进行处理。引汶济运，南旺分水，效益显著，长时间使用，直至1855年黄河北徙，会通河停运，才逐渐废弃不用。20世纪以后，城坝和戴村坝主要用于灌溉和防洪。

第二节　新中国大型调水工程的兴建及伟大成就

新中国成立以来兴建调水工程，大致可以20世纪70年代为界分为两个阶段。此前，多以农业灌溉为主要目标；此后，随着我国社会经济的不断发展，城市用水增加，水资源供需矛盾逐渐突出，为解决城市缺水，从20世纪80年代起，陆续建设了一批调水工程，在解决城市供水方面发挥了效益，有的工程还在解决干旱地区的发展和生态的改善方面发挥了作用。

一、广东东深引水工程

我国香港地区约有700万人口，其居民用水量严重不足，水资源主要来源于东江。距离我国香港地区仅有一河之隔的城市便是深圳市，深圳市也是我国典型的资源型和水质型混合缺水城市之一。在1960年，集雨面积仅有约60km^{2}的水库，每年给我国香港地区提供水资源约2300万m^3。在1963年，我国香港地区出现了大旱的现象，人均用水量少之又少。为解决我国香港地区的用水紧张问题，经周恩来总理批准，广东省有关政府部门为香港地区增加供水量以满足居民的用水需求。为了有效解决我国香港地区用水紧张的问题，从1964年开始，有关政府部门决定兴建东江—深圳引水工程（以下简称“东深引水工程”）。东深引水工程从珠江的支流东江引水，引水口在广东省东莞市的桥头镇，利用东江支流石马河天然河道输水到深圳水库，设六个梯级抽水站，再通过输水管道和隧洞送水至深圳及香港地区。

东深引水工程在1965年3月开始向我国香港地区供水。20世纪70—90年代经过三次扩建，1994年第三期改（扩）建完成后，年设计供水能力为17.43亿m^3，其中向我国香港地区供水11亿m^3，向深圳供水4.93亿m^3，向沿海城镇供水1.5亿m^3。至1998年底，东深引水工程累计供水160亿m^3，其中向我国香港地区供水108亿m^3。东深引水工程于1965年建成，到2020年，已经连续55年提供水资源。据国家统计局数据，其累计供水量约540亿m^3，其中为我国香港地区提供水量超过260亿m^3，相当于1800多个杭州西湖的供水量。东深引水工程有效保障了我国香港地区数百万市民生产生活的用水需求，促进了社会经济发展和繁荣稳定。东深引水工程一年最高供水量可达24.23亿m^3。目前，对我国香港地区的供水量每年约为8.2亿m^3。

二、天津引滦入津工程

20世纪80年代初，缺水问题严重影响了天津市的工业生产、群众生活与城市安全。在中共中央、国务院、中央军委领导下，在水利部等中央部委指导下，在人民解放军和河北省、北京市等省市支持下，天津市开展了规模宏大的引滦入津工程建设。引滦入津工程从滦河干流跨流域引水至海河尾闾的天津市，是一项规模宏大、技术复杂的跨流域调水工程。引滦入津工程的水源地是潘家口水库，位于河北省迁西县洒河桥镇境内的滦河干流上。潘家口水库调蓄后下泄之水，沿滦河流入大黑汀水库，经坝下引滦总干渠引水枢纽进入总干渠，通过分水闸向天津市和河北省唐山市供水。滦河水出分水闸后，通过12.4km长的引水隧洞穿越滦河与海河分水岭，沿河北省遵化市境内的黎河进入天津市蓟县境内的于桥水库调蓄，再沿州河、蓟运河南下进入专用输水明渠，又经提升、加压，由明渠和暗涵、钢管分别输入海河及天津市自来水水厂。引滦入津工程全长234km，整治河道108km，开挖输水明渠64km，修建倒虹吸工程12座、涵洞5座、水闸7座、泵站4座。

该工程于1982年开工，于1983年建成通水。到2021年为止，天津引滦入津工程已经向天津市提供水量超过200亿m^3，缓解了天津城市供水的紧张局面，并发挥了巨大的社会效益、经济效益和环境效益。作为新中国历史上首个跨区域综合性大型供水工程，引滦入津工程的规划与实施意义重大。

三、山东引黄济青工程

青岛市位于齐鲁大地东部沿海区域，依山傍海，风景秀丽，气候宜人，是国内外著名的旅游胜地。但是，从20世纪70年代以来，城市快速发展且受到自然地理条件的限制，市区内一直处于供需水不平衡的状态。市民生活用水量有限制，某些工厂因为缺乏水资源而被迫停工。为了应对这种情况，当地政府先后投入资金1.8亿元，解决了四次紧急的水利问题，但由于当地水资源严重不足，这些应对措施不能从根本上解决问题。党中央、国务院和山东省委、省政府十分关注青岛市的供水问题。

黄河横穿于山东省，多年来，平均入境水量约437亿m^3。据预测，在20世纪末，在特别干枯的年份，下游有利于青岛的水量约有66亿m^3，这些水量将流入大海。另外有实际测试的资料表明，当青岛地区遇到枯水年份时，大多数情况下则是黄河水量偏丰，这对于跨流域调黄河水接济青岛是非常不友好的。1982年1月，国家城市建设总局与山东省有关单位，在青岛召开了研讨会，引入黄河水接济青岛市的设想被正式提出。同年7月，省政府向国家计划委员会呈报了《青岛市供水工程计划任务书》，极力推荐引黄济青方案。1984年10月，国家计划委员会正式批准引黄济青工程设计任务书。引黄济青水利工程于1986年正式开工，于1989年建成通水。

四、江苏江水北调工程

由于1959年淮河流域大旱，从1961年起，江苏省就着手建设江水北调工程，源头在长江，一步一步向北延伸，扩大规模，标准由低到高，逐步完善。1961年开始建设江都泵站。在1966年淮河特殊干旱后，江苏省继续扩建江都站，建设淮安站、淮阴站等。经过40年的建设，已初步建成抽引江水和自流引江的江水北调工程体系（包括“北调工程”和“东引工程”两部分），具备调水、灌溉、排涝、航运等综合利用功能。1999年10月，泰州引江河一期工程竣工，对调用长江水源的能力有了大幅提高，江水北调工程的送水保证率也得到了改善。

江苏江水北调工程以江都站为起点、以京杭大运河为输水骨干河道，经过洪泽湖、骆马湖调蓄，可将江水送到南四湖下级湖，沿途已建成江都、淮安、淮阴、泗阳、刘老涧、皂河、刘山、解台、沿湖九个梯级抽水泵站，将长江水送入微山湖。之后，又进行了梯级泵站的增容改造。江苏省境内抽江补水入洪泽湖，形成江都站—淮安站—淮阴站、江都站—石港站—蒋坝站两条翻水线。通过洪泽湖调蓄水源又可由中运河、徐洪河两条线继续北调，并通过骆马湖的调蓄送水入微山湖。洪泽湖以上的两条输水支线，一条是徐洪河、房亭河，沿线已建成沙集、单集、大庙等抽水站，在洪泽湖一定的蓄水位条件下，与京杭大运河并行向西北部补水；另一条是淮沭新河，向东北部地区和连云港市供水。总装机容量约18万kW，输水干支线总长864km。

江苏江水北调工程经过几十年的运行管理实践，较好地保障了江苏省苏中及苏北地区的防洪排涝、农业灌溉、抗旱调水、城市供水、交通航运需求，较好地解决了工业与农业生产、城乡生活、生态与环境用水问题。据统计，江水北调工程建成以来，年平均送水规模超过40亿m^3，干旱年份则超过70亿m^3。江水北调工程促进了江苏苏北地区的经济和社会发展。江水北调工程的成功，开创了我国第一个大型跨流域逆向引调水工程，为南水北调东线工程综合规划建设提供了借鉴经验。20世纪70—90年代，“江水北调”升级为“南水北调东线工程”。

五、甘肃引大入秦工程

引大入秦工程是甘肃省中部地区一项跨流域调水自流灌溉工程，它从发源于青海省境内的大通河引水，调水至兰州市以北约60km的秦王川地区。工程设计年自流引水4.43亿m^3，灌溉土地5.87万hm^2，以改变秦王川地区的荒漠面貌，逐步增加植被，在兰州市北部形成绿色屏障，改善兰州市小气候和缓解大气环流污染，具有明显的经济、社会和环境效益。

工程由引水渠首、输水渠系和田间配套工程组成。引水渠首位于甘肃省天祝县天堂寺，由混凝土重力式非溢流坝、溢流坝、泄洪冲沙闸及进水闸组成。输水总干渠从天堂寺渠首到永登县香炉山总分水闸，全长86.94km，分水闸下设两条干渠。引水及输水建筑物建在绵延不断的崇山峻岭之中，输水线路长，支渠以上渠道总长880km。渠系建筑物多，并且以隧洞为主，还有为数众多的渡槽和倒虹吸。干渠工程共有隧洞71座，总长110km，其中单条最长的盘道岭隧洞长度达15.7km。隧洞通过地区，自然条件十分恶劣，工程地质条件极为复杂，隧洞埋深大，岩石为软岩类，施工被称为“世界性的难题”。该工程设有渡槽38座，其中庄浪河高排架渡槽全长2194.8m；有倒虹吸3座，其中先明倒虹吸设计水头107m，全长524.8m，直径2.6m，当时为亚洲第一。

引大入秦工程于1976年开工，在施工中采用了世界先进水平的机械、施工工艺技术，以及国际上先进的管理模式，解决了长距离、大断面软岩隧洞新奥法施工及超长距离施工通风、光面爆破等技术难题。主体工程于1995年建成通水，运行情况良好。至2000年底，灌区配套面积达到3.33万hm^2，取得了较好的经济、社会和环境效益。引大入秦主体工程通水运行20多年来，供水区新增有效灌溉面积66.13万亩、兰州南北两山生态灌溉面积7.34万亩，累计安置移民5.64万人。工程已实现了安全运行和稳定输水的目标，仅2014年向供水区供水2.07亿m^3，灌溉面积达101.94万亩（次），也为兰州新区的开发建设奠定了可靠稳定的水资源基础。2015年4月28日，引大入秦工程通过竣工验收，正式宣布全面竣工，长达39年的建设历程，以圆满的句号结束。

六、辽宁引碧入连工程

大连市是我国沿海缺水城市之一，为了满足2000年的城市需水量，大连市从19世纪80年代末就开始进行引水工程的研究，最后决定直接从碧流河水库引水。整个工程包括从碧流河水库至洼子店水库的北段引水工程和从洼子店水库至市内各区的南段引水工程。工程于1995年开工，于1997年竣工。

辽宁引碧入连工程是以大连城市供水为主，兼顾沿途农业用水、中小城镇用水的跨流域调水工程。1986年竣工的碧流河水库位于大连市东北170km处，总库容9.34亿m^3，年调节水量4.03亿m^3，是引碧入连的重要水源地。

引碧入连工程从碧流河水库引水，分为南北两段：北段始于碧流河水库坝下，止于洼子店水库受水池，即输水总干渠；南段为进入城区的受水工程。输水总干渠全长67.75km，天然落差25m，全渠由暗渠、倒虹吸、隧洞等主要建筑物构成，年总供水量3.33亿m^3。取水自碧流河水库电站尾水及输水洞分岔出口始，采用封闭的箱形渡槽暗渠，渡槽最大跨度16m，槽墩高14.1m，净断面4.6m × 4m。暗渠共分19段，总长42.71km；穿越分水岭及山岗的隧洞共9座，总长15.88km，其中最长的邱店隧洞长46km；跨越低洼谷地的倒虹吸共9座，总长9.16km，其中最长的大沙河倒虹吸长2.08km。

七、山西引黄入晋工程

山西省位于黄土高原，是中国的水资源紧缺省份之一，山西省的煤炭和电力资源丰富，这些产业的发展离不开大量的水资源。引黄入晋工程是在山西偏关县万家寨与内蒙古准噶尔旗之间的黄河峡谷上筑一座大坝，从坝上取水，通过约300km的隧洞、埋涵、渡槽、倒虹等引水建筑物，将水引到太原、朔州和大同。该工程以地下工程为主，其隧洞长、扬程高、地质条件复杂、设计施工难度大，国内外少有。工程引水线路约450km，其中隧洞占比接近50%。沿线还有泵站、调节水库、渡槽、电站、倒虹吸、水闸等100多座建筑物。

引黄工程经总干线、南干线和北干线分别向太原、大同、平朔三个城市和能源基地供水，总引水流量为48m^3/s，年供水量12亿m^3。万家寨引黄入晋工程是为了解决能源大省山西省水资源严重缺乏问题而兴建的大型跨流域引水工程，被誉为“山西的生命工程”。

八、河北引黄入卫工程

引黄入卫工程是为了解决河北省东南部地区严重缺水而兴建的大型跨流域调水工程。从山东省聊城市的黄河位山闸引取黄河水，利用聊城市位山灌区的三干渠在冬季停灌时输水，在山东省临清市附近用倒虹穿越卫运河进入河北省，经清凉江输水入衡水湖与沧州市的大浪淀水库，给河北省的沧州、衡水和邢台市提供城镇生活、工业和农业用水。工程于1992年开工，于1995年竣工。工程建设过程中就向河北省临时供水，从1994年到2000年1月累计向河北省供水15.1亿m^3。

九、陕西引汉济渭工程

陕西引汉济渭工程是陕西省境内的一项大型跨流域调水工程，又称陕西南水北调工程，是国务院部署的172项节水供水重大水利工程之一。引汉济渭工程分为两部分：一是调水工程，二是输配水工程。陕西汉中境内汉江上的黄金峡水库、汉江支流子午河三河口水库以及秦岭隧洞构成调水工程。南干线、过渭干线、渭北东干线和西干线构成输配水工程。工程建成后，2348万人的生活及工业用水问题可以得到解决，原被大量挤占的300万～500万亩耕地的农用水也可以归还。此外，关中超采地下水、挤占生态水的问题可得到有效解决，满足地下水采补平衡要求，预防城市环境地质灾害等问题。

工程总调水规模为15亿m^3，汉江支流子午河自流调水5亿m^3，汉江干流黄金峡水库引入用水量10亿m^3。工程设计最大输水流量70m^3/s，水库总库容9.39亿m^3，泵站总装机容量15.65万kW，电站总装机容量18万kW，工程建设预计总工期99个月，静态总投资168亿元。

该工程于2014年底经国家发展改革委批复进入筹建，于2015年开工。截至2021年12月底，调水工程中的调蓄中枢——三河口水利枢纽已经下闸蓄水；调水工程的龙头水源——黄金峡水利枢纽成功实现截流；调水工程控制性工程——秦岭输水隧洞已经打通，输配水工程接续跟进。2022年2月，秦岭输水隧洞实现全线贯通，实现了人类首次横穿秦岭底部。汉江水成功输入陕西关中地区，陕西供水格局发生了巨大的改变。

十、南水北调工程

近些年来，我国南涝北旱现象频发，南水北调工程通过跨流域的水资源合理配置，将大大缓解我国北方水资源严重短缺问题，促进南北方经济、社会与人口、资源、环境的协调发展与科学发展。工程分东线、中线、西线三条调水线。南水北调工程主要解决我国北方地区，尤其是黄淮海流域的水资源短缺问题，规划区人口4.38亿人。南水北调工程规划最终调水规模448亿m^3，其中东线148亿m^3，中线130亿m^3，西线170亿m^3。通过三条调水线路与长江、黄河、淮河和海河四大江河联系起来，构成以“四横三纵”为主体的总体布局，有利于实现我国水资源南北调配、东西互济的合理配置格局。

南水北调工程拥有五个“世界之最”。

第一，它是世界规模最大的调水工程。南水北调工程横穿长江、淮河、黄河、海河四大流域，覆盖十多个省（自治区、直辖市），输水线路长，河流多，工程量大，效益巨大，是一项高度复杂的特大型水利工程，其规模和复杂性在国内外都是前所未有的。仅东、中线一期工程土石方开挖量、土石方填筑量、混凝土量就高达17.8亿m^3、6.2亿m^3、6300万m^3。

第二，它是世界上供水规模最大的调水工程。南水北调工程可以大幅解决我国北方的缺水问题，特别是黄淮海流域的缺水问题。供水区域控制面积达145万km^2，约占中国陆地国土面积的15%。

第三，它是世界距离最长的调水工程。南方水运项目拟建的东、中、西干线总长度为4350km。东、中线一期工程的干线总长约为2899km，加上六个省市的配套一级支渠约2700km，总长度约为5599km。西线工程已经形成了上下游结合的调水方案，上游线路已经研究论证了几十年，有了坚实的基础，下游线路水库已经开工建设，只需要建设调水隧洞，一期工程已经具备可行性研究的条件。

第四，它是世界上受益人口最多的调水工程。南水北调工程供水规划区人口4.38亿人（2002年）。仅东、中线一期工程直接供水的县级以上城市就有253个，直接受益人口达1.4亿人。2021年10月，丹江口水库首次实现170m满蓄，这是水库大坝自2013年加高后第一次蓄满，这意味着汉江中下游地区的抗旱、供水、发电、灌溉等需求将得到保障，是充分发挥丹江口水库防洪作用的重要体现，为南水北调中线工程和汉江中下游地区的供水以及丹江口中线工程奠定了坚实的基础。同时，也将为丹江口枢纽工程全面建成和验收创造了有利的条件。截至2023年2月5日，南水北调东、中线一期工程（含东线一期北延应急供水工程）累计调水量突破600亿m^3，惠及沿线42座大中城市、280多个县（市、区），直接受益人口超过1.5亿人。

第五，它是世界水利移民史上移民搬迁强度最大的工程。南水北调工程共搬迁河南、湖北两省移民34.4万人，其中河南省16.2万人，湖北省18.2万人。搬迁安置任务主要于2010年和2011年完成，其中2011年搬迁安置19万人次。每年的搬迁安置强度，即搬迁安置人数，达到中国乃至世界的历史记录，在世界水利移民史上，也是前所未有的。

南水北调工程是优化我国水资源时空分布的重大举措，是解决我国北方严重缺水问题的特大型基础设施工程，是我国未来可持续发展和国土整体开发的关键项目，是解决我国北方缺水造成的一系列生态环境问题的重要内容，也是我国宏观经济和社会发展，特别是北方发展的关键内容。该项目将对我国的宏观经济和社会发展，特别是北方地区的发展起到关键性的决定作用。南水北调中线渠首工程如图2-1所示。

图2-1　南水北调中线渠首工程

第三章 中华水文化及其精髓的形成与发展

人类世界离不开水，水也会“活”在人类的物质世界和精神世界里。历史不会终结，水文化也将不断地迅速发展。水利部原部长陈雷曾经指出：“水文化的实质就是人与水关系的文化，是人类活动与水发生关系时所产生的以水为载体的各种文化现象的总和，是不同民族以水为轴心的文化集合体，它产生于人民之中，涉及社会生活的各个方面。”[①]这也意味着，古今中外的水文化，注定要从人水关系状况及其发生发展说起。

第一节 中华水文化的渊源与发展

中华文明与水有着不解之缘。我国是以农业文明为特色的东方大国，水作为经济资源和文化对象，为中华民族生生不息、发展壮大提供了丰厚的滋养。在中华文化发展史中，始终叙说着中华民族治水兴水的真实篇章，显示出中华民族的水文化谱系。

治水兴水是一个漫长的过程，在此过程中，中华民族获取了丰硕而瑰丽、独特而充实的水文化。水文化作为中华传统文化的重要部分，是中华民族独特精神标识的重要体现；其积淀了中华民族深厚的精神追求，与千年“盛世中华”的灿烂文明交相辉映。几千年来，由于人水关系的脉动及人水情缘的深化，使得中华民族的水文化谱系承载了中华民族非常优秀的基因。

中华民族与水打交道的过程是漫长且曲折的：既有缘水而生、逐水而居的民族发祥史，也有被洪水滔天、旱涝灾害侵袭的民族厄运期，更有治水而兴、因水而发之中华振兴时。

正是在这样的历史情形中，中华民族赋予“水”以丰富的文化内涵。一方面，中华水文化的主体是中华民族，中华水文化源于中华民族对水的感悟、体验、认识和改造。另一方面，中华水文化也结缘于“水”，即与水的客观属性、水的自然形态、水的运动方式、水的循环演变情况密切相关，中华水文化没有也不可能脱离中华大地的“水世界”或水自然状态。中华之水世界、水自然，尤其是中华江河湖海之水系运转，是中华民族文化创造和创造文化的重要源泉，也是中华民族物质生活和精神生活的重要源泉。中国水文化深深地植根于中华民族与中华之水错综复杂的关系中。

中华水文化是同中华民族生存发展及创造拓新实践活动相伴而生的。中华水文化渊源于斯、形成于斯、发展于斯，其肇始于中华民族亲水、畏水、敬水的原始性情结，扎根于中华民族用水、治水、兴水的创造性实践，凝聚于思水、识水、论水的创新性思想。经过几千年的积累与沉淀、拓展与深化、传承与创新，中华水文化愈益显现出无穷的魅力，其内涵可谓经天纬地、博大精深，其特征可谓自成一体、领异标新。

中华水文化同样是一种历史的沉淀和传承，是一个历史发展过程。在长期的水事活动

---

① 陈雷. 弘扬和发展先进水文化 促进传统水利向现代水利转变［J］. 中国水利，2009（22）：17-22.

中，中华民族逐渐形成了种类繁多、独具特色的水文化，以用水治水兴水为主线的水文化谱系可谓层出不穷、灿若星河、光耀千秋。

广泛流传在中华大地的女娲补天、大禹治水等神话故事，集中反映了远古时期的中华先人在对水的利用和治理过程中，所创造出的领异标新的中华水文化。女娲是治理“滔天洪水”的女英杰，大禹是治理“漫地洪水”的男豪雄，都是“苟利国家生死以，岂因祸福避趋之”的伟大先驱。面对导致天昏地暗、苍生涂炭的洪涝灾害，女娲、大禹毫无畏惧，挺身而出，以救黎民安天下为己任，可补即补，能堵就堵，宜疏则疏，堵塞与疏导因时制宜、因地制宜，相对而用。特别是大禹，从父亲鲧治水的失败中吸取教训，坚持以疏导为主、堵疏相成的治水新思路新方法，历经13年，走遍当时中州大地的山山水水，三过家门而不入，终将洪水驯服，使广大民众过上了富足美满的生活。大禹通过治水，还划天下为九州，使全国形成统一的安定局面。正是大规模长时间治水，人们才冲破天神统治的思想禁区，生产力才得以较快发展，创造和刷新了华夏文明的历史，并且极大地影响了中国历代的政治、经济、社会、文化乃至生态的发展态势。

中国历史上修建的调水工程具有多维的文化价值。无论是公元前605年楚相孙叔敖“作期思之陂”，还是公元前400多年西门豹修建漳河十二渠；无论是公元前360年魏惠王开古运河鸿沟，还是大业元年（公元605年）隋炀帝开通济渠，大业四年（公元608年）开挖永济渠，都会涉及深层次的政治安全和国家治理目的及效能问题，当然也会涉及文化融入、文化参与、文化转化问题。

从文化、文明的孕育生成来看，中华文明始于治水，源于水利文明，水是孕育中华文明的摇篮，中华文化的形成发展与治水活动同样是密不可分的。中华水文化以及调水引水工程文化在中华文化资源中占有巨硕的分量，它既是中华文化的宝贵资源，又是中华文化的丰厚给养。中国水文化以及调水引水工程文化对于治国安邦和惠泽民生的影响不可低估。

第二节　中华水文化精髓的形成及其内在逻辑

事物精髓是指事物的精华、真髓和精粹，凝结了事物最本质的内涵和最核心的内容。中华水文化精髓是中华水文化历史发展中逐渐形成的水文化核心精神及其本质内涵。中华水文化精髓的形成一方面来自中华水文化具体实践的提升，另一方面来自中华水文化理论思想的凝练，体现了中华水文化从实践到理论的全部要义，人水和谐的理念是中华水文化的最高追求，也是中华水文化精髓的根本所在。

马克思的历史唯物主义有两个重大发现，葛剑雄在《水文化建设需要广阔的视野》中明确指出：“其一是在纷繁复杂的社会关系中，人首先需要满足衣食住行，然后才产生意识、宗教、信仰等。其二是文化形成和发展的基础是人类的生活、生产，文化必须以人类的行为和物质为载体。”说到底，同其他任何文化一样，水文化的实质也是“人化”，水文化的主体也是人；水文化的灵魂也是水文化遗产和水文化载体中的内在精神。毫无疑问，水文化史研究，不能见物不见人，见行为不见精神，而是应当注意人的主体性和主观能动性，突出水文化历史现象所蕴含的向真、向善、向美、向上的主体精神禀赋。

中华水文化深层内涵、精神基因和核心理念，是在中华民族认识水自然、顺应水自然、改造水自然和敬畏水自然的历史过程中形成的，也是在秉持能动性同时认同被动性、发挥主动性并接纳受动性的精神灌注中升华的。中国水文化史，既是一部人水互动、人水博弈的历史，又是一部人水和谐共处的历史，还是一部中华民族“精气神”的生长史。

在中华民族优秀的传统文化中，天人合一的理念意味着人与大自然是相亲相融的，倡导人与自然界的山山水水和谐相处是中国文化的根本追求，作为中华水文化精髓的人水和谐理念便是这一追求的具体表现。如果我们梳理一下人水和谐理念的逻辑层级，那么它明显经历了从天人合一的宇宙意识，到以人为本的人文意识，再到人水和谐的水文化意识的三重递进过程。

一、天人合一的宇宙意识

自古以来，中华民族崇尚的就是“天人合一”的理念。在这一理念中，人与大自然是和合共生的，作为中华水文化精髓的人水和谐便是这一理念的具体体现。天人合一，内涵丰富，意义重大而深远。中华民族有史以来，“天人合一”的第一要事，就是追求人水关系的和谐，致力于人水关系的改善，实现人水和谐共处及其良性循环。从女娲补天到精卫填海，从大禹治水到李冰修筑都江堰，从治理黄河长江泛滥到开凿各类运河水系，无论历史如何发展、时代如何变迁，泱泱华夏的水情和民情，使得历朝历代统治者欲达治国安邦之政治目的，欲求实现国富民强之经济景象，都必须十分注重水的安全、均衡、及时和有效。对水的治理，可以迟到但不能缺席。治水活动的成败得失关乎政治，用水方式的是非曲直关乎民生；水利兴则王朝兴，水利衰则王朝败。治国先治水、治水即治国理政，已经是被深刻认同的历史规律。

由上可知，天人合一作为中国传统文化的根本理念，便是人水和谐的深层根基所在。在儒家文化观念中，一个人内心的道德原则和伦理品格都是天然禀赋和自然而然的，人心和天在脉理上是相通的，所以积极向上的普适性人性伦理亦可称之为“天理”。《周易·系辞》谓：“是故天生神物，圣人则之；天地变化，圣人效之；天垂象，见吉凶，圣人象之；河出图，洛出书，圣人则之。”宋明理学认为，“一天人”是对人与自然（天）的最高概括。这里的“天”泛指整个自然界，当然也包括自然界最为核心的要素——水，“一天人”就是讲人与自然和谐共生的关系，也就是天人合一。《程氏遗书》卷六云：“天人本无二，不必言合。”《程氏遗书》卷十八还载有程颐的话：“天地人，只一道也，才通其一，则余皆通。”著名历史学家季羡林在谈到先秦道家对待自然的态度时指出："老子说：'人法地，地法天，天法道，道法自然。'王弼注说：'与自然无所违。'《庄子・齐物论》说：'天地与我并生，而万物与我为一。'看起来道家在主张'天人合一'方面，比儒家还要明确得多。"①从天人相应到天人合一，中国传统文化倡导人与大自然和合共生的理念体现出一种宏阔的大宇宙意识，即人与自然都是宇宙生命的一种载体，二者是息息相关的。而中华传统水文化中的人水和谐理念正是这种大宇宙意识的完美展示。

二、以人为本的人文意识

任何文化都是人文化之的结果，也就是说文化的形成、演进、发展、完善都不是自然本身完成的，人类诞生以后，为了维系自己的生命和发展自己的生命，一开始便与环绕着自己生活的自然环境进行互动，正是在与自然环境进行互动的过程中才创造了人类的文明及其各种文化形式。苏联学者尼・瓦・贡恰连科在《精神文化：进步的源泉和动力》一书中说："环境是人类得以发展的无止境的、经常的、'永久的'源泉，并且它既是人类存在之前就有的自然环境，又是由于人的创造活动而形成的人为环境。人在适应环境、改造环境（即改变环境本身）的同时也必然使自己得到改造。人本身的改变、人的适应环境以及人为了自身的利益改造环境的活动，所有这些经常进行着的过程，是构成文化的最重要的因素。"②中国传统文化倡导天人合一的宇宙意识，但天人合一并不意味着在这种"合一"中消融掉人类的主体意识。恰恰相反，中华文化天人合一理念的核心是借自然之道行人文之道，借与自然界的和谐共生来发展和完善人类的物质世界和精神世界，实现人与自然的双赢。例如，中华民族的先帝神农氏为了早期华夏民族的生存和发展，依靠自己和其他早期先贤的聪明智慧和奉献精神，改变了原始先民单靠"自然拾取"的被动劳作方式，缔造了原始农业文明，教会人们播种五谷，亲自尝百草滋味和水泉甘苦，极大地改善了人们的生存条件。《淮南子・修务训》云："古者，民茹草饮水，采树木之实，食蠃蛖之肉，时多疾病毒伤之害。于是神农乃始教民播种五谷，相土地宜，燥湿肥硗高下，尝百草之滋味，水泉之甘苦，令民知所辟就。"由此可见，文明和文化的核心都是人，没有人也就没有任何意义上的文明和文化。不可否认，文明和文化的演进要遵从自然规律，但遵从自然规律的目的却是使人类与自然和谐共生。《周易》一书中曾强调天、地、人三才之道，也就是"天道""地道"与"人道"三者并行而不悖，其实就蕴含着这一道理。如《周易・系辞》说："《易》之为书也，广大悉备。有天道焉，有人道焉，有地道焉。兼三才而两之，故六。六者非它也，三才之道也。"《周易・说卦》也说："是以立天之道，曰阴曰阳；立地之道，曰柔曰刚；立人之道，曰仁曰义，兼三

---

① 季羡林. 此情犹思：季羡林回忆文集（第4卷）［M］. 哈尔滨：哈尔滨出版社，2006：250.

② 尼・瓦・贡恰连科. 精神文化：进步的源泉和动力［M］. 北京：求实出版社，1988：28.

才而两之，故《易》六通而成卦。”《周易》是儒家经典，从儒家的立场上看，三才之道的最终落脚点还是“立人之道”。

三、人水和谐的水文化意识

人是靠自然界生活的，人本身也是自然界的一部分。马克思曾经指出：“人靠自然界生活。这就是说，自然界是人为了不至死亡，而必须与之处于持续不断的交互作用过程的、人的身体。所谓人的肉体生活和精神生活同自然界相联系，不外是说自然界同自身相联系，因为人是自然界的一部分。”[①]水是自然界的核心物质，也是人类生活最主要的保障性资源，可以说水是人类生存的命脉所在。在中国传统五行学说中，水居其“中”，位置非同一般。无论从人类的生存发展还是自然界的生态平衡来看，人始终都应该与水保持和睦相亲、和谐共赢的关系。

人水和谐作为中华水文化的精髓，有着极为丰富的思想内涵与理性张力，主要表现在以下几个方面：

（一）利人利水，良治共赢

人水和谐的深层意义是人与自然山水是一个命运共同体，自然山水同样具有生命价值。从根源上说，人的生命存在本身也是大自然赋予的，因而也是大自然的一部分。美国学者霍尔姆斯·罗尔斯顿说：“所有的生命现象都是自然的。我们可以勉强说文化是由人类的心智延展而成，因而是人为的。但对于生命，我们就只能说它是自然的。这样，生命的价值毋庸置疑是自然的。”[②]以大禹治水为典型代表的中华传统水文化实践视自然山水为生命体，在尊重自然山水生命存在的基础上合情合理地引水、用水、利水。大禹在总结其父鲧以“堵”的方式治水失败的教训之后，放弃了“堵”的治水方式，而采取了尊重水生命，以“疏”的方式给洪水以出路，因势利导，借势而为，达到人与水的和谐共赢。《孟子·离娄下》谓：“禹之行水也，行其所无事也。”“行其所无事”就是说在自然山水面前，不要乱作为，不与自然山水盲目对抗。《孟子·滕文公》称大禹“疏九河，瀹济，漯而注诸海，决汝、汉，排淮、泗而注之江”，也就是在“疏”而不“堵”的前提下，因势利导，合情合理地把洪水导入大海大江，这种为而不争的治水策略，是其成功的根本原因。

（二）法水象水，道法自然

老子的“上善若水”体现了古代人水和谐思想的基本精神，“善”是人类追求的最高价值体系之一，体现出人类实践活动合规律性与合目的性的高度统一，追求至善是人类实践活动的

① 马克思. 1844年经济学哲学手稿［M］. 北京：人民出版社，2014：52.

② 霍尔姆斯·罗尔斯顿. 哲学走向荒野［M］. 吉林：吉林人民出版社，2000：139.

根本目标之一。《论语·述而》里也说："择其善者而从之，其不善者而改之。"《吕氏春秋·长攻》说："所以善代者乃万故。"单就作为自然界一种物质存在的水来说，其本身并没有善与不善的问题。只有在人与水发生关系时，水才被赋予了善的品格。老子对"上善若水"的具体描述，更显示出水的各种特点象征了人类对各种美好品质的追求。不过，老子的"上善若水"并没有明确说明水是人类追求的至善，而只是表明水是人类追求的至善品格的象征。我们通过老子这一命题，能够看到水蕴含了人类至善追求的基本内容，于是水便由一种自然物质上升为一种具有至善品格的文化境界。这样，水便通过"自然人化"的途径，进而成为人类追求的至善境界。也就是说，只有在人水关系所追求的人水和谐境界中，水才能成为人类追求的至善。

（三）乐水爱水，涵养情操

人水和谐不仅体现在自然的物质层面，更体现在人的精神层面。水作为人的生命之源，赋予了人们的爱水情结。在人们爱水护水的过程中，又激发出人们乐水畅神的情怀。例如，孔子的"智者乐水"是从道德涵养的角度讲，带有一定的道德比附色彩。到了魏晋时期，文人审美化的乐水爱水之情陡然增长，面对他们钟情的水，从道德比照拓展到涵养情操，提出了"以玄对自然""澄怀观道""山水以形媚道"等主张。文人之间流行对自然山水的特质进行情感化观照，以性情对山水，水成了人们获取快乐的体验对象。人们对水的钟爱与热忱辗转于艺术领域，激发了山水诗的勃兴和山水画的滋长。这种乐水畅神、涵养情操的风尚在中国古代一直十分流行。

（四）得水用水，守中适度

在中国传统哲学中，"中"这个概念有着丰富的哲学内涵。东汉许慎《说文》里说："中，和也。"直接把"中"解释为"和"，其实"中"不是事物简单形式上的"和"，而是各种事物的一种过犹不及、不偏不倚的内在秩序，它不仅体现在客观事物本身的一种和谐秩序上，也体现在人与事物的一种和谐关系上。更主要的是，其还表现为人们处理事务的一种态度，即处理任何事物时都要把握好一个"度"。《尚书·大禹谟》："人心惟危，道心惟微，惟精惟一，允执厥中。"表现在人水关系上的"中"，主要有以下几个方面的体现：一是掌握好对待水的"度"，例如治水上，既不能太"过"，也不能"不及"；既不能乱作为，也不能不作为。二是处理好人水关系中的"适"，即保持人与水之间融洽的、适度的关系。三是面对自然的水时要保持一种平和、稳定、冷静的心态，防止因心态失衡而造成人水关系的紧张或不和谐。

人水关系上的"中""和"，是中国历代首都选址及城市建设所遵循的一个重要原则。《管子·乘马》云："凡立国都，非于大山之下，必于广川之上；高毋近旱，而水用足；下毋近水，而沟防省；因天材，就地利，故城郭不必中规矩，道路不必中准绳。"十三朝古都西安，地处关中平原，南阻秦岭，北滨渭河，《史记》记载汉代张良对西安的赞誉："河、渭漕挽天下，西给京师。”十三朝古都洛阳，四面环山，近有黄河、洛河等水系流过。八朝古都开封，曾被称为大梁、汴梁、东京、汴京等，《全唐文》称：“大梁当天下之要，总舟车之繁，控河朔之咽喉，通淮湖之运漕。”七朝古都安阳，有3300多年的建城史，500年建都史，有“洹水帝都”之美誉。夏商两大王朝早期的都城郑州，北临黄河，西依嵩山，处于大山大河荫庇之下。六朝古都南京，北有大江，西有群山，山水环抱，虎踞龙盘。自秦设县以来已有2200多年建城史的杭州，有着江、河、湖、山交融的自然环境。北京更是山环水抱，北有燕山拱卫，南有永定河蜿蜒流过。中国八大古都，无一不是依水而建，与水和谐共处。

总之，中华传统水文化精髓体现了传统水文化实践合规律性与合目的性的高度统一，同时也包含高度的真理性，其合理内核对指导和推进我国当代水文化建设具有重要意义。

第四章 国外大型调水工程的功能类型

没有水，文明便无法生存和发展。美国的中西部、中亚、西亚、北非、澳大利亚、南美西海岸等地区的大量沙漠戈壁，都是由于极度缺水造成的。特别是随着人口数量的暴增，对水资源的需求也不可避免地持续剧增。因此，积极兴建调水工程，往往成为人类解决水资源空间严重不平衡问题的方法之一。

国外大型跨流域调水工程主要分布在24个国家，其中比较著名的有美国的加州北水南调工程和中央河谷工程、澳大利亚的雪山工程、加拿大的切尔齐赫尔和“詹姆斯湾”调水发电工程、印度的阿比斯调水工程、以色列北水南调工程、巴基斯坦的西水东调工程等。世界各地的调水工程，有些功能比较单一，有些是综合性的；有些是当地的、流域内的，有些是跨区域的、跨流域的。跨流域调水工程，按其主要功能分类，有以航运为主的，也有以灌溉为主的；有以供水为主的，也有以开发利用为主的等。

第一节　以航运为主的大型调水工程

一、加拿大韦兰运河

韦兰运河是加拿大南安大略的水道，它使南方的伊利湖和北方的安大略湖之间能通航大船，并成为圣罗伦斯航路的重要纽带，是加拿大20世纪十大公共工程之一。

运河于1829年开凿。20世纪初，因人口激增和工业发展需要而重加疏浚，于1932年完工。该运河全长44.4km，深8m，宽61m，从克伯尼港至威乐港共有8个水闸，可供较大轮船通行。货运以铁矿、小麦、煤、玉米、钢铁、大麦为主。

韦兰运河1～7号船闸可以提升的高度平均为14.2m。其中，伊利湖的第8号船闸是为适应湖水水位来进行最终调节的控制性船闸，其提升高度为0.3～1.2m。它的闸室尺寸为：长233.5m，宽24.4m，坎上水深9.1m，河道水深8.2m。该河道允许通过的船舶最大尺寸为：长225.5m，宽23.8m，载物吃水深8m，该尺寸的大船可以运载2.9万t铁矿石或3.87万m^3货物。每个船闸可以在10min左右的时间内充水9万m^3，船舶经过每一级船闸花费大约45min。因冬季河道结冰，每年停航3个月。

二、德国美因—多瑙运河

美因—多瑙运河于1992年竣工。从莱茵河支流美因河畔的班贝格到多瑙河畔的克尔海姆，全长171km，美因—多瑙运河沟通了北海和黑海的水上货物运输，形成了一条流经15国且长达3500km的航道，这条航道可供载重量达2425t的货轮航行。

开凿美因—多瑙运河的想法可以追溯到公元793年。查理曼大帝想要打开一条穿越中欧的航道，曾在巴伐利亚的多瑙河支流阿尔特米尔河和美因河支流士瓦本雷札特河之间开挖水道，但是由于暴雨导致了河堤坍塌，这项工程不得不停止。1837年，路德维希一世（巴伐利亚国王）开始主持修建班贝格和克尔海姆间的工程，路德维希运河的路线和现在的美因—多瑙运河航道是极为相似的。路德维希运河因为无法与铁路竞争，所以到第二次世界大战时就停止使用了。1921年，德国政府和巴伐利亚州组建了一家公司来建设更宽的美因—多瑙运河，美因—多瑙运河主要工程于1960—1992年完工。

多瑙河经过德国、奥地利、捷克、匈牙利、南斯拉夫、罗马尼亚、保加利亚和苏联等国家，最终注入黑海。美因河是莱茵河的重要支流之一。美因—多瑙运河则成为连接东欧和西欧的重要运输通道。

三、苏联莫斯科运河

莫斯科运河是苏联最早建成的调水工程。在1947年之前，莫斯科运河被称为“莫斯科—伏尔加河运河”，这条运河横跨莫斯科和特维尔两州，全长128km，宽85m，水深足以容纳载重5000t的船只通航。莫斯科运河的修建始于1932年，历时4年8个月才得以完工。在通往伏尔加河的航道修建完成后，该运河于1937年5月1日正式竣工。莫斯科运河的起点位于伊万科夫水库，距离莫斯科河河口190km，在图希诺附近与后者相连。该运河的建成使得莫斯科成为“五海之港”，可以乘船到里海、波罗的海、白海、黑海和亚速海。莫斯科运河除了为航运和旅游带来便捷外，还为莫斯科提供了接近一半的水资源。

莫斯科运河将莫斯科河和伏尔加河连通，使该运河起自伏尔加河右岸的杜勃纳，抵莫斯科西北莫斯科河左岸，通过运河水上的交通还可直达海上。莫斯科运河是一个十分巨大且复杂的水利枢纽工程，运河河段共计修建了8座船闸和8座水电站，各种拦水大坝、闸门、水泵站、倒虹管、铁路桥、河下隧道等人工建筑设施共计200多个。修建莫斯科运河后，从下诺夫哥罗德到莫斯科和从圣彼得堡到莫斯科的航程分别缩短了110km和1100km。

第二节　以灌溉为主的大型调水工程

一、澳大利亚雪山工程

该工程是澳大利亚雪山跨地区调水工程。雪山工程位于澳大利亚的东南部。作为世界上大型跨流域、跨地区调水工程之一，雪山工程是一项跨越雪河流域和墨累河流域的大型水利工程，旨在将东部地区的水资源调配至西部干旱地区，以实现灌溉和发电。该工程横跨澳大利亚维多利亚州、新南威尔士州和堪培拉特区，其主要建设项目位于新南威尔士州科修斯科国家公园内。总覆盖面积高达3200km^2，输水干线长224km，年调水量可达30亿m^3，于1949年开工。

雪山是澳大利亚大陆分水岭的一部分，位于南纬33°~35°，距离东海岸约150km，绵延3000km。山顶海拔在1520m以上，最高峰为科修斯科山（2229m），次高峰为北端的杰冈格尔山（2062m）。这片广阔的地域由起伏的高原和平坦湿润的河谷组成，在西部急剧下降至300m形成丘陵地带，总长度达1500km。

雪山地区是澳大利亚降水最多、海拔最高的地区之一，因此，非常适合进行水电工程和蓄水灌溉工程的开发。该地区的年平均降水量为500~3800mm，年径流深度平均为580mm。在每年的4月至8月，海拔1500m以上的高地都会被雪覆盖。从9月开始，冰雪开始融化，一直持续到12月。雪山地区的年径流量变化不大，最大径流量与最小径流量之比约为8∶1。

雪山工程是澳大利亚东南部的一个规模巨大的水电工程，包括7座水电站、16座坝、2座泵站、225km输水管道和隧洞以及附属设施。该工程于1974年完成，总库容达到84.8亿m^3，有效库容约70亿m^3，年发电量达到50亿kW·h，占澳大利亚东南部电网容量的17.8%。该工程每年提供23.6亿m^{3}的用水量，并可灌溉26万hm^{2}农业用地。

在20世纪初，针对澳大利亚日益增长的电力、粮食和畜产品需求，曾提出多种雪山工程建设方案。然而，由于工程规模巨大，这些提议并未得到实现。直到第二次世界大战后，随着需求的不断增长，联邦政府通过了《雪山水电法》，成立了雪山水电局，并开始了这项备受期待的工程。如此一来，澳大利亚的水利资源开发和灌溉工程建设才得以全面展开。

原来雪山的固态水资源绝大部分补给雪河，随着河流注入塔斯曼海而没能被利用。雪山工程就是把雪河和尤坎本河的水经尤坎本湖调节后，穿过隧洞向西引入墨累河流域，以发电、灌溉为主并解决澳大利亚南部城市供水和工业用水的跨流域引水工程。

二、巴西圣弗朗西斯科河

圣弗朗西斯科河长2914km，是南美大河之一，也是巴西的第三大河，还是巴西河流中全流域在境内的第一大河，更是南美洲第四大水系。由于它一直以来被当作是巴西沿海与西部地区之间、东北部与南部地区之间的交通干线，因此，其也被称为“全国团结之河”。这条河以耶稣会领袖圣博尔吉亚的姓氏命名，它是巴西东部和东北部水力发电和灌溉的重要源泉。

圣弗朗西斯科河发源于米纳斯吉拉斯州西南卡纳斯特拉山脉东坡，流域面积约63.11万km^2。

圣弗朗西斯科河流域的开发工作在长时间的酝酿后，当地有关部门于1946年开始做了一些工作，并于1948年9月成立了“圣弗朗西斯科河流域委员会”。圣弗朗西斯科河流域委员会制定了包括调节改善通航条件、河道径流，开发水能资源，推广并发展大规模防洪、灌溉，促进工业和农业的发展，以及改善卫生条件和移民条件等的“圣弗朗西斯科流域开垦计划”。

一是水能资源。“圣弗朗西斯科流域开垦计划”旨在解决巴西东北内陆地区的灌溉和防洪问题，其中圣弗朗西斯科河被视为关键。该河是一条流量大且流经半干旱地区的大河，发源于米纳斯吉拉斯州。该计划拟修建13座水电站以及水库，总库容超过837.6亿m^3，水电站总装机容量超过1581.6万kW。其中，特雷斯玛丽亚斯和索布拉廷诺两座水库拥有明显的调节圣弗朗西斯科河流量的作用，前者位于上游段，总库容191.8亿m^3，主要用于径流调节和防洪；后者位于“半干旱多边形地带”中心，蓄水库容341亿m^3，于1970年建成，其目的是发电（装机105万kW）与防洪。

二是灌溉功能。如果灌溉用水不受限制，圣弗朗西斯科河以北的半干旱地区就会有78万hm^2土地适用于耕作，其中约有14万hm^2可由当地现有水源进行灌溉。当地有关部门的工作人员用1年4个月的时间，使圣弗朗西斯科河的总引水流量达到了1000m^3/s，为周围60万hm^2以上的农田提供了充足的灌溉水源。该方案将水资源引入半干旱地区，主要通过自然河流和本身的渠道系统将水资源分配到各地的灌溉工程中。

三是通航功能。圣弗朗西斯科河从河源至皮拉波拉市共有700km的上游河段，是南美洲第四大水系。在皮拉波拉市附近有一个7m高的瀑布，瀑布以下至彼得罗利纳市为中游段，长1290km。除一段9km长的河段在彼得罗利纳市上游40km处，称之为“索布拉廷诺险滩”，其水面比降超过0.5m/km外，其余河段水面比降一般仅有0.09m/km。因此，长期以来该河段一直为通航河段。中游河段的弯曲度非常小，大概只有10%。整治之前水深最小为0.7m，疏浚后最小水深增至1.5m。洪季和枯季的水位变化幅度高达10m，在枯水期河道变得狭小，但是在洪水期河宽可以达到6～20km。它的若干条支流、下游段可以通航。彼得罗利纳市以下至伊塔帕里卡瀑布这一段440km的次中游虽然也可通航，但存在险滩和小瀑布，所以不太适合通行。

伊塔帕里卡至皮拉尼亚斯河段总长85km，包括伊塔帕里卡瀑布和保罗阿方索瀑布，后者高达80m且峡谷河段近70km的总落差超过130m。从皮拉尼亚斯至大西洋为下游河段，全长210km，可以通航。

从上面的情况可以看出，圣弗朗西斯科河干流可通航里程大约只有1500km，并且只能通过较小的内河船舶，在其下游段，因为泥沙在河口淤积，吃水较深的海轮也不能进入内河。

未来计划在圣弗朗西斯科河中游的皮拉波拉和特雷斯玛丽亚斯坝之间140km的河段上建造2～3座水坝和船闸，同时还将在特雷斯玛丽亚斯坝上增加2座船闸。这样一来，圣弗朗西斯科河中游的航道可以向上游延伸，船只也能够从皮拉波拉市一直上行至特雷斯玛丽亚斯水库。另外，特雷斯玛丽亚斯水库还是通往帕劳佩巴河的必经之路，这个支流是圣弗朗西斯科河最上游的支流之一。

尽管通过了特雷斯玛丽亚斯水库的调节，但是在旱季，圣弗朗西斯科河仍有很多河段的水深达不到船舶通航要求。为了解决圣弗朗西斯科河在旱季船只无法通过的问题，对于未达到要求的河段进行了系统疏浚工作，并确保了一条宽20m、深1.5m的常规船舶航道，同时在中游最靠近彼得罗利纳市通航河段以上110km处的库拉林霍和伊坦斯之间进行了水下岩石开挖工作。这项工作将露出水面的岩石清除掉，最终将该16km长的河段疏浚成宽60m、最小水深1.8m的航道。此外，随着索布拉廷诺电站的建成，该河段水深又增加了12m，所有妨碍通航的岩石均被淹没在水下，从而极大地改善了通航条件。

三、巴基斯坦西水东调工程

该工程是一项规模巨大的水利工程，其目的是将巴基斯坦西部的三条河流（印度河、杰赫勒姆河和杰纳布河）的水通过多个连接渠道输送到东部的三条河流（萨特莱杰河、比阿斯河和拉维河）。该项目共包括2座大型水库、5个拦河闸以及1座带闸门的倒虹吸工程，并修建了长达589km的8条相互连接的连接渠道，附设约400座建筑物。总输水流量接近3000m^3/s。该项目历时10年完成（1965—1975年）。

巴基斯坦印度河平原，一直以来由印度河和东侧五大支流分别引水进行灌溉。在印巴分治后，印度河及其五大东支流在上游被划归给印度，在下游被划归给巴基斯坦。这种划分导致了上下游水资源的纠纷。为解决此问题，印度政府和巴基斯坦政府于1960年签署了《印度河水条约》。按照条约规定，巴基斯坦每年可从西部三条河流引水1665亿m^3，而印度每年可从东部三条河流引水407亿m^3。因此，为推动该条约的具体实施，西水东调工程便被提出并建设。

通过分步走的规划，从而保证西水东调工程顺利实施。

一是修建水源工程。在杰赫勒姆河上修建的曼格拉坝和印度河干流上修建的塔贝拉坝，将来自北部高山区的丰沛的降雨径流和春末夏初的喜马拉雅山积雪冰川融化形成的径流存蓄在水库内，待到枯水期再前往东三河农业基地进行灌溉。各河的平均年供水量为：印度河卡拉巴格闸1141亿m^3，杰赫勒姆河曼格拉站273亿m^3，杰纳布河玛拉站320亿m^3。

二是修建拦河闸。先后共修建了包括查什马闸、腊苏尔闸、马拉拉闸、卡迪拉巴德闸、锡德奈闸在内的五处拦河闸和锡德奈—巴哈尔尔连接渠的梅尔西倒虹吸工程。为西部三条河流引水到东部三条河流下游提供了控制河道和引水的条件。

三是连接渠。1965—1970年间，逐步完成腊苏尔—卡迪拉巴德连接渠、卡迪拉巴特—巴洛基连接渠、巴洛基—苏莱曼基连接渠、查什马—杰赫勒姆连接渠、特里姆穆—锡德奈连接渠、锡德奈—梅尔西连接渠、梅尔西—巴哈瓦尔河连接渠、当萨—潘杰纳德连接渠这八条连接渠的施工，渠道总长度为598km，挖方2.56亿m^3。当全部运行时，总输水能力达2915m^3/s。它们组成上、中、下三条调水线路：上线连接杰赫勒姆河、杰纳布河、拉维河和萨特莱杰河；中线连接印度河、杰赫勒姆河、杰纳布河、拉维河和萨特莱杰河；下线连接印度河和杰纳布河。

巴基斯坦西水东调工程的特点主要有：

（1）利用向下游缓倾的地形条件，按高程布置三条不同的引水线路，运行十分机动且灵活。

（2）一些连接渠深度达到12m以上，水面也低于地下水位，这种情况有利于当地排水；但是有些连接渠的水面高于地下水位，从而抬高了地下水位。因此，采取了河床局部衬砌和沿连接渠打井抽水的措施以减少渗漏。

（3）连接渠与许多排水渠交叉，多数采用立体交叉工程；同时也有采用平交和立交相结合的方法，即在连接渠输水时，排水从涵洞中穿过；连接渠停水或水位较低，而排水渠流量大、水位高时，开启平交闸，将部分流量排入连接渠。

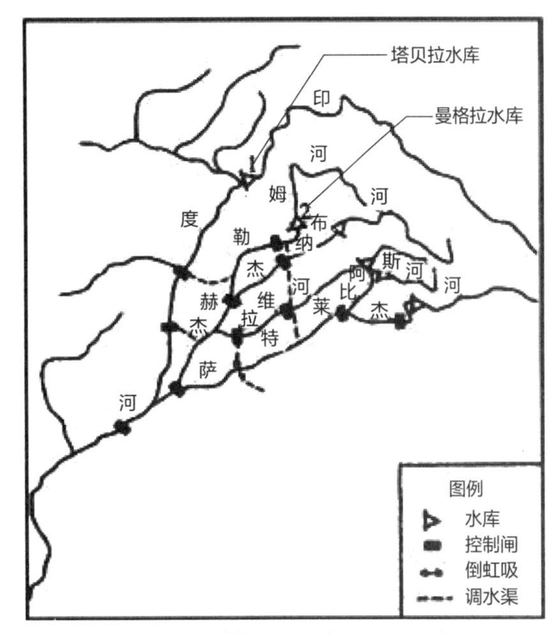

图 4-1　巴基斯坦西水东调工程示意图

西水东调工程连接渠的开凿，将印度河谷平原中的五大河流互相连通起来，经塔贝拉、曼格拉两大水库进行调蓄过的水，灌溉了极为干旱缺水的平原东南部的320万hm^2耕地，消除了这个地区严重的缺水状况和荒漠化的威胁；并且西水东调工程的实施，进一步完善了印度河平原的灌溉体系，让巴基斯坦由原来的粮食进口国转变为粮食出口国。食糖、奶品也基本可以自给，还出口了大宗毛皮、棉花等。巴基斯坦西水东调工程示意图如图4–1所示。

四、朝鲜价川台城湖引水工程

朝鲜水利灌溉建设史上规模最大的引水工程是价川台城湖引水工程，该工程于2007年10月18日修建完毕。这条长度约150km的引水渠，充分展示了朝鲜建设者高昂的斗志和坚强的意志，是朝鲜人民建设社会主义强盛国家的前奏曲。

价川台城湖引水工程是为解决朝鲜西海岸地区灌溉用水问题而制定的国家级重点工程。金日成于1988年10月做出了相关指示，而金正日于1992年1月和1998年12月分别就完善全国水利灌溉系统建设和价川台城湖引水工程的建设规划、资金等问题做出了明确要求，从而拉开了该项目建设规模宏大的帷幕。

价川台城湖引水工程预计共挖掘岩石251.6万m^3、处理泥石2097.2万m^3、浇筑混凝土37.4万m^3，同时在沿途修建了数十个引水隧道，其中最长的有数千米。此外，该工程还铺设了十多个大型的引水潜管以及数百个各种类型的引水灌溉设备。

价川台城湖引水工程对南浦市、平安南道、平壤市等15个市郡区的10万hm^2土地进行了灌溉，大角拦水坝调节了大同江的水位。与此同时，大角拦水坝的建设不仅有效地预防了黄海南道、黄海北道、南浦市等地农田的水涝灾害，保障了农业的正常生产，而且通过对河流的控制作用，还取得了显著的节能效果；共计拆除了385所抽水站的536台抽水机和电动机，节省了6万kW·h的电力。此外，大角拦水坝也成功地改善了灌溉区的自然景观，同时促进了池塘养殖业的发展，并解决了许多地区工业及居民生活用水问题。

五、土库曼斯坦卡拉库姆运河

世界上最大的灌溉及通航运河之一是卡拉库姆运河，在土库曼斯坦南部，运河总长1400km。卡拉库姆运河起自阿姆河中游左岸博萨加镇，向西经穆尔加布和捷詹绿洲，沿科佩特山脉北麓平原经格奥克捷佩抵卡赞吉克。1959年，连通穆尔加布河的一期工程完工；1960年，连通捷詹河的二期工程完工；1962年，三期工程开工；1965年，运河通到土库曼斯坦首都阿什哈巴德；1981年，卡拉库姆运河四期工程完工，运河到达终点卡赞吉克。该工程于1954年开始建设，截至1981年，已建成1100km。

“卡拉库姆”在土耳其突厥语中指的是“黑色沙漠”，因为岩层和沙漠的颜色都呈现棕黑色调。该沙漠位于里海和阿姆河之间，占地35万km^2，主要由皲裂土和盐沼构成。此外，它的气候十分恶劣，白天和晚上的温差最高可达56℃，在一年中只有不到150mm的降水量，即使下雨也会被沙暴刮走，很少有水滴落在地面上。

在卡拉库姆沙漠中，阿姆河是唯一的水源。阿姆河发源于阿富汗高原，全长2540km，流经卡拉库姆沙漠北端，拐进乌兹别克加盟共和国，最终注入咸海。阿姆河平均流量为1520m^3/s，比黄河略少但是超过淮河，足够浇灌沙漠。卡拉库姆沙漠干旱缺水的环境给当地居民和生态带来了严重威胁。为了解决这个问题，列宁于1964年提出了“列宁运河”计划，该计划从阿姆河上游的山区引水，穿过卡拉库姆沙漠南部1400km，并最终汇入里海。这条运河使得当地土壤肥沃，可以种植棉花等作物，改善了当地居民的生活环境。

卡拉库姆运河的建设旨在解决卡拉库姆沙漠地区的缺水问题，使得当地农业生产得到极大提升。新垦750万亩耕地，改良2.25亿亩牧场，使1500万亩耕地受益，也使土库曼斯坦成为苏联稳定的长纤维优质棉生产基地。使当地的百万牧民结束了游牧生活，将畜牧业推向新的水平。卡拉库姆运河给土库曼斯坦居民提供了生活和工业用水，让克拉斯诺伏斯克以及涅比特—达格等石油天然气田得到了大规模开发，在荒漠之上矗立起一座座工业新城。航运之利自不必说，从此土库曼斯坦的东与西之间有了航道快捷方式，里海和咸海之间可通过运河相连。在运河开凿前，土库曼斯坦年产皮棉40万t；在运河开凿后，年产皮棉高达120万t，成为仅次于乌兹别克斯坦的第二大产棉区；其中，长纤棉33万t，居当时苏联首位。卡拉库姆运河工程是以边建设边受益的方式进行的，同时开凿水道，建设蓄水库、灌溉渠和通航水闸，使得当地居民可以享受到更多的用水资源。截至1980年，该工程累计投资18亿卢布（约合21亿美元），但已经获得25亿卢布（约合30亿美元）的收益。

运河还使周围的生态环境得到了极大改善。本来死气沉沉的沙漠，变成了生机勃勃的富饶之地。并且，克尔基、阿什哈巴德等城市因为运河而得到了很好的发展，人口也得到了迅速的增长。

六、美国全美渠灌区

全美渠灌区是一项综合性利用工程，于1934年开始，并于1941年完成，由考契拉灌区、尤玛灌区和英皮里尔灌区三个独立的灌溉区域组成。该灌区位于美国西部的加利福尼亚州南部和亚利桑那州中南部，邻近墨西哥边境。全美渠作为总干渠，用于向各个子系统提供水源。该项目主要目的是进行灌溉农业活动，并在充分架设管道等基础设施的基础上，为城市居民提供清洁供水服务。此外，在高峰时期还可以使用水电站产生额外的电力。英皮里尔灌区早在1886年就开始开发建设了。

该灌区从尤玛县东北29km处科罗拉多河上的英皮里尔水库引水，水库总库容为1.05亿m^3，但因为多年的淤积，兴利库容仅剩120万m^3左右。钢筋混凝土面板支墩坝的英皮里尔坝，最大坝高26m。灌区的主要水源是英皮里尔坝上游488km处胡佛大坝形成的米德湖水库，水库总库容为348.5亿m^3，胡佛大坝高约221.4m，灌区通过英皮里尔坝以上的米德湖等多个水库联调实现设计供水。灌区内还有卡霍拉水库等中、小型反调节水库，对灌区水量进行二次调蓄和补给。

灌区总干渠和全美渠渠首位于英皮里尔水库右岸，该干渠被设计成流量为429.2m^3/s的引水通道，一年可从科罗拉多河提取约45亿m^3的水资源。由于河水携带大量泥沙，全美渠上设置了3个沉沙池（每个长235m，宽165m），泥沙处理能力为7t/d。全美渠向西延伸至加利福尼亚州的西南部，并与英皮里尔灌区的西干渠相连接，总长度达132km。在总干渠以下，该灌溉区分为五条主要分干渠，分别是考契拉渠、尤玛渠，以及英皮里尔灌区的东、中、西三条干渠。最长的分干渠为尤玛渠，全长356km，渠首设计流量56.6m^3/s。考契拉渠总长200km，渠首设计流量43.9m^3/s。多种灌溉方式被采用，如喷灌、滴灌和地面灌溉等，以最大限度地利用水资源。

灌区的排水为三个相对独立的体系，其中考契拉灌区排水干渠（管）长301km，田间排水渠（管）道总长近4000km；英皮里尔灌区排水干渠（管）长370km，田间排水渠（管）道总长超过6000km。考契拉灌区和英皮里尔灌区的排水全部汇入加利福尼亚州的内陆咸水湖——萨尔顿（Salton）海。尤玛灌区实行井渠结合的排水方式，排水干渠总长约204km，另在灌区东侧布有16个大型排水井，抽排尾水入排水干渠，回水最终汇入科罗拉多河。

随着经济的发展，全美灌溉渠近年来也面临新的矛盾，表现在灌区面积的不断扩大与科罗拉多河相对有限的水资源之间的矛盾，以及生态与城市生活用水、农业生产与环境之间的矛盾。

第三节　以供水为主的大型调水工程

一、莱索托王国和南非共和国莱索托高原调水工程

莱索托高原调水工程是由莱索托王国和南非共和国合作兴建的大型项目，其目的是将莱索托境内的森克河引向南非法尔河流域，以满足约翰内斯堡、比勒陀利亚等城市日益增长的用水需求，并促进莱索托的电力自给。该工程于1990年开工，计划分多期建设6座大坝、4条隧洞和3座泵站，预计工期为30年左右，并将在全部建成时提供70m^3/s的输出水量和18万kW的水电装机容量。总投资金额预计超过40亿美元。

修建这项工程的主要原因是南非威特沃特斯兰德—约翰内斯堡周围的主要居民区和工业区，缺少可靠的和可以进一步扩大的供水水源。目前，该地区从法尔河流域取水，日益增长的工业和城市用水需求要求极高的供水量，但该流域的供水量还无法满足。在20世纪50年代，莱索托高原调水工程的工作人员就首次研究了一项可行性计划，即从森克河调水以增加法尔河水量。

森克河及其支流从莱索托高原向南流，然后向西（称奥兰治河）流经1500km之后注入大西洋。莱索托高原经森克河流出的水流量约115m^3/s。修建莱索托高原工程的目的，是将其中70m^3/s的水流量送到南非，并用以满足莱索托的电力需求。目前，森克河水资源只被莱索托王国利用了一小部分，即使考虑到最大规模的人口增长及经济发展，其可利用的水量也是足够的，故输出这部分水量是容许的。

两国政府于1978年对调水工程的可行性进行了认真仔细的研究，并于1983年由莱索托王国的拉迈耶—麦克唐纳国际财团和南非共和国的奥利弗尚德公司一起进行更为详细的可行性研究。经研究，与充分开发莱索托高原相结合的奥兰治—法尔河调水的最佳方案被提出。工程分为四个主要阶段进行施工，于2020年建成。第一阶段又分为I_A和I_B两个阶段。

莱索托高原调水工程的社会和环境影响，当地已经进行了深入研究。主要不利影响是土地淹没损失。在I_A施工阶段，卡齐水库淹没耕地6km^{2}和牧场26km^2。其后的各个施工阶段也有类似的损失。同规模的工程，土地损失较少，但是，由于莱索托王国面积小，这种淹没损失还是比较严重的。卡齐水库区淹没人口近2000人，莱索托王国已经没有可利用的耕地，不可能有足够的土地安置移民。除土地淹没损失外，水库直接的不利影响很小。

二、以色列北水南调工程

以色列北水南调工程是该国最大的工程项目，同时也是以色列国家输水工程。以色列北水南调工程起始水源地位于以色列东北部的太巴列湖，高水位时太巴列湖可蓄水43亿m^3，除去损耗及下泄约旦河0.4亿m^3水，其年均4亿m^3左右的湖水都被以色列北水南调工程抽取。受水地区为以色列中南部。输水干线长300km，年调水量为14亿m^3。以1953年开挖6.5km长的艾拉本隧洞为标志，该工程正式开工建设，于1964年建成投入运行，前后历时11年，投资1.47亿美元。

北水南调工程由以色列塔哈尔公司设计，并由具有水资源开发利用和管理等行政职能的麦克洛公司负责建设和管理。北水南调工程首先建设的是地下厂房，岩洞内安装三台水泵，每台泵抽水流量为6.75m^3/s，总抽水能力为20.25m^3/s。工程设两级泵站，第一级提升250m，第二级提升150m；再经两道倒虹吸，第一道跨越150m深凹槽，第二道槽深50m。输水隧洞总长9.31km，明渠33km。水在调节池经检测化验，沉沙、灭菌消毒处理，达到饮用水标准后，输入内径2.8m、长77km的主干管道。调水管道向南到130km处的特拉维夫东北部后，主干管分为东西两支继续向南延伸，直达内格夫沙漠。至20世纪80年代末，北水南调工程输水管线南北已延长到约300km，沿途设多座泵站加压，并吸纳全国主要地表水和地下水源。同时，向外辐射的供水管道与各地区的供水管网相连通，形成全国统一调配的供水系统。

由于全国实行统一水价，才得以在水源地200km以外的南部发展灌溉，利用南部充足的光热条件和北方的水资源，生产出高质量的水果、蔬菜和花卉等农产品。北水南调工程缓解了制约南部地区发展的主要因素，既改善了以色列水资源配置的不利状况，也改善了严酷的生态环境条件，带动了南部经济社会的发展。同时，该工程把大片荒漠变为绿洲，扩大了以色列国的生存空间。

在艰难条件下，以色列建设调水工程的成功经验，对其他国家与地区改善水资源配置，开发利用和保护水资源，解决缺水难题，促进经济社会发展具有积极的借鉴意义。

三、西班牙塔霍河调水工程

塔霍河调水工程是修建在西班牙，将塔霍河水调往塞古拉河流域的一项调水工程。该工程于1969年开工，于1975年竣工。

塔霍河流经西班牙腹地，经葡萄牙注入大西洋，全长910km，水量丰沛。塞古拉河从西班牙东南部注入地中海，流域内土壤肥沃，气候温和，农业的增产潜力大，但流域内1967年缺水4.2亿m^3。因此，当地决定从塔霍河向南调水至塞古拉河流域。每年调水10亿m^3（平均流量33m^3/s），除保证工业和居民用水外，还可增加灌溉面积90万hm^2。该调水工程输水管道总长286km，须穿过两座分水岭和跨越一些河谷。该输水管道包括1km长的压力钢管，总长

69km的15条隧洞，总长11km的3条渡槽，总长160km的渠道，还有一段以湖卡尔河原有水库为基础的输水道（长45km）。

在塔霍河引水处，需提水抬高水位260m，然后自流输水。引水处修建博拉尔克水库（有效库容0.224亿m^3）。在该处修建一座抽水蓄能电站，安装四台水泵水轮机组，装机容量20万kW，抽水量66m^3/s，除调水需要33m^3/s外，其余水蓄于高山上的反调节水库中（有效库容0.48亿m^3）。峰荷时放水发电，最大发电流量99m^3/s。发电尾水放回博拉尔克水库。

输水道中最长的隧洞长31.5km，直径4.2m。用掘进机进行开挖，中间有施工用的2个斜洞和15个竖井。用三臂凿岩台车进行钻孔爆破开挖。由于有许多断层和存在地下水，故在多处设置了泵站排水。用混凝土泵浇灌全部衬砌混凝土，衬砌层厚0.5m，衬砌背后用水泥灌浆。

最长的渡槽为6227m。混凝土支撑排架间距40m，平均高30m，最高48m。渡槽为预应力混凝土自承式梯形封闭断面结构，底宽2.5m，高4.76m；顶盖为5m宽的桥面，每节长4m，用安装钢架进行组装。

渠道全部用混凝土衬砌，一台渠道衬砌机一天可衬砌410m，共使用两台衬砌机，一周可衬砌4000m。该工程开挖土石方1185万m^3，隧洞挖方189万m^3，混凝土方量107万m^3。调水工程造价1亿美元，调至塞古拉河流域后，新建水库、输水道和灌溉工程等，共投资3亿美元。

四、美国加利福尼亚州调水工程

美国为解决加利福尼亚州中部和南部地区干旱缺水及城市发展问题而修建了加利福尼亚州调水工程，其部分目标与中央河谷工程相同，并把调水范围延伸到加州南部的洛杉矶地区。

加利福尼亚州调水工程起初被称为“费瑟河及萨克拉门托—圣华金三角洲引水工程”，于1951年由州议会批准，由州政府投资兴建，全部工程分两期完成。第一期工程于1957年开工，于1973年底主要工程竣工，可供水28亿m^3，丰水年可达37亿m^3。第二期工程于2000年前后完成，供水量可达52亿m^3。调水来源为费瑟河、萨克拉门托河、圣华金河。全部工程包括水库23座，总库容71亿m^3；输水干支渠5条，总长1086km；泵站22座，总扬程2396m；水电站6座，总装机容量136万kW，年均发电量66亿kW·h，泵站抽水耗电约125亿kW·h。加利福尼亚州调水工程调入南加州的水量占整个工程供水量的59%，除保证城市工业用水外，还具有防洪、灌溉、水力发电及旅游等综合效益。

加利福尼亚州调水工程的主要调水方案是在萨克拉门托河支流费瑟河北支上游修建5座小型水库（阿比桥湖、迪克西雷夫奇湖、费伦奇曼湖、安蒂洛普湖和戴维斯湖，总库容2.76亿m^3），在费瑟河干流上游修建大型蓄水库——奥罗维尔湖（总库容43.6亿m^3）。从该水库放出来的水，经费瑟河与萨克拉门托河下泄后到达胡德，然后分成两支，主流继续沿萨克拉门托河下泄，另一支沿周边渠道输水，两支穿越萨克拉门托—圣华金三角洲到达其南部的克利夫顿考特前池，经三角洲泵站将292m^3/s的水提升74m后进入贝瑟尼（Bethany）水库，经加利福尼亚水道自流108km进入奥尼尔前池，再由泵站抽水入加利福尼亚州调水工程与中央河谷工程共享的圣路易水库（总库容25.1亿m^3）。由圣路易斯水库起，主流继续沿加利福尼亚水道向东南方向流动，经多斯博卡斯、比尤纳维斯塔、惠勒里奇和温德加普四级泵站（总扬程326m）提升，到达埃德蒙斯顿特大泵站，该泵站将水提升587m，再经过总长达12.7km的两条隧洞、4km长的两条虹吸管道穿越塔哈查皮山至塔哈查皮后池，主水道然后经梨花泵站和莫哈韦虹吸管道至锡尔弗伍德湖，再经圣贝纳迪诺隧洞、德弗尔峡水电站和圣安娜管线，最后到达佩里斯湖，向加利福尼亚州南部的洛杉矶地区供水。

在雨水丰沛的加利福尼亚州北部，萨克拉门托河常常被洪水肆虐；南部则是“天干地裂土冒烟”，这里住着加利福尼亚州2/3的人口，水资源的分配极度不均。早在1919年，就有地质学家提出北水南调的想法。“二战”后，缺水问题严重影响了加利福尼亚州经济发展，调水工程被提上议程。为此，加利福尼亚州的南、北部争吵不休，媒体也推波助澜，公开号召选民反对州政府的调水计划。1960年，加利福尼亚州就此举行全民公决，结果51%赞成，49%反对，赞成票只比反对票多了17万张。引起人们注意的是，在大部分投反对票的北部供水区，也有1个县的赞成票超过50%，这是因为该县居民认识到，工程确实也有利于防洪和减少损失。

加利福尼亚州调水工程的修建使当地的人口、灌溉面积、粮食产量、经济实力全部位居美国第一，洛杉矶更是发展为美国第二大城市。当年许多投反对票的居民也不得不承认，北水南调工程对加利福尼亚州经济的迅猛发展，产生了巨大的作用。

第四节　以开发利用为主的大型调水工程

一、加拿大纳尔逊水系开发

纳尔逊水系流域的开发重点是防洪、灌溉和发电。

（一）防洪

为减轻雷德河及阿西尼博因河水患，纳尔逊河在1950年大洪水后，专门在这些河上兴建了三项防洪工程：

（1）开挖雷德河分洪道，分洪量1700m^3/s，将雷德河部分河水绕过温尼伯市下泄；

（2）开挖泄洪量为708m^3/s的波尔泰治河分水道，阿西尼博因河水分洪被引入马尼托巴湖；

（3）在阿西尼博因河上游兴建库容5.2亿m^3的舍尔湖口水库。

（二）灌溉

虽然纳尔逊水系流域作为加拿大重要的农业区，但是流域大部分地区产流偏少，阻碍了农业发展，为了保持灌溉等需求，多处大型引水工程和灌区被修建。其中，大型灌溉工程有圣马丽灌溉工程和南萨斯喀彻温河工程。

（1）圣玛丽灌溉工程位于阿尔伯达省斯布里季南约48km处，横跨圣玛丽河，高61m，库容3.94亿m^3，灌溉面积8.8万hm^2。水库中的水通过6m直径的钢筋混凝土隧洞输送至灌区干渠。沿渠道还有枢纽工程和反调节水库，以调节渠系流量。反调节水库有镜湖、靳寿湖、勒季湖和格拉色湖等。第一期工程于1946—1951年施工，修建了圣玛丽坝，保证了艾伯塔铁路一带和本灌区内4.86万hm^2土地灌溉用水，还可以扩大灌溉面积4.05hm^2。第二期工程于1956年开工，于1960年完成，发展灌溉面积1.94万hm^2。该工程拦蓄水量3700万m^3，引水渠长达51.5km，过水能力68.8m^3/s。第三期工程于1958年开工，于1963年完成，修建沃特通坝，坝高54m，库容1.7262亿m^3。圣玛丽、伯利和沃特通三个水库总库容为6亿m^3，灌溉面积为12.16万hm^2，约为这个地区可灌溉面积20.23万hm^2的60%。

（2）位于萨斯喀彻温省中南部的南萨斯喀彻温河，是一个大型多目标工程，包括灌溉、发电、防洪、作为生活和工业用水及游览等。该工程有两座水库，大坝为土坝，高63m，库容98.64亿m^3，位于南萨斯喀彻温河上，在欧特路克城和埃耳博城之间；另一座水库位于南萨斯喀彻温河和卡佩勒河之间。电站装机容量为15.1万kW。大坝于1967年竣工。本区可灌面积11.35万hm^2，而1979年只开发1.75万hm^2，实际灌溉1.31万hm^2。

（三）发电

为开发纳尔逊河流域的水能资源，在流域内多处河段进行了梯级开发。其中，在纳尔逊河下游干流上规划兴建十级水电站：一级詹佩格水电站（装机容量为16.8万kW，于1977年投产发电）、二级布拉德尔水电站（装机容量为56.5万kW）、三级凯尔西水电站（装机容量为22.4万kW，于1961年投产发电）、四级上格尔水电站（装机容量为56.5万kW）、五级下格尔水电站（装机容量为56万kW）、六级壶滩水电站（装机容量为127.2万kW，于1970年投产发电）、七级长云杉水电站（装机容量为102万kW，于1977年建成）、八级石灰岩水电站（装机容量为110万kW，于1991年第一台机组发电）、九级科诺瓦帕水电站（装机容量为110万kW）、十级吉拉姆岛水电站（装机容量为100万kW），共利用水头约200m，总装机容量为753.4万kW。此外，在上游温尼伯湖出口兴建控制工程，抬高水位1.3m，使其增加库容270亿m^3。并通过丘吉尔河—纳尔逊河调水工程引水850m^3/s。在支流本特伍德河上兴建四级梯级水电站：一级拉皮兹水电站、二级马纳桑水电站、三级乌斯卡蒂姆水电站、四级诺蒂基水电站，总装机容量为73万kW，从而使纳尔逊河梯级电站总装机容量达到827万kW。此外，鲍河、锡达湖、雷德迪尔河、南萨斯喀彻温、温尼伯河也都建有水电站。

二、加拿大基马诺水电站

基马诺水电站位于加拿大不列颠哥伦比亚省的尼查科河上，距离最近的城市为乔治王子市。斜心墙堆石坝，最大坝高104m，水库总库容220亿m^3，电站设计装机容量为167万kW，年平均发电量35.8亿kW·h。工程目的主要是发电，于1951年开工，于1954年建成。

大坝名叫肯尼坝，坝基为玄武岩，大坝位于古冰川侵蚀河道上，河道被一座火山山脊横穿，岩石暴露25m。峡谷岸坡为冰川悬崖，谷壁随冰碛物的深度而变化。坝址处多年平均流量为127m^3/s。堆石坝高104m，顶长457m，顶宽12m，底宽421m，体积307.1万m^3。坝轴线向上游拱1°，半径1750m。在心墙基浇筑一块混凝土垫板，在心墙和岸坡接触面上进行喷浆。电站为引水式地下厂房，安装16台冲击式水轮机组，最大水头793m，设计水头762m，现有装机容量81.3万kW。

堆石采用爆破开采，残积土细粒不允许超过15%。除上层外，左岸全部堆筑层厚12m。下游三层反滤层用卡车堆筑，层厚0.3m，拖拉机碾压，心墙卵石先用刨松机刨0.75m深，在堆筑层上洒几天水，然后用铲运机运至坝上，层厚0.25m，用羊脚碾压16遍。1952年，大坝竣工。

三、美国科罗拉多河水利工程

科罗拉多河是美国西南方、墨西哥西北方的河流，是北美洲主要河流之一。科罗拉多河发源于美国西部科罗拉多州中北部落基山脉，大面积厚雪融化为科罗拉多河提供水源，向西南流，开辟一条2330km曲折蜿蜒的水道，注入加利福尼亚湾。

科罗拉多河穿行于深山峡谷之中，谷深水急，流经人烟稀少的美国西南部地区，适宜筑高坝建大水电站，为开发水电资源提供了有利条件。

美国进行水资源综合利用与开发（即每个工程具有发电、灌溉、旅游、防洪与航运等综合效益）的第一个流域是科罗拉多河，同时科罗拉多河也是美国水资源开发最充分的流域，更是争议最多的流域。科罗拉多河第一次大规模的开发活动始于1928年，当时美国通过了兴建鲍尔德峡（即胡佛大坝）工程的法令。该工程于1931年开工，于1936年建成，是一座具有防洪、灌溉、发电及城乡供水等综合效益的水利工程。

此后，美国在科罗拉多河流域兴建了一系列水利工程，干流上已兴建水库11座，支流上修建水库95座，干、支流水库总库容约为872亿m^3，总装机容量超过524万kW。另外，还规划在干、支流上分别兴建5座大水电站，其中装机容量超过100万kW的电站有2座。这些水电站建成后，科罗拉多河流域的水能资源将得到充分的开发和利用。

四、美国中央河谷工程

中央河谷工程是美国为解决加利福尼亚州中部和南部干旱缺水及城市发展需要而兴建的四项调水工程之一，于1937年开工，大部分工程于1982年竣工。共建成水库19座，总库容154亿m^3；输水渠道8条，总长986km，总引水能力636m^3/s；水电站11座，总装机容量163万kW。工程平均每年可供水134亿m^3，其中满足原有水权要求45亿m^3，兴利水量为89亿m^3。预计完成全部已批准的工程后，可增加供水7亿m^3。中央河谷工程对发展河谷地区农业灌溉起到了很大作用，同时也对水力发电，防洪，中央河谷、中央河城市生活及工业供水等产生了积极影响。

位于内华达山脉与沿岸山脉之间的中央河谷地区是美国加利福尼亚州中部的大地槽，是南北长700km，东西宽90km的平坦的冲积平原。河谷内大部分径流集中在萨克拉门托河和圣华金河内。作为加利福尼亚州著名的农业地带的中央河谷，可耕地面积约400万hm^2，是美国最大的水果生产基地，还盛产棉花、谷物以及蔬菜等。河谷北部多年平均降雨量为760mm，南部只有200～400mm，部分地区不到100mm，素有“荒漠”之称，雨水北丰南缺。河谷内2/3的耕地位于南部，而北部的水资源却占了全河谷的2/3。河川径流量有70%产生于河谷以北，而河谷以南的需水量占全河谷总需水量的80%以上。河谷内3/4的降水量主要集中在12月至次年4月的冬、春两季，而夏、秋季则是农业的主要需水季节。

修建中央河谷工程的主要目的是将河谷北部萨克拉门托河的多余水量调至南部的圣华金流域，平均引水量为292m^3/s，每年调水53亿m^3，以解决河谷南北水量不平衡的问题。按照设计，初期工程主要调水路线是：在丰水的河谷北部萨克拉门托河上游兴建沙斯塔水库（总库容55.5亿m^3），将汛期多余的洪水拦蓄起来，在灌溉季节将水经萨克拉门托河下泄至萨克拉门托—圣华金三角洲，经三角洲横渠过三角洲到南部的特雷西泵站，经该泵站将水分成两股，一股入康特拉—科斯塔渠输水到马丁内斯水库，向旧金山地区供水，另一股通过三角洲门多塔渠流入弗里恩特水库（总库容6.4亿m^3），最后通过弗里恩特—克恩渠把水调向南部更缺水的图莱里湖内陆河流域。

为满足工农业生产及城市迅速增长的用水需求，陆续在萨克拉门托河的北部大支流亚美利加河上兴建了斯莱公园水库、福尔瑟姆水库（总库容15.5亿m^3）和宁巴斯水库；在加利福尼亚州北部单独入海的特里尼蒂河上兴建特里尼蒂水库（总库容30.9亿m^3），同时开凿了17.4km长的克利尔河隧洞将水调入萨克拉门托河，增加向南部的可调水量。

在输水干渠中段还修建了一座旁引水库，提高从三角洲向南调水的能力，即圣路易斯水库（总库容25.1亿m^3），与加利福尼亚水道共享；同时兴建了圣路易斯渠与普莱森特瓦利渠，向沿途两岸供水。

除了向沿岸供水，在萨克拉门托河上游还兴建了科宁渠、奇科渠和蒂黑马—科卢萨渠，向沿渠两岸地区供水；在圣华金河下游支流马德拉河上兴建马德拉渠，除满足沿渠两岸的用水需要外，将多余的水引入弗里恩特—克恩渠。

1979—1985年，在圣华金河流域下游支流斯坦尼斯劳斯河上开始兴建新梅洛内斯水电站，该电站水库总库容为29.85亿m^3，工程以防洪为主，为三角洲地区的径流调节起了重要作用。

中央河谷工程特点明显：

（1）在调水工程的起点，都建有控制性大型骨干水库，使水源得到充分的保障。

（2）水库多数建有水电站，在引水、防洪、发电等方面发挥多目标效益。中央河谷工程的发电量为抽水用电量的3倍。

（3）为了适应灌区地形上的要求并使渠系工程量减少，采取该扬则扬的手段，特雷西水泵站具有很大的规模。跨过分水岭后可利用水头发电，同时较多地采用了可逆式抽水蓄能机组。

（4）在跨流域调水工程系统中，又重复套入了跨流域调水措施。例如中央河谷工程的首部从特里尼特河调水入萨克拉门托河。

（5）调水工程规模宏大，用混凝土衬砌渠道进行远距离调水，有的调水距离超过700km，工程配套及水资源利用的效益显著。

（6）中央河谷工程与另外几个调水工程一样，已装备了遥控和集中控制系统，有些主要渠道的控制性工程已做到无人管理的程度。

中央河谷工程，主要在灌溉、水力发电、城市及工业用水、防洪、抵御河口盐水入侵、环境和发展旅游等方面取得了巨大的经济效益和社会效益。

灌溉方面，工程对发展河谷地区农业灌溉起到了很大的作用，在控制范围内的可灌溉面积约为153.3万hm^2，包括补水灌区在内，1982年实灌110万hm^2。

水力发电方面，工程中的水电站所发出的电能，约有1/3用于泵站抽水，其余并入电网销售。水电收入是偿还工程投资的重要来源。

城市及工业用水方面，工程的水源，也承担了城市及工业用水任务。例如，康特拉—科斯特渠将水送到马丁内斯、安蒂奥克、匹兹堡等城市，为钢铁、炼油、橡胶、造纸、化工等工厂及居民供水。

防洪方面，沙斯塔、弗里恩特、福尔瑟姆等大型水库及其他小型水库，都留有一定的防洪库容，为减小中央河谷地区的洪涝灾害发挥了主要作用。

抵御河口盐水入侵方面，旧金山海湾的海水经常倒灌入萨克拉门托—圣华金三角洲，对洲内14.4万hm^2的土地造成了盐化影响。从沙斯塔等水库流出来的水，经三角洲横渠输送到三角洲地区，有抗拒盐水入侵的能力，有利于土地耕种。

环境和发展旅游方面，工程内旅游胜地有很多，如沙斯塔水库、威士忌顿水库等，每年吸引大批游客前来参观游览。

第五章 全球水问题与国际水事会议（论坛）主旨

一方面，水作为人类和地球上其他生物的生命源泉，是事关基础性、生命性、战略性、资源性的重要资源基础，与人类社会、经济和生态发展的可持续息息相关，且关系到全球未来的前途和命运。另一方面，在人类进入工业时代之后，所面临生态环境的威胁日益突出，人与水的关系日益紧张。森林在减少，荒漠在扩大，气候在变暖，物种在消失，江河湖海的污染越来越严重，水资源问题成为全球性问题。同时，全球水环境问题、水安全问题以及水治理问题也引起了世界各国有识之士的警觉和忧虑，尤其是淡水资源紧缺问题，已经成为国际关注的热点、焦点。

据联合国统计，世界上最缺水的国家约有20个，分别是马耳他、卡塔尔、科威特、利比亚、巴林、新加坡、约旦、以色列等。其中最缺水的马耳他，年人均淡水占有量只有82m^3，而水资源相对较多的摩洛哥，年人均淡水占有量也仅为1132m^3。国际上，马林·福尔肯马克将1000m^{3}定义为一个国家年人均淡水占有量的警戒线。年人均淡水占有量在1000～1600m^{3}的国家为淡水紧张国家，说明这些国家的经济发展和人民生活都将因严重缺水而受到威胁。用这个标准来衡量，现如今，许多国家的年人均淡水占有量远远低于这一警戒线。据相关的联合国组织估计，到2025年，大批国家的年人均淡水占有量将跌破1000m^3，届时世界上将会有30亿人面临缺水。

人类进入20世纪以来，因为水资源问题引起的国际争议甚至冲突在国际关系史上屡见不鲜，尤其是中东地区这种冲突更为频繁[①]。有国际问题专家预测，随着世界人口的不断增多以及发展中国家在发展过程中对水资源的需求不断增长，水资源短缺将变得更为严重，因此，冲突可能会更多。

正是在这种时代背景下，为应对全球水问题，世界各国共同商讨出响应了“发扬一种团结协作的新文化”的号召，国际水文化应运而生，并迅即走向了历史的前台。

第一节　国际水事会议及活动

从20世纪后半叶以来，人们越来越明白，水资源不仅具有经济价值，还具有社会、宗教、文化和环境价值，它们之间常常是相互联系的。于是，围绕应对水危机挑战，促进人水

---

① 中东地区虽然是一个石油丰富的地区，但同时也是一个严重缺水的地区。该地区最尖锐的水源之争是在约旦河流域和加沙地带、戈兰高地。按照国家划分标准，约旦河只是一条小河，但与该河领域紧密相关的国家却有五个，即巴勒斯坦、黎巴嫩、以色列、叙利亚和约旦。由于这些国家的水资源几乎无可替代性，故水资源匮乏问题极其严重。正如此，“控制赖以生存的水资源，不受任何政治、军事的压力，自由地到达水的源头”这一政策被以色列政府作为其国家安全政策之一。以色列力图通过这种政策，既保障水资源供应的数量和质量，又维护水资源供应的可靠性。

叙利亚和以色列之间的冲突多数都是由水利工程引发的。1953年7月，由于以色列在胡拉沼泽及约旦河的阿拉伯人的土地上修建水利工程，叙利亚同以色列的关系极度紧张，险些引发战争。第二次中东战争之后，叙利亚试图将约旦河改道，以对抗以色列的水源命脉，以色列对叙利亚的施工现场进行了四次炮轰，使叙利亚不得不停工。

在1967年第三次中东战争之后，以色列占领了约旦河流域的上游，实际控制了约旦河流域80%的水资源，抢夺了约旦应得的水资源份额。在今天，以色列赖以生存的40%的地下水以及每年可持续供应的33%以上的总水量都来自其1967年占领的地区。

和谐，各国政府和各界人士纷纷疾声呼吁、出谋划策和付诸行动。其中，每年数以百计的研讨会、专题会竞相召开，各种各样的活动风起云涌。

一、1977年，第一届联合国水事会议

该会议的出席人数超过1500人，代表了116个政府、政府间组织及联合国下属机构，是当时世界上史无前例的有关水领域的会议。会议提出了“避免在20世纪末发生全球性水危机”的目标，通过了“马德普拉塔行动”。该计划包括两个部分：第一部分包括有关水管理的关键要素（如评估、利用和效能、环境、健康和污染控制、政策，规划和管理、自然危险性、公共信息、教育，培训和研究、地区和国际合作等）；第二部分是广泛的具体领域的12项解决措施。该会议还提出了发起一系列涉及全球水资源问题的活动的倡议。

二、1981—1990年，“国际饮用水与卫生十年”活动

活动期间，为了解决诸如人们的生产、生活和身体健康等根本问题，特别是弱势贫困人群的基本民生问题，一种有价值的服务体系（饮用水服务体系）应运而生。总之，联合国发起的这一活动取得了较好的经验：“我们今天为人类提供基本的淡水需求和卫生服务，产生了很好的借鉴作用，使我们看到了任务的艰巨性。”（联合国世界水资源开发报告）

三、1992年，联合国水和环境国际会议

该会议在爱尔兰都柏林召开，所以通常也被称为“都柏林会议”。该会议的与会代表约为500位专家，其分别来自100个国家或联合国下属机构，以及80多个国际、政府间组织及非政府组织。会议旨在形成可持续的水政策和行动计划，为4个月后召开的联合国环境与发展会议（UNCED）提供参考。该会议形成了“都柏林基本原则”，即在“水是商品”的基本共识下，提供了为推进水资源综合管理而采取进一步行动的框架。

四、1992年，联合国环境与发展会议

该会议在里约热内卢召开，通常被称为“各国政府首脑会议”（103位政府首脑参会并发表讲话）或“里约会议”。会议制定了“21世纪议程”，其中第18章为“保护淡水资源的质量和供应：对水资源的开发、管理和利用采用综合性办法”。七个淡水资源保护行动被提出。各项措施的总体目标是满足各个国家对淡水的需求以达到可持续的发展。究其原因，参会者一致认为水不仅是生态系统中的自然资源，也是社会经济中不可或缺的商品，对水资源的保

护至关重要。因此，为了协调人类在生产生活中的各种用水需求，首先要确保水资源的持续性。并且，在对水资源进行开发利用时，应首先考虑生态系统的功能性和满足生产生活需求的基础性。

五、1996年，成立全球水伙伴（GWP）与世界水理事会（WWC）

1996年，由联合国开发计划署在瑞典斯德哥尔摩成立的GWP和国际组织与世界水资源专家在法国马赛成立的WWC成为最具影响力的国际重大水事活动组织者，它们致力于推动水资源问题日益改善。

GWP的组织机构包括成员大会、指导委员会、技术顾问委员会与秘书处，目前已有超1600个成员加入该组织。为推动水资源统一管理，GWP支持各个国家采用可持续的管理方式因地制宜、因时制宜地对所属的水资源进行管理、利用。具体目标是明确流域水资源统一管理的原则，强调水资源管理改革对世界水安全的影响；主张成员在各资源、能力范围内协调解决影响水资源统一管理的问题；支持区域、国家和流域就水资源可持续管理开展对话，加强信息和经验共享。

相较于GWP，WWC的组织机构还包括科研院校、私营和公共机构，已有超过40个国家、组织参与，被称为“国际水政策的思想库”。其主要任务包括：提高公众对严峻水问题的认知，倡议制定计划有效保育水资源可持续管理、利用。

六、出台“世界淡水资源综合评估”报告

对全球淡水资源进行评估的号召于1994年由联合国可持续发展委员会（UNCSD）率先提出。此后，为编写该报告，联合国环境规划署、联合国开发计划署可持续发展顾问委员会、联合国粮农组织、联合国工业发展组织、世界银行、世界气象组织、世界卫生组织和斯德哥尔摩环境研究所等机构代表组成了指导委员会。

七、联合国世界水资源发展报告（WWDR）

为提高对淡水重要性的认识，联合国成员大会将2003年定为“国际淡水年”。在各方多年的努力下，联合国于2003年发布了第一版世界水资源发展报告，并将其命名为“人类之水，生命之水”。该报告的发布意味着对全球淡水资源进行定期评估的倡议得到了支持，同时为满足不同区域未来对水资源的需求做出了贡献。总而言之，WWDR提供过对世界淡水

资源综合性的看法，为决策者提供了使水资源可持续利用的工具[①]。

2006年，联合国发布第二版世界水资源发展报告，并将其命名为"水：共同的责任"。第二版详细追踪了各国为应对淡水资源挑战而设立的有关目标的进展状况。

八、联合国可持续发展委员会（CSD）一系列的有关水资源的对话活动

最具代表性的CSD会议为1994年举办的第二次和第六次会议。CSD-2指出若不采取计划保育淡水资源，到2025年全球将有35%的人口处于缺水状态，而1990年仅为世界人口的6%。此外，水质水环境、粮食安全、涉水疾病等问题与水资源息息相关，将进一步对水资源的可持续管理造成威胁。总之，CSD-2强调水资源短缺与贫困问题休戚与共。CSD-6的意义体现在建立了国际水政策。该会议认为对水资源的管理在国际上应转变，即从技术途径向综合措施转变。会议提出对水资源平等和负责任的利用应纳入各层次水资源综合管理的战略制定之中。

第二节　历届世界水资源论坛和中国的参与

一、历届世界水资源论坛议题

国际范围内，关注和开展水问题、水文化研究，绝非偶然，当然也不是哪个人的兴趣或哪个国家或哪个组织的某种偏好，而是同当代实际问题和世界性问题密切关联的。这种关联，可从世界水资源论坛的定期召开及其中心议题的确立中，略见一斑。

1993年1月18日，第47届联合国大会通过了第193号决议，将每年的3月22日确定为"世界水日"，此次会议使水资源问题进入了全球的视野。1996年，世界水理事会成立，旨在为有关水资源问题的讨论提供论坛场所，并每三年举办一次大型国际活动，即世界水资源论坛。其宗旨是将国际社会就有关水域可持续发展问题达成的决议贯彻到底，加强国家之间关于水资源可持续利用方面的交流与合作，进一步确定它们在水资源可持续发展中所承担的政治职责和采取的重大行动。

1997年3月20—25日，在摩洛哥城市马拉喀什举办了第一届世界水资源论坛，主题是

---

① 在2003年出版的联合国世界水资源发展报告中提出了11项挑战，包括：满足人类基本需要——安全、充足的饮用水及卫生需要；确保食物的供应——特别是针对贫民和弱势群体，高效利用水资源；保护生态系统——通过可持续的水资源管理确保它们的完整性；共享水资源——通过诸如可持续的流域管理模式，促进不同地区、不同用户之间的合作；控制风险——为水旱灾害提供安全保障；评估水资源——从不同价值取向管理水资源（经济、社会、环境、文化），使水价逐步接近成本价，同时考虑贫民和弱势群体的基本需求；妥善管理水资源——涉及公众和所有参与方的利益；水和工业——鼓励清洁工业，保证水质和其他用户的需要；水和能源——评估水在生产能源、满足不断增长的能源需求中的关键作用；保证知识基础——使水资源知识家喻户晓；水和城市——意识到日益发展的城市化面临的挑战。

“水，共同的财富”。大会通过了《马拉喀什宣言》，呼吁各国政府、国际组织和各国民众同舟共济，共同努力，推动全球“绿色水资源”的发展。

2000年3月17—22日，以“世界水展望”为主题的第二届世界水资源论坛在荷兰海牙举办。为保障21世纪水安全，大会通过了《海牙宣言》及一套解决水危机的方案，并对今后25年的水治理做出了远景规划。此外，世界水蓝图也在这次会议上诞生。

2003年3月16—23日，第三届世界水资源论坛分别在京都、大阪和滋贺举办，包括“水和粮食、环境”“水和社会”“水和发展”等38个主题。论坛发表了《部长宣言》，并向大众公布了各国及国际机构递交的《水行动计划集》。

2006年3月16—22日，第四届世界水资源论坛在墨西哥首都墨西哥城举办，论坛主题是“采取地方行动，应对全球挑战”。会议通过的《部长声明》认为，水是持续发展和根治贫困的命脉，必须改变当前使用水资源的模式，以保证所有人都能用上洁净水。

2009年3月16—22日，第五届世界水资源论坛在土耳其城市伊斯坦布尔举办，论坛主题是“架起沟通水资源问题的桥梁”。会议通过的《部长声明》强调，必须加强水资源的管理和国际合作，保证数十亿人的饮水安全。

2012年3月12日，以“治水兴水，时不我待”为主题的第六届世界水资源论坛在法国南部城市马赛开幕，此次论坛致力于总结历次大会及相关国际大会的成功经验，并在涉水核心领域制定和执行科学有效的解决方案。参加此次会议的有超过180个国家和地区的2.5万人次，其中中国参会的部长级代表团达140个。

2015年4月13日，第七届世界水资源论坛在韩国庆州举办，以“水——人类的未来”为主题，重申了“享有水和卫生设施的人权（A/RES/64/292）”“享有安全饮用水和卫生设施的人权（A/RES/68/157）”“‘生命之水’，国际行动十年（2005—2015年）（A/RES/58/217）”“国际水合作年，2013（A/RES/65/154）”等联合国大会决议，以及“享有安全的饮用水和卫生设施的人权（A/HRC/27/7）”等联合国人权理事会决议；重申了于2012年在法国马赛举行的以“治水兴水，时不我待”为主题的第六届世界水资源论坛上通过的《部长宣言》；强调了要进一步认识到解决水问题的重要性，以及从历届世界水资源论坛所认同的“解决方案”向“履行”迈进的必要性等。

2018年3月18—23日，第八届世界水资源论坛暨世界水展正式举办，主题为“分享水资源，共享水智慧”。据悉，出席本次世界水论坛和国际水展的代表约1万人，包括15个国家的元首或政府首脑，170个国家的中央与地方政府、议会，以及1500家机构企业。

2022年3月21—26日，第九届世界水资源论坛正式举办，在塞内加尔首都达喀尔开幕。此次论坛由世界水理事会和塞内加尔政府共同举办，以“保障各国水安全，促进和平与发展”为主题，重点围绕水安全和卫生、农村发展、合作及手段等问题举办了多场会议。

二、中国参与的世界水资源论坛

为宣传治水的信念与措施、教训与成效，中国代表团以观察员身份先后参加了第二至第五届的世界水资源论坛，在全球最大规模的国际水事活动上与国际代表团开展友好交流，反响巨大。中国水利部于2009年宣告成为世界水理事会的一员。并于次年派代表团参加了在荷兰海牙召开的第二届世界水论坛的部长级会议。此外，2012年，中国代表团首次作为世界水理事会成员出席了第六届世界水资源论坛。此后，第七届、第八届自然连续。

（一）第二届世界水资源论坛

第二届世界水资源论坛部长级会议于2000年3月21—23日在荷兰海牙举行，到场本次会议的代表团达158个（其中23个来自国际组织，135个来自世界各国），部长级以上官员达113名。中国政府代表团以时任水利部部长的汪恕诚为团长修订了大会主要文件《21世纪水安全——海牙部长级会议宣言》，贡献巨大。同时，中国在水资源问题上的坚定原则立场也被汪部长在会中多次强调，并建议各国依据自身实际部署计划，“现在开始行动”。这一建议得到了大会主席、荷兰发展合作部长E· 赫夫肯女士的大力支持。在海牙会议结束后，中国政府在水资源可持续利用方面采取了一系列具体行动。2000年5月8—10日，“21世纪初期大城市可持续发展的水资源保障国际研讨会”由中国水利部、北京市政府、天津市政府，德国勃兰登堡州政府在天津市共同举办。共有来自中、德、日、法及国际组织的160余人出席本次会议。与会各方一致通过并签订了《天津宣言》，呼吁社会各界高度重视“水危机”问题，改变传统的水资源观。从对大自然的任意剥夺，到人与自然和谐共存；从对水资源取之不尽用之不竭的看法，到对水资源的珍惜和战略性的重视；由原来的预防水危害到现在既要预防水危害，又要避免人对水的侵害；由过去的“以需定供”模式向“以供定需”模式发展。加强对水资源的需求管理，实现“以水为本”的目标，依水求生存，靠水谋发展；从分散的城市和农村的水资源管理体制向统一城乡水务治理原则转变；对无偿或低价获取的水进行符合市场价值规律的定价。会后，为全面保护水资源，科学有序开发利用水资源，中国政府研究通过了《21世纪初期（2001—2005年）首都水资源可持续利用规划》，相继完成了北方地区水资源总体规划、全国地下水资源开发利用规划和西北地区水资源规划，并在全国范围内全面开展了城市水资源规划工作。为加强对节约用水工作的领导，国务院成立了全国节约用水办公室，其工作使命是提出节水方针，制定节水标准，拟定节水政策，编制节水计划，组织、指导和监管节水工作。同时，为进一步加大年度取水许可的审查与监管，还修改完善了国务院发布的《取水许可实施管理办法》，为取水许可制度提供了科学依据。

（二）第六届世界水资源论坛

参加第六届世界水资源论坛的中国代表团成员包括水利部、外交部、住房和城乡建设部、中国气象局、中国农业科学院等单位，时任水利部部长陈雷为中国代表团团长。陈雷在法国马赛接受新华社记者专访时说："第六届世界水资源论坛的主题充分体现了国际社会对水资源问题的高度重视、对立即采取行动措施的热切期盼。"陈雷说："在波澜壮阔的治水实践中，中国政府坚持以人为本、人水和谐的思路，注重科学治水、依法治水，着力强化政府主导、社会协同、全民参与的水利工作格局，全面加强投资、政策、法律、科技等方面的支持，建成了世界上规模最为宏大的水利基础设施体系，构建了国家、流域、省、市、县五级水利管理体系，走出了一条具有中国特色的治水兴水道路。""水资源问题事关人类生存发展和各国人民福祉。重视水资源领域面临的严峻挑战，促进水资源可持续利用，已成为各国政府和国际社会的共识。"因此，贯彻落实第六届世界水论坛部长级会议宣言将是中国水利部义不容辞的使命，水利部将在多个方面进一步加强与世界同行的合作：一是积极参与国际水事活动，加强在重要国际会议等水事活动中的协调与合作；二是围绕水旱灾害防御、水资源综合管理、气候变化等共同议题，开展多层面的沟通与分享，建立信息共享的平台，实现各方携手共克时艰；争取实现可持续发展。

（三）第七届世界水资源论坛

第七届世界水资源论坛由时任水利部副部长矫勇率团出席。2015年4月13日，主题为"水—能源—粮食纽带关系"的部长圆桌会议由矫勇与巴基斯坦气候变化部长联合主持。出席人数为70人，包括19个国家的部长、大使和代表团团长以及5个国际组织代表。矫勇在简要阐述中国有关保障水、能源、粮食安全等方面的实践与经验后，强调中国将"山、水、林、田、湖"看作一个有机整体，并提出要以节水、节能、节粮为优先目标，致力于在空间上将水、土地、能源与其余经济要素均衡分布，以系统管理思想为指导，寻求"水、能、粮"安全保障的最优途径。在随后召开的部长全体大会上，矫勇代表圆桌会议就未来行动提出五点建议：一是世界各国将"水—能源—粮食纽带关系"方法和观点引入政府决策过程，统筹考虑三者之间的辩证关系，并加强跨部门对话与合作，发挥政策的协同作用。二是加强关于纽带关系的科学研究，更好地认识和理解水、能源和粮食之间的相互联系和相互作用。三是正确处理纽带关系应坚持节约优先，通过改变自然资源的粗放式消费方式，提高资源利用效率，推动可持续发展。四是国际社会在2015年后发展目标的国际磋商及后续实施过程中，应加强水、能源和粮食发展目标之间的协调，实现三个领域的均衡发展。五是世界各国积极开展有关纽带关系的长期国际合作与交流，推广成功实践案例，相互借鉴，共同提高。

2015年4月14日上午，在水利部与中国水利水电科学研究院联合举行的"水利基础设施可持续发展战略与规划"议题分会上，矫勇到场并发表了讲话。矫勇在讲话中指出，在建设基础设施中，必须处理好经济社会发展与生态保护的关系，实现双赢。中国水利事业发展迅速，在保证国家的防洪、供水、粮食、能源等方面起到了举足轻重的作用。他论述了中国的"节水优先、空间均衡、系统治理、两手发力"这一新治水方针，并指出中国正在开展新一轮重大的水利工程建设，重点是实施高效节水工程、促进发展要素空间均衡的重点供水工程及引水工程，以及以恢复生态环境为重点的河道整治工程，以期达到可持续发展、扶贫脱贫、促进社会和谐发展的目标。当天，矫勇还参加了土耳其水利水电总署与世界水理事会共同主办的“基础设施与气候变化”分会并发表讲话。他指出，中国政府正采取全方位的措施，以有效地应对气候变化的影响：一是更突出节水，坚持以水定城、以水定地、以水定人、以水定产；二是水利工程建设要坚持“确有需要”“生态安全”“可持续发展”的总基调；三是注重对水利工程功能的科学调配，使其防洪、供水、发电、生态、航运等方面的效益得到全面展现；四是更重视加大水利工程建设与运营中的社会资本比重。

（四）第八届世界水资源论坛暨世界水展

第八届世界水资源论坛暨世界水展，我国派时任水利部副部长周学文率团出席。中国展区向国际社会展示和分享了中国政府治水兴水的伟大实践和成功经验，介绍了中国在防治水旱灾害、确保供水安全、发展灌溉农业、加强水生态文明建设等诸多方面的辉煌成就，翔实地展现了相关参展单位的先进理念、技术和典型案例，受到广泛关注和青睐。据悉，到场本次世界水论坛和国际水展的代表约1万人，包括15个国家的元首或政府首脑，170个国家的中央与地方政府、议会，以及1500家机构企业。

会议期间，周学文出席了以“水与生态系统”为主题的部长级圆桌会议并发言，重点介绍了中国政府高度重视水生态安全，坚持绿水青山就是金山银山的理念，强化山水林田湖草整体保护、系统治理，采取了严格控制流域开发强度，保证河湖基本生态水量，实施水污染防治行动计划，全面推行河长湖长制，加强生态脆弱地区综合治理，推进江河湖库水系连通等一系列政策措施。周学文于2018年3月20日上午在部长全会上发表讲话，阐述中国在保障水安全、改善水环境、修复水生态方面的实践：一是强化水资源承载能力刚性约束，实行最严格的水资源管理制度，开展水资源消耗总量和强度双控行动，在经济社会快速发展的同时实现用水总量微增长；二是促进水利基本公共服务均等化，加强水利基础设施网络建设，通过骨干工程联合调度，统筹配置流域水资源，坚持城乡统筹，加强农村饮水安全保障，五年来解决2.5亿多农村人口饮水安全；三是推动水生态文明共建共享，实施水污染防治行动计划，将生态用水纳入流域水资源统一配置和管理，合理安排重要河湖、湿地基本生态需求，营造美好水生态环境。周学文建议加大投入，加强交流，全面推动实现可持续发展议程涉水目标。2018年3月19日中午，周学文与日本国土交通副大臣秋元真利、韩国国土交通部次官孙昞锡一道出席了中、日、韩三国水利部部长会议并发表讲话。会上，《推动实现可持续发展议程，分享宝贵经验》这一联合宣言被三国主管副部长共同签订。周学文在讲话中对三个国家在水资源方面的合作进行了总结，并就如何促进三国之间的水利合作发展指出，要加强技术和政策的交流，吸引青年人才投身水利事业，加快全球可持续发展等。

周学文于2018年3月19日下午出席“水安全与可持续发展目标特别分会”并发表讲话，该分会由中国水利部和世界水理事会联合举行。周学文指出，本次特别分会旨在正式发布由中国水利部和世界水理事会合作出版、汇集全球十个国家和地区经验的《世界水安全报告》，并邀请多位国际知名专家就水安全议题进行深入研讨和交流，分享各国治水管水兴水的成功经验，共同探讨应对世界水安全挑战的解决方案。他强调，共同应对全球水挑战、维护世界水安全，正成为各国政府和水行业从业者的普遍共识。近年来，中国实行最严格水资源管理制度，强化水资源开发利用、用水效率、水功能区限制纳污“三条红线”刚性约束；科学制定水发展规划，合理开发利用水资源；切实改善水质、恢复水生态环境；在全国范围推行河长制、湖长制，完善水综合治理体系。一系列符合中国国情水情的政策措施，为有效应对水安全提供了制度保障，并在近年的治水实践中不断取得积极成效。

（五）第九届世界水资源论坛

第九届世界水论坛于2022年3月21日在塞内加尔首都达喀尔开幕，主题为“保障各国水安全，促进和平与发展”。中国驻塞内加尔大使肖晗出席了论坛的开幕式，水利部部长李国英以视频方式参加了论坛部长级会议并发表讲话。他强调，水作为重要资源，是维持经济、社会和生态可持续发展的根本。尤其随着全球疫情的扩散和气候变化影响的不断加剧，世界各国内的水资源安全问题日趋突出，如期完成2030年可持续发展议程的涉水目标道阻且长。

李国英表示，中国水利部门积极践行习近平总书记提出的“节水优先、空间均衡、系统治理、两手发力”治水思路，在实现可持续发展议程涉水目标方面取得重大进展。一是建立了以水库、河道、堤防和蓄滞洪区为主的综合性的小流域防洪系统，抵御了多发、频发、重发的洪涝灾害，极大程度地保护了人民群众的生命财产安全。二是大力推进农村饮用水安全工作，从2016年开始，已经累计将3.1亿农村人口的供水保障水平和自来水普及率提高到了84%，历史性地解决了困扰众多农村居民世世代代的吃水难问题。三是我国耕地有效灌溉面积已达6913万亩，生产的粮食占全国总量的75%，经济作物占比超90%，对我国粮食安全起着重要作用。四是一批跨流域、跨区域的重大引调水工程已被建成，“南北调配、东西互济”的水资源配置整体格局已初步成型，对经济社会用水的保障能力也有了显著提高。五是开展全国节水行动，严守水资源的使用界限，故中国以全球6%的淡水资源守护了约1/5的全球人口用水安全。六是实行河长制与湖长制，强化河湖管理力度，使河湖面貌得到前所未有的改观，越来越多的流域焕发出勃勃生机。并且李国英强调，2021年9月，习近平总书记提出全球发展倡议，呼吁国际社会加快落实2030年可持续发展议程，推动实现更加强劲、绿色、健康的全球发展。中国水利部门将始终坚持“创新、协调、绿色、开放、共享”这一新发展理念，以建设人类命运共同体为核心，积极推进新阶段的水利高质量发展，增强对洪水灾害的防御能力、水资源的集约利用能力、水资源的优化配置能力和江河湖群的生态保护治理能力，通过强化水安全为经济社会的发展保驾护航。李国英呼吁，全球各地要继续开展多、双边的水利合作与交流，共享治理水资源的成功经验与技术，共同面对日益加剧的水资源问题，使2030年可持续发展议程涉水目标早日达成。

第六章 国际水文化研究进展及核心话语传播

随着国际水事会议的连续召开，水文化研究在国际范围内迅速兴起与传播，人们对水文化的关注程度越来越高。

第一节　国际水文化理论研究的重点及新动向

一、关于水文化遗产的管理与保护

水文化遗产的管理与保护在国际上有悠久的历史和广泛的基础，欧美发达国家一般都有成熟的组织和管理机构，并会适时地举行有关学术活动。

如2010年，欧盟的意大利、法国、葡萄牙和西班牙等国的相关研究机构和高等院校发起了《水的形态》（Water Shapes）研究项目。该项目旨在提高水文化遗产研究水平，探索水文化遗产系统研究方法，通过设计和创作水文化遗产专题活动，如水文化遗产专题旅游、虚拟演示、摄影展览和文艺表演等各种形式，在世界范围内提高公众对与水相关的文化遗产的认知与保护意识，促使公众以历史眼光来审视气候变化与水资源短缺的严峻形势，反思和重塑人与水资源的和谐关系。《水的形态》项目以参与者所在国家以及秘鲁、约旦等国的水文化遗产案例进行研究，取得了丰硕的成果。又如2012年3月，意大利政府在其首都罗马组织了国际性的“促进水文化遗产战略研讨会”。各国与会者以各自国家的案例研究展示了水在人类文明演进中形成的珍贵遗产。会议发言分为五个专题，即水与交通专题，水与城市形态和史迹专题，宗教地区的水利系统专题，水与生产方式专题，水与文化推广专题。

在水文化遗产的传承与开发方面，欧洲各国和日本着重将古代水利工程与城市历史纪念物共同保留，作为一个区域甚至国家重要的历史见证。地中海沿岸的意大利、西班牙、葡萄牙、法国等，有较多的古代水利工程留存，只要还有应用价值，其管理权就属于国家水资源委员会。同时，作为国家文化遗产的水利工程遗址，则纳入了区域文化和生态环境整体保护的范围。在我们的邻国日本，作为国家文化保护体系的一部分，古代水利工程和水神祭祀文化被完好地保护下来。其中，古代水利工程保护纳入了本流域河川管理局的日常管理之中。在日本比较重要的河流和湖泊流域，都建有以水利、水灾害为主题的博物馆、资料馆，成为水利面向公众的窗口。大阪、兵库等地的古运河，也在近几十年来相继修复。

在水利工程文化资源保护和管理方面，美国垦务局的做法值得借鉴学习。美国垦务局成立于1902年，至今已有120多年历史。垦务局除了负责美国西部17个州的蓄供水与发电设施的建设、运行和维护以外，还承担着辖区内数量众多、类型丰富、分布广泛的文化资源管理工作。1974年，垦务局设立了文化资源管理项目（Cultural Resources Management Program），并围绕贯彻“保护我们的过去”和“提升我们的过去”理念做了大量工作。

首先是“保护我们的过去”。保护对象主要包括三个方面，一是垦务局所负责建设和管辖的大坝和灌溉系统的土木工程，二是本辖区先人活动信息的考古遗址，三是工程施工阶段修建的建筑物和构筑物。保护措施包括：①建立文化资源登录与名录制度，陆续将辖区内具有重大意义的水利工程等文化资源列入国家史迹名录（National Register of Historic Places），共录入52项，分布在14个州。另有7项列入国家历史地标（National Historic Landmark）。凡列入国家历史地标的文化资源，自动列入国家史迹名录。其中，著名的有胡佛、大古力和沙斯塔等大坝，以及具有历史价值的灌溉系统，如亚利桑那—加利福尼亚州的尤马（Yuma）、俄克拉荷马州的奥斯丁（W.C. Austin）、蒙大拿州的米尔克河和太阳河（Milk River and Sun River）、华盛顿州的雅吉瓦（Yakima）等灌区，均已列入国家史迹名录。②依据辖区内文化资源的不同特性和需求采取相应的保护方式。列入国家史迹名录或国家历史地标的水利工程大多是在持续发挥效益的文化资源，它们既是在用的水利工程，又因具有历史价值而成为文化资源的重要组成部分。因而，对这类文化资源的管理理念是在利用的基础上加以科学保护，把保护与利用有机结合起来。通过将之列入国家级名录的方式，加强保护力度，使其能够在继续发挥水利等功能的基础上得到科学、有效的保护，从而延续水利建设的历史链条和历史文脉。③在科学保护的前提下，通过展示等方式加以开发利用。

其次是“提升我们的过去”。2003年3月3日，美国总统布什签署《保护美国》总统令，强调联邦政府在保护具有历史价值的遗产方面的领导作用。《保护美国》的目标之一就是推动具有历史价值的遗产使用与修复的结合，推动发展遗产旅游的机会。作为联邦政府机构，垦务局围绕“提升我们的过去”的理念，做了大量工作。一是将那些最具有历史意义和文化价值的水利工程和建筑物向公众开放，让游客对垦务局的水利建设历程有大致了解。二是修建博物馆和游客中心，采用各种方法与技术来展现其建设历程与科技成就，使来到胡佛大坝的游客，可看到许多有关胡佛大坝和米德湖（Lake Mead）建设历程的静态和动态的展示；使来到怀俄明州弗莱明峡（Flaming Gorge）坝的游客，可以看到展现该坝及其水库的模型等等。三是鼓励公众参与保护与监测垦务局和州立史迹保护处（Historic Preservation Office）合作开展的野外活动，包括对文化资源的保护与监测等工作。

总而言之，世界各发达国家对古代水文化遗产的研究、开发和利用，实现了传统和现代水利的完美结合，提升了城市和国家的文化品质，显示出对水文化遗产科学价值和文化价值的重视。

从20世纪下半叶开始，西方生态学家在对美洲和欧洲大型水利工程的生态影响评估后认为，工业革命以来兴建的大型水利工程，使河流生态系统受到严重挑战，因人为导致的河流改向及灌溉系统调整对区域环境造成了严重破坏。西方一些水文生态学家及社会学家在对东亚地区的传统水利工程进行考察和对古代水利管理组织进行研究后认为，现代水工程的发展创新必须从传统水利工程技术中汲取智慧。其中美国D·格罗恩菲尔德的研究尤其值得关注。他对部分国家留存下来的无坝引水形式进行研究后指出，传统分水工程有利于水资源的公平分配和生态学上的可持续发展。同时，古代水利组织中科学有效的管理机制值得我们借鉴。但国际学术界对传统分水技术的科学价值和缺陷研究不够深入。他还认为，古代留存下来的传统水利工程的现状令人担忧，其消亡速度在加快。他建议“如果没有坏，就不要取代它”。2005年，国际灌溉排水委员会（ICID）历史工作组提议保护古代水利工程是国家水资源管理的重要内容，应当予以足够的重视。

二、关于人水关系的学术研究

国外对以人水关系问题为主要内容的研究，涉之较深的主要在环境伦理学或生态伦理学研究、环境美学或生态美学研究、景观学研究领域，这些研究取得了许多成果。譬如，环境伦理学（Environmental Ethics），也称生态伦理学（Ecological Ethics），在国外的研究已有上百年的历史，办有专业的《环境伦理学》杂志。其最突出的特点是强调自然山水的伦理价值，将人对自然山水的义务纳入伦理学关注的视野，从人类对自然界的依赖角度来理解自然的外在价值，从目的论和整体论的角度论证自然的内在价值，增加了人类对自然山水的道德义务，使人与自然由相互对立的认识误区转向和谐统一的科学认识。又如美国学者威廉·詹姆斯撰写的《人与自然：冲突的道德等效》等著作突出了人对自然山水的道德限度。国外环境美学或生态美学、景观学的研究也涉及人水关系问题，如卡尔松的专著《美学与环境》中设专章探讨农业水利景观。又如John Fraser Hart的著作*The Look of the Land*也有相关内容。2003年在芬兰召开的第五届国际环境美学会议收集到不少与农水审美相关的论文，如加拿大艾伯塔大学哲学教授艾伦·卡尔松的《农业景观的生产性和欣赏》（*Productivity and the Appreciation of Agricultural Landscape*）；挪威特立马克大学助理哲学教授斯文·阿恩岑的《利用与审美欣赏：对土地不能兼容的探索途径》（*Use and Aesthetic Appreciation: Incompatible Approaches to the Land*）；艾米莉·布雷迪的《农业景观中人与自然的关系》（*The Human-Nature Relationship in Agricultural Landscape*）等。欧美对农业水利景观给予了相当的重视，不仅政府加大了投入，同时也制定了相关的法令法规。从研究趋势上看，欧美的学者注重实证研究，研究比较具体化，同时涉及的学科领域也比较广泛，有景观设计学方面的，有生态方面的，有人文地理学方面的，也有哲学方面的。对与水有关的农业景观、乡村景观的评估和监测都有各种理论提出。一些有影响的刊物如*Landscape and Urban Planning*上也经常有此类文章刊出。

三、国外水文化理论研究的新进展新动向

值得密切关注的是，近年来国外水文化研究新成果层出不穷，除了前面提到的《水历史》丛书、《水的形态》（Water Shapes）研究项目、《水伦理与水资源管理》系列研究报告等以外，还有《水和伦理学》丛书（12卷），以及笔者团队这次组织翻译介绍的美国劳特利奇（Routledge）出版公司于2013年推出的27卷本《水文化》系列丛书等等。据了解，当前很多学者、学术机构和非政府团体组织正在尝试分析、归纳和梳理出全球各种水文化，由此形成

的新思想、新力作将会陆续问世。这些研究成果，集中反映了国际水文化思想理论前沿的学术积累水准，毋庸置疑是我国水文化固本拓新的重要参考。

在国外，水文化研究也取得了诸多成果。在国外学术界，与水文化相关的研究和应用由来已久，但“水文化”这个概念引起高度关注并用来规范其研究领域或文化现象，时间并不长，也只是临近21世纪的事。在国际学术领域，与“水文化”最直接相关的重点研究包括：制定的国际《水伦理宪章》；有关水的历史文化研究；水文化遗产的管理与保护，尤其是传统水工程的管理与保护；水和人类发展各种关系的研究；与水相关的环境伦理学或生态伦理学研究、环境美学或生态美学研究、景观学研究等。

联合国相关机构和一些合作组织，于2012年提出并着手制定的国际《水伦理宪章》，在水文化发展史上意义重大而深远，越来越为世界各方有识之士所瞩目，响应者、参与者日众，攻关者、献策者亦多。但由于自身的高难度，国际《水伦理宪章》出台还需一定的时间。

四、国际水历史学会研究重点

1999年在联合国教科文组织国际水文项目（UNESCO-IHP）的倡导和协调下，国际水历史学会（International Water History Association）正式成立。该学会现有会员600余人，遍及全球大部分国家和地区。该学会为协调各国相关学术组织开展全球性水文化研究与教育提供了平台，推动了关于水与人类社会发展之间关系的研究，增进了水资源管理者、科学家、文化学家之间的学术交流，向公众普及了相关知识。学会的宗旨在于加深人们对水在人类历史发展中重要角色的认识，促进人类对于水的理解和关注；关注人类改造水环境的历史过程，水在人类文明进程中的作用，水与不同民族、国家、文化背景的人们的社会、经济、文化发展之间的关系等。

截至目前，国际水历史学会已经组织撰写出版了联合国《水历史》丛书，编辑出版了国际学术刊物《水历史》等。该学会先后与联合国教科文组织以及有关国家政府和科学组织合作，在许多国家举办了多次全球性国际会议及一系列的地区性会议。如2005年12月在联合国教科文组织总部举办的第四次全球大会的主题是“水与文明”；2008年，联合国教科文组织正式设立“水与文化多样性”项目。2009年10月在日本京都召开的“水与文化多样性国际研讨会”，标志着政府间组织在国际层面上对水文化研究、建设和应用的全面推广。国际上著名的专家、学者通过论坛不断强化对文化在解决水资源问题中的重要性的认识，旨在让文化为水资源的可持续利用注入新的活力；希望通过开展广泛的宣传教育活动，增强公众对开发和保护水资源的意识。

2013年1月28—30日，在我国昆明举行了以“水在历史上的角色：历史智慧与当代水治理”为主题的国际水历史学会区域国际学术会议，20多个国家的100多位专家学者参会。会议就水在历史上的角色，水历史学科和水文化的理论与实践，水文化及其当代价值，人类管理、治理、保护水的历史智慧，当代水环境、水治理以及水危机的化解，滇池水环境等议题展开了深入讨论。

第二节 水文化教育传播与“世界水日”“中国水周”主题

为了唤起公众的水意识，强化水文化教育，促进文化治理和文化参与，应建立一种更为全面的水资源可持续利用的体制和相应的运行机制。1993年1月18日，第47届联合国大会指出，一切社会和经济活动都极大地依赖淡水的供应量和质量，随着人口增长和经济发展，许多国家将陷入缺水的困境，经济发展将随之受限；且推动水的保护和持续性管理需要地方一级、全国一级、地区间、国际的公众意识。基于此，大会确定自1993年起，将每年的3月22日定为“世界水日”，从此水文化教育传播成为全球的重要课题。

一、历年“世界水日”的宣传主题

1994年：关心水资源人人有责（Caring for Our Water Resources Is Everyone’s Business）；

1995年：女性和水（Women and Water）；

1996年：解决城市用水之急（Water for Thirsty Cities）；

1997年：世界上的水够用吗？（The World’s Water: Is There Enough?）；

1998年：地下水——无形的资源（Groundwater——the Invisible Resource）；

1999年：人类永远生活在缺水状态之中（Everyone Lives Downstream）；

2000年：21世纪的水（Water for the 21st Century）；

2001年：水与健康（Water and Health）；

2002年：水利发展服务（Water for Development）；

2003年：未来之水（Water for the Future）；

2004年：水与灾难（Water and Disasters）；

2005年：生命之水（Water for Life）；

2006年：水与文化（Water and Culture）；

2007年：应对水短缺（Coping with Water Scarcity）；

2008年：涉水卫生（Water Sanitation）；

2009年：跨界水——共享的水、共享的机遇（Transboundary Water——the Water-sharing, Sharing Opportunities）；

2010年：清洁用水、健康世界（Clean Water for a Healthy World）；

2011年：城市用水——应对都市化挑战（Water for Cities——Responding to the Urban Challenge）；

2012年：水与粮食安全（Water and Food Security）；

2013年：水合作（Water Cooperation）；

2014年：水与能源（Water and Energy）；

2015年：水与可持续发展（Water and Sustainable Development）；

2016年：水与就业（Water and Jobs）；

2017年：废水（Wastewater）（旨在引起世界范围内对废水问题的关注，引导废水管理模式不断优化）；

2018年：借自然之力，护绿水青山（Nature for Water）；

2019年：不让任何一个人掉队（Leaving No One Behind）；

2020年：水与气候变化（Water and Climate Change）；

2021年：珍惜水、爱护水（Valuing Water）；

2022年：珍惜地下水，珍视隐藏的资源（Groundwater——Making the Invisible Visible）；

2023年：加速变革（Accelerating Change）。

从以上“世界水日”历年的宣传主题来看，内容反映了当代全球水问题、水紧张甚或水危机的严峻挑战以及由此引发的忧思，凝聚了当今世界如何应对水问题的思路与导向，更体现了国际水文化的时代热点与特点。它既涉及人水关系的诸多领域，又凸显了人水关系中的主要矛盾及主要矛盾方面，与其说是一种水治理之“道”的认同的普及教育，不如说是一种水文化之“用”的实践的充分发挥。

二、历年“中国水周”主题

1988年《中华人民共和国水法》颁布后，水利部即确定每年的7月1—7日为“中国水周”，但考虑到“世界水日”与“中国水周”的主旨和内容基本相同，因此，从1994年开始，把“中国水周”的时间改为每年的3月22—28日，时间的重合，使宣传活动更加突出“世界水日”的主题。

1996年：依法治水，科学管水，强化节水；

1997年：水与发展；

1998年：依法治水——促进水资源可持续利用；

1999年：江河治理是防洪之本；

2000年：加强节约和保护，实现水资源的可持续利用；

2001年：建设节水型社会，实现可持续发展；

2002年：以水资源的可持续利用支持经济社会的可持续发展；

2003年：依法治水，实现水资源可持续利用；

2004年：人水和谐；

2005年：保障饮水安全，维护生命健康；

2006年：转变用水观念，创新发展模式；

2007年：水利发展与和谐社会；

2008年：发展水利，改善民生；

2009年：落实科学发展观，节约保护水资源；

2010年：严格水资源管理，保障可持续发展；

2011年：严格管理水资源，推进水利新跨越；

2012年：大力加强农田水利，保障国家粮食安全；

2013年：节约保护水资源，大力建设生态文明；

2014年：加强河湖管理，建设水生态文明；

2015年：节约水资源，保障水安全；

2016年：落实五大发展理念，推进最严格水资源管理；

2017年：立足普惠共享，大力发展民生水利；

2018年：实施国家节水行动，建设节水型社会；

2019年：坚持节水优先，强化水资源管理；

2020年：坚持节水优先，建设幸福河湖；

2021年：深入贯彻新发展理念，推进水资源集约安全利用；

2022年：推进地下水超采综合治理 复苏河湖生态环境；

2023年：强化依法治水 携手共护母亲河。

水利部在确立中国水周主题的同时，还围绕这一主题提出一整套宣传口号，如2020年有25条[①]，2021年有10条[②]，2022年20条[③]。这些当年的主题及成系列的口号，一方面遥相呼应了当年“世界水日”活动的主题思想，另一方面集中体现了中国的国情、水情和水治理重要目标，展示了中国政府的执政理念和世界眼光，彰显了中华水文化的核心内涵和精髓。

---

① 2020年“世界水日”“中国水周”宣传口号共计25条：节水优先、空间均衡、系统治理、两手发力；重在保护，要在治理；水利工程补短板，水利行业强监管；全面节水，合理分水，管住用水，科学调水；坚持节水优先，建设幸福河湖；坚持和完善中国特色社会主义制度，推进国家治理体系和治理能力现代化；强化水资源刚性约束，推进经济社会高质量发展；弘扬宪法精神，树立宪法权威；尊法学法守法用法，治水管水兴水护水；法规制度定规矩，监督执法做保障；贯彻《中华人民共和国水法》，依法治水管水；贯彻《中华人民共和国防洪法》，依法防御水旱灾害；贯彻《中华人民共和国水土保持法》，建设生态文明；严格规范公正文明执法，支撑美丽幸福河湖建设；节水护水，人人有责；人人参与节水爱水，共建绿水青山家园；今日节约水资源，明朝迎来幸福河；珍惜每滴水，建设幸福河；珍惜水资源，美化水环境，拒绝水污染；以水定需，量水而行，促进水资源可持续利用；水资源弥足珍贵，水工程人人爱护；节水护水，为子孙后代留下美丽河湖；加强河湖管理保护，维护河湖健康生命；做好水文监测分析，服务幸福河湖建设；科学调水，依法管水，安全供水。

② 2021年“世界水日”“中国水周”宣传口号共计10条：节水优先、空间均衡、系统治理、两手发力；重在保护，要在治理；水利工程补短板，水利行业强监管；全面节水，合理分水，管住用水，科学调水；坚持节水优先，建设幸福河湖；坚持和完善中国特色社会主义制度，推进国家治理体系和治理能力现代化；强化水资源刚性约束，推进经济社会高质量发展；弘扬宪法精神，树立宪法权威；尊法学法守法用法，治水管水兴水护水；法规制度定规矩，监督执法作保障。

③ 2022年“世界水日”“中国水周”宣传口号共计20条：深入落实习近平总书记“节水优先、空间均衡、系统治理、两手发力”治水思路；推进地下水超采综合治理，复苏河湖生态环境；贯彻地下水管理条例，强化地下水超采治理；实施地下水取水总量、水位双控管理；复苏河湖生态环境，维护河湖健康生命；强化河湖长制，建设幸福河湖；开展母亲河复苏行动，让河流流动起来，把湖泊恢复起来；精打细算用好水资源，从严从细管好水资源；深入实施国家节水行动；建立健全节水制度政策，提升水资源集约节约利用能力；建立水资源刚性约束制度，强化用水总量强度双控；打好黄河流域深度节水控水攻坚战；积极践行公民节约用水行为规范；深入贯彻实施《中华人民共和国长江保护法》；深入贯彻水土保持法，推进水土流失综合防治；实施国家水网重大工程，提升水资源优化配置能力；加快建设数字孪生流域和数字孪生工程，强化预报预警预演预案功能；强化流域统一规划、统一治理、统一调度、统一管理；完善流域防洪工程体系，提升水旱灾害防御能力；提升农村供水保障水平，确保农村供水安全。

第三节　中外水文化的核心理念与大型调水工程文化比较坐标

以上可见，这种全球性的“知水论水”“节水惜水”“洁水利水”“理水兴水”运动是前所未有的。它意味着自20世纪下半叶以来，人们对水的价值的全面反思和对人水和谐共生关系的深刻重构。国际水文化活动的持续开展，开拓了人们的现代视野，为构建人水和谐共生的机制，促使人与水的角色转换，做出了积极贡献。中国政府全方位的参与，已使这一运动大放异彩。跨入新的文明时代，中外水文化日益注重水安全的思想、人水和谐共生的理念，其实践价值日益凸显，其理论价值更是为人称道。

可以说，这个阶段是人类水治理实践和水文化建设发展的一个崭新阶段，也是一个非常重要的关键时期。在这一新的历史时期，一系列的国际水事会议，主题突出，导向鲜明，在应对全球水危机方面的基本共识逐步达成。一系列的水文化研究成果，结合实际，得到应用，在世界范围内产生了很大的影响。历年“中国水周”的主题及宣传口号，集中反映了新时代水治理、水文化的根本要求，为全球应对水危机，解决水问题提供了“中国方案”和“中国经验”。

一是在国际范围内，人们已经清醒地认识到，人类生活在同一个地球，水是全人类的事，是地球上每一个人的事，人与自然是一个命运共同体，人与水更是一个命运共同体。“水是商品”，同时“水也是人权”，解决水问题，寻求水安全，改善水治理，需要世界各国达成共识，协同发力，需要引入“水哲学”“水伦理”“水政治”“水教育”，需要先进水文化的引领和参与。人与自然的关系不应陷入冲突而应走向和谐。人与水的关系不应当只是“利人”，只是“治水”，而应当是既“利人”又“利水”，既“治水”又“治人”；人与水应当和谐共生，不应当只是“用水”，只是“调水”，而应当是既“用水”又“养水”，既“用水”又“节水”。重塑新型人水关系，必须坚持“节水优先”，在“节水优先”的前提下考虑水安全，包括“空间均衡”问题。只有全世界各国政府、各国际组织、非政府组织、事业界和企业界等各界人士共同努力与合作，用好人类共同创造的水文化先进理念，把科学的水共识、水伦理、水思想落到实处，才能应对人类所面临的各项挑战，从而保障全球水安全和各自社会经济的可持续发展。

二是在国际范围内，人们已经清醒地认识到，面临全球水危机的挑战，要协同行动，必须达成基本共识。而要达成基本共识，还必须从根本上厘清人水关系，提升到水文化精髓层面来认识问题、解决问题。在当前人文系统与水系统矛盾频发的时期，人水和谐共生关系的文化演进过程成为了解决人与水关系有效的理论依据。

中外水文化研究表明，在人类历史上，人水和谐共生关系的文化演进过程经历了由原始文明下的依附型人水关系到农业文明下的干预型人水关系的第一次转变，也经历了由农业文明下的干预型人水关系到工业文明下的掠夺型人水关系的第二次转变。如今，在经历了人水矛盾带来的一系列洪涝灾害等传统问题及水生态破坏等新问题之后，人类正处于由工业文明下的掠夺型人水关系到生态文明下的和谐型人水关系的第三次转变之中[①]。这次转变，在水历史乃至人类史上都是一场空前的革命性的转变。生态问题包括水生态问题，其本身就具有宏观性、全局性。生态文明既是一种文明方式，又是一种历史形态。所以解决水的问题，已经不是仅限于自然方面，更不是仅仅依靠工程技术手段，而是扩展到包括水在内的整个生命系统，以及人的整个社会系统乃至整个文化系统，这是一个相当长的历史发展过程。

实现由工业文明下的掠夺型人水关系到生态文明下的和谐型人水关系的第三次转变，在水治理方面，必须"良治""善治""系统治理"，坚持开发与保护共进，坚持治水与兴水并用，坚持节水优先与"两手发力"。水文化作为一种人类共同的文化，作为人类应对当代水困境的共同需要，理应得到更加广泛、更加有效的运用。具有数千年治水理水历史经验的当代中国，理应走向世界，引领时代潮流；具有国际视野和战略眼光的新时代治水兴水思想，理应成为人类共同拥有的先进水文化，造福全人类。与此同时，当代中国也理应虚心借鉴吸纳世界各方先进水文化，进一步提高全社会对人水和谐共生关系的文化认同感。

从全球水事水务的重大会议和重要活动，国际水文化研究的热点焦点追踪及丰硕成果，以及"世界水日""中国水周"历年的宣传主题，不难看出，它对于研究中外大型调水工程的兴建实践，以及进行中外大型调水工程文化比较所具有的启导意义。进行中外大型调水工程的文化比较，必须正确选择文化比较的坐标。首先要有现代眼光、全球视野，在透视当代全球水情和水治理现状，把握国际水文化前沿动态和前进方向的基础上，认真地总结历史经验教训，从而高度自觉地适应现代水治理和水安全的新形势、新任务，积极地开辟未来，正确地引导未来。与此同时，还要有历史态度、客观分析，把它放在当时的历史背景、国情及水情条件下，客观地看待大型调水工程兴建同人水关系历史发展过程的耦合与超越、共性与个性的统一。

① 汪恕诚. 人与自然和谐相处——破解中国水问题的核心理念［J］. 今日国土，2004（Z2）：6-9.

第七章

中外大型调水工程文化分类评估指标体系（上）

水利工程作为人类作用于水这种自然资源的重要工程，不仅仅是一种独特的物质文化（经过人工打造的“人化”工程），而且是一种内容完备的制度文化（水利工程的设计、开发、筑造、保护过程中形成的法律规范、管理机制），更是一种精神文化（在物质形态和制度组织形态基础上形成的上层建筑形态，即有关水工程的人文风情、道德准则、态度情感和价值观念）。这种“人化”工程，集建筑美学、景观设计、蓄水抗旱、供水发电等功能于一体，既由人类物质生活的生产方式所决定，又以其功能的多样性反作用于人类生产生活而形成丰富的水工程文化形态。作为社会意识的水工程文化，其深刻内涵经过人们的揭示和宣扬而产生“化人”的功能。“人化”工程和“化人”工程，体现的是物质与精神的关系、有形与无形的联结，折射的是生产力与生产关系、经济基础与上层建筑的辩证统一。

调水工程是人类文明的重要载体，是人类追求实现人水和谐共生的理念、实践、建筑的文化结晶。正如水利部原部长陈雷指出，从古至今，在中外调水工程建设中势必要形成一种与其发展相一致的调水工程文化。相应地，调水工程文化也变成了人们指导自身行为和评价水利工程的标准，进而推进人们对水资源、水生态、水环境和水事活动的再认知，构建出新型的人水关系，深入推进水资源开发利用和保护实践，以保证调水工程可持续发展。从理论上看，先进水文化与科学水治理相辅相成，相互促进；从实际上看，先进水文化与科学水治理是相互包含、融通共振的关系。比如从单纯依赖自然赋予的水资源，到能动地改造利用水资源，无不与水文化息息相关。正确评价中外跨流域调水工程利弊得失，需要从文化的视角，在认识上、理念上、观念上有科学的认知。

目前，我国水利行业界、水利学术界对水工程及其所能发挥的作用的定义如下：“用于控制和调配自然界的地表水和地下水，达到除害兴利目的而修建的工程”“水利工程需要修建坝、堤、溢洪道、水闸、进水口、渠道、渡漕、筏道、鱼道等不同类型的水工建筑物，以实现其目标”[①]。

从人水关系的视角来看，由于水自然，包括存储于江、河、港、汉、渎、泷、浦、浜、湖、池、泽、沼、汪、川、壑、涧、溪、渊、潭等地表水载体内的自然存在的水资源，通常不完全符合人类的需要。因此，在修建调水工程后，需要通过控制水流、水量，调整水域、水质、流态来影响其渗透、蒸发、自净能力，以满足人民生活和生产的需要。

同其他水利工程一样，调水工程也是由人类改造水自然所生成的，作为人们对水物质运动及其功能作用予以直接干预的产物，它融汇了人类诸多的智慧、理念情感与缘分。换言之，表面上看，它无疑是一种由水体和土工构筑物、水工建筑物（包括库、渠、坝、闸、涵、站等）以及相关机械设施、管理设施共同组成的物态成果（当然，调水工程不仅包括由人兴建的各种载体，还包括已经受到人们干预的江、河、湖等原本为地球陆域的水自然载体）；实质上看，它又是一种旨在改良和完善人水关系、实现人水和谐共生的实践成果和文

① 董文虎，等. 水工程文化学：创建与发展［M］. 郑州：黄河水利出版社，2017.

化成果。古今中外的调水工程都是在一定的思想理念引领下，在一定的文化背景下，经过人的建造实践而发生形成的，是在人的有效控制管理下运行并发挥作用的，其建造过程和建成后的运行控制管理，从始至终无不体现和存储着特定的文化内涵或精神密码。古今中外历史上兴建的水利工程，都凝聚着不同时代人们的思想、知识、智慧和创造，蕴含着丰富的历史文化内涵、时代精神价值和先进文化理念。中外大型调水工程“文化”，其文化内涵或精神密码，就形成于人的建造实践过程和后期控制管理中，孕育于本国的历史传统当中，植根于本国的水利事业之中。

大型调水工程是人类社会追求生存发展和实现人水和谐的一项重大举措，它不仅是现代科技成果应用的展示，同时也是思想文化的结晶，当然也是水文化的重要载体。同其他类型的水利工程一样，中外大型调水工程本身就是“文化”的工程，它的产生、建造，不仅离不开一定性质的文化支撑，更为重要的是，追求人水和谐共生的先进水文化已经成为它的灵魂。这既是中外大型调水工程的共性，也是中外大型调水工程文化的精髓，同时还是人类水利文明积淀发展的内在动力。毋庸置疑，揭示中外大型调水工程的文化内涵、质量、实质和精髓，探索其相应的衡量标准，构建其相应的指标体系，既是大型调水工程建设发展的迫切需要，同时也是水文化创新和突破性发展的必由之路。

大型调水工程建设是个复杂的系统工程，一般有决策、规划、设计、施工、管理五个阶段，每个阶段还可以分为不同环节，每个阶段及其每个环节所蕴含、存储的文化内涵与精神密码各有侧重，闪光点有所同有所不同。

对于水工程文化内涵、品位及其评价指标体系的构建，我国水文化学界进行了开拓性的研究探索。在如何构建“水工程文化建设水平评价的指标体系”上，有专家曾提出应涵盖“作为基础的工程美学、作为主体的工程文化、作为拓展的工程影响力”共三项一级指标，且二级指标有五项：水工程文化建设的理念圈层、水工程文化建设的体制圈层、水工程文化建设的技术圈层、水工程文化建设的人力圈层、水工程文化建设的社会圈层[①]。

调水工程文化的内涵，包括内容较多，上述观点也不无道理。但更应该在深入把握中外水文化的核心精髓的基础上，以人水关系为坐标，以人水和谐共生为标准，对大型调水工程文化的评价指标体系做进一步的归纳。

据此，可以将大型调水工程文化分为以下六类（一级指标）。

第一类是工程生命，涵盖的二级指标有工程生命力、工程条件、工程环境，以及工程质量；

第二类是工程智慧，涵盖的二级指标有工程求真、工程求知、工程求理；

第三类是工程伦理，涵盖的二级指标有工程决策伦理、工程政策伦理、工程技术伦理、工程制度伦理；

---

① 董文虎，等. 水工程文化学：创建与发展［M］. 郑州：黄河水利出版社，2017.

第四类是工程美学，涵盖的二级指标有工程美的原则、工程美的形式律、工程静态美、工程动态美、工程创意美、工程环境美，以及工程美的创造；

第五类是工程荣誉，涵盖的二级指标有技术荣誉、政治荣誉、管理荣誉、社会荣誉；

第六类是工程效益，涵盖的二级指标有政治效益、社会效益、经济效益、环境效益、科学效益、生态效益、教育效益。

第一节　中外大型调水“工程生命”评估指标

工程生命是决定工程项目生命力的各种因素的凝合。包括工程生命力、工程条件、工程环境，以及工程质量等多个方面。

一、工程生命力

工程生命力就是利用各种手段来维持工程活动的合理开展与生存发展的能力。好的工程都有旺盛的生命力，往往会呈现出欣欣向荣、蓬勃向上的发展状态。

（一）工程生存力

工程生存力是指某种特定工程在相关空间和时间中获得的生存能力。空间环境包括技术空间、社会空间和生态空间等，这种空间生存力要放到时间变化中去考量，形成特定的且不断变化的适应性、发展性和连续性生存能力。

（二）工程进取力

不思进取是做人大患，工程技术不能不思进取。一项工程靠自己的努力掘进而不断向前，朝着既定的工程目标步步靠近，坚持不懈。工程进取力的核心是工程自身的科学性、合理性、进步性的基本标志，同时也是工程人员的理想、抱负和意志力的表达。

（三）工程意志力

拿破仑·希尔[①]指出：“要实现自己的梦想，就必须像最伟大的开拓者一样，集中所有的意志力坚持奋斗，终其一生成就自己的才华。”工程也是如此，一项工程能否取得成功往往取决于这个工程的意志品格，其核心是这项工程的设计理念、进步性、前沿性和前瞻性，以及工程技术人员高昂的热情、坚强的意志、勇敢的精神、克服前进道路上一切困难的能力等。

---

① 拿破仑·希尔. 拿破仑·希尔成功学全书［M］. 北京：光明日报出版社，2005.

（四）工程抗压力

工程抗压力是指一项工程所具备的应付因政策、环境的变化或自身出现的问题等制约因素而带来的压力的能力。一项工程的压力可能来自内部，也可能来自外部。

（五）工程组织力

工程组织力是指一项工程的基本制度、管理模式、机构人员所具备的组织、协调和调动资源方面的能力。

（六）工程素质力

工程素质力是一项工程顺利开展并取得实效的素养和能力，也就是确保完成一定事务或活动的综合条件和整体潜质。譬如一项工程所具备的良好的公益目标，工程管理和工程技术所具备的资质、理念、技术保障，工程人员所具备的职业道德和胜任能力等。工程素质力将很大程度上左右一项工程的生存能力，并将决定一项工程的成败。

二、工程条件

工程条件是指开展某项工程所面临的各种条件的总称。包括环境条件、制度条件、社会条件、经济条件、技术条件。

（一）环境条件

影响工程质量的因素包括工程环境条件，具体是指工程的技术环境、作业环境、管理环境及周边环境等。技术环境包括工程地质、水文、气象等；作业环境包括施工作业面大小、防护设施、通风照明、通信条件等；管理环境包括合同结构与管理关系的确定、组织体制与管理制度等；周边环境包括工程附近的地下管线、建筑物等。

（二）制度条件

工程制度条件是指与某项工程有关且会影响工程运行的各种法规和管理制度的总称，包括国家层面的一般法规、行业规范、社区规范，以及工程企业自身的管理制度、管理措施等。

（三）社会条件

工程社会条件是指与某项工程有关且会影响工程运行的各种社会因素的总称，包括地域风情、生产方式、民俗习惯、宗教信仰、人口素质，以及工程企业所在地的社区关系等。

（四）经济条件

工程经济条件是指与某项工程有关且会影响工程运行的各种经济因素的总称，包括资金保障、工程企业信用、职工待遇、当地消费观念与消费水平等。

（五）技术条件

工程技术条件是指实施一项工程所应有的实用技术情况。工程技术与科学技术有一定的差别，前者更多的是指实际应用所要求的技能，后者则更多的是指科学理论技术。一般在学科划分上，将工程技术列为工科，而将科学技术列为理科。

三、工程环境

工程环境是开展某项工程所面临的各种环境的总称。包括自然环境与社会人文环境等不同方面。

（一）自然环境

任何工程都是在特定的自然环境中展开的，调水工程所面临的自然环境是指环绕工程周围的各种自然因素的总和，如地理位置、气候条件、山水状况、物种分布、土壤条件、岩石矿物等。这些都会对调水工程的开展产生各种各样的影响。

（二）社会人文环境

社会人文环境是一项工程所面临的社会系统中的内外文化变量的综合体，这些文化变量包括一定社会群体的处世态度、生活观念、宗教信仰、认知水平、道德规范等。社会人文环境看上去是无形的，但对人们起着潜移默化的影响。任何工程的开展都必须融入当地的社会人文环境，并在保持与其周围社会人文环境和谐的同时，能够积极地培养当地社会民众的高尚情操。

四、工程质量

工程质量是某项工程实施过程中，运用一整套质量管理规范和手段所产生的工程价值。工程价值的大小往往决定着工程质量的好坏，而工程质量的好坏，决定着工程效益的大小。

（一）综合质量

工程综合质量是指一项工程拥有的整体质量和整体水平，工程质量综合评价是任何工程必须面对的关口。包括工程企业资质、技术水平、工程理念、工程态度、责任心、信誉度、知名度等。

（二）分项质量

工程分项质量是指一项工程所包含的各个环节和各个部分所拥有的质量。由于任何一项工程的建设都会涉及很多环节，所以分项质量的监督、验收应做到事无巨细。

第二节　中外大型调水“工程智慧”评估指标

工程智慧是指开展某项工程应具有的智力体系、知识体系、方法技能体系、思想观念体系、审美评价体系等由多种元素组成的复杂系统。工程智慧的核心是对真善美的追求及实践，包含了工程求真、工程求知、工程求理等。

一、工程求真

工程求真是在工程实践中对真理的探索，涵盖了工程的立项、论证、设计、实施、监督、验收及维护等全部工作。主要内容有理真（合理）、情真（合情）、义真（合义）三方面。工程求真是工程项目科学性、合理性的基本保证，熔铸着浓郁的科学智慧。

（一）理真（合理）

人类实践活动的根本目标就是合目的性与合规律性的统一。合规律性就是要求工程的运行要合乎事物的基本规律，首先要合乎工程以外的客观事物的基本规律，其次要合乎工程本身的基本规律。

（二）情真（合情）

情与理是相辅相成的，工程运行不仅要合理，还要合情，即所谓的合情合理。合情在工程中的表现就是情真，即合乎人类高尚而真挚的情感。

（三）义真（合义）

义真就是工程所能够体现出的道义，即要体现出对人间正气、人间正义的维护，譬如工程技术不能用于非社会、非公益的邪恶目的，工程生产不能不顾及人民群众的生活质量，不能在环保上不达标等。

二、工程求知

工程求知就是在工程实践中对知识和智慧的追求。弗兰西斯·培根说:“知识就是力量。”一项工程的开展需要相关人员具备丰富的知识，包括工程本身的科学知识，也包括与工程相关的政治、经济、法律、宗教、社会文化等各科知识。求知的过程中渗透着知识、感知、记忆、联想与想象、理解五种心理因素。

（一）知识

知识是人类在探索世界（包括人类自身），即认识世界、改造世界的实践活动中所积累的各种成果，它包括对事实和信息的描述，以及在教育和实践中获得的各种技能。工程文化本身也是一种知识，开展一项工程，必须借助与工程有关的各种知识来进行。因此，工程的各种参与者，尤其是工程技术人员必须拥有丰富的相关知识，以保证工程项目能够科学、合理、规范的运行，并达到预期效果。

（二）感知

感知是主体对客观事物的内在反映，是通过人的感官所反映出来的主客体关系。工程感知就是工程人员对工程环境和工程事物进行感性判断的一种意识形式，一般是对客体的直接反映。

（三）记忆

工程记忆包括两个层面：一是通过各种手段对工程历史信息的保存，以便能够回溯和监视；二是工程人员对工程相关信息的识记、保持、再现或再认，一般是对自己经历过的各种事物在大脑中的储存。

（四）联想与想象

工程联想主要是为了保持工程的愿景和远景的统一，也就是一项工程应有的前瞻性和长远性，这是对工程未来前途进行规划与设计的必备素质。为此，工程人员必须具备丰富的联想能力和想象力，能够立足现实，放眼未来，大展宏图，鼓舞人们去创造，去践履。

（五）理解

理解是一种理性智慧，工程人员必须具备相应的理解力，能够对与工程有关的各种事物进行了解、分析、认识、辨别、统筹，并最终形成有助于工程合理开展的见解。

三、工程求理

工程求理是在工程实践中对规律的探索和遵循，这是高质量完成一项工程最为核心的智慧因素，不能准确地认识、把握和利用规律，一切工程都会流于失败。

（一）工程条理

工程条理是工程规律的表现，工程人员应能够在充分认识和把握工程规律的基础上，整理和运用蕴含在工程事务中的条理性知识，以保证工程运行有条不紊、秩序井然。

（二）工程事理

工程事理就是蕴含在工程事物中的基本原理，工程人员必须明确认识和把握工程事理才能有所作为，要防止“不明事理”的现象在工程实践中反复出现。

（三）工程道理

工程道理是工程之“道”与工程之“理”的统一。“道”是工程运行的基本规律，“理”是存在于一切工程事务中的“道”的表现，一般指工程事务所要遵守的法则。工程人员只有自己亲身投入到工程事务中去才能清晰地感受到工程道理的存在，并将其加以把握和运用。俗话说“有理走遍天下，无理寸步难行”，同样适用于工程管理。

（四）工程心理

工程心理是工程人员各种心理活动的总称。对各种工程心理的把握和了解，有助于工程项目的管理、实施和推广。目前，关于工程心理的研究已经形成一门独立的学科，即工程心理学。工程心理学是一门极为实用的学科，工程人员应当加以学习和利用。

（五）工程管理

工程管理是对工程的全方位管理与控制，包括工程技术管理、工程经济管理、工程人事管理、工程目标管理、工程流程管理、工程环境管理、工程招标管理、工程监督管理、工程验收管理等。目前，工程管理已经发展成为一门较为成熟的学科和一个较为完善的专业。

（六）工程真理与工程谬误

凡是能够积极向上，并且能够科学地把握规律并依此制定工程决策的，就是工程真理；相反，凡是消极懈怠，并且不能科学地把握规律，随意、盲目制定工程决策的，就是工程谬误。发扬工程真理，避免工程谬误，是保障一项工程综合质量的核心因素。

第三节　中外大型调水“工程伦理”评估指标

工程伦理是指在工程实践中所营造的道德价值，包括工程项目的道德评价和工程人员特别是工程师的道德行为等。工程伦理学自20世纪70年代在美国等发达国家流行。历经20年，工程伦理学的教学和研究逐渐走入建制化阶段。

一、工程决策伦理

（一）决策愿望

决策愿望就是决策愿景，是工程决策者针对某项工程所产生的某种美好的想法，愿望可能是物质性愿望，也可能是精神性愿望，往往有强烈的向往性情感体验，并且有明显的倾向性。

（二）决策公益

工程决策者在做出任何一项工程决策时，都必须考虑社会的公益因素，也就是要考虑社会公众的福祉和利益，如在环保方面、民俗方面、信仰方面、安全方面、经济援助方面等。

（三）决策良心

决策良心就是渗透在工程决策中的良心。

（四）决策责任

决策责任是决策者工作职责范围内应当负责的任务，尽职尽责是对工程决策者的基本要求。为了达到尽职尽责，必须要求工程决策者具有强烈的责任感或责任意识。

（五）决策规范

决策规范是指决策者必须按照明文规定或约定俗成的某种标准和范式进行决策，包括决策中应遵守的技术规范、管理规范、道德规范等。

二、工程政策伦理

工程政策伦理是指工程政策的制定和执行要凸显的伦理性原则。主要有两层含义：一是指维护工程秩序所需的伦理规范，如助人为乐、团结友爱、尊重他人等；二是为推进工程秩序的伦理规范所采取的约束手段，即工程政策。前者为理念、原则，后者为制度、政策。

（一）政策方案伦理

工程政策一般指与工程有关的各种法律法规、规章制度、行业规范等，制定政策时，不仅要考虑政策的科学性与合理性，还要考虑政策的人文性和伦理性。

（二）政策执行伦理

执行工程政策的过程中涉及许多行政伦理问题，如执行工程政策的态度、效率、注意力等。

（三）政策评估伦理

任何被执行后的工程政策都应进行必要的评估，评估过程必须客观公正、实事求是，得出的评估结论要科学、合理，表述要适度、严谨。要防止评估中的舞弊行为，这不仅是一个纪律问题，也是一个道德问题。

三、工程技术伦理

工程技术伦理是指工程技术创新活动中所蕴含的人与社会、人与自然以及人与人关系的思想与行为准则，它规定了工程技术工作者及其共同体应恪守的价值观念、社会责任和行为规范。

（一）技术财富伦理

工程技术不仅能够创造财富，而且工程技术本身也是一种财富。工程企业渴望财富、追求财富、创造财富和安排财富，不仅是一项经济活动，也是一项伦理活动。因为在运营财富的过程中，如何避免唯利是图和营私舞弊是一个不可回避的问题。

（二）技术生态伦理

工程技术是人与环境连接的中介，是影响人与自然环境相互关系演变的重要因素。对工程技术进行生态伦理建构，是解决目前人类面临的各种生态问题，促进人与自然和谐共生，社会、经济可持续发展的必然选择。

（三）技术防范伦理

技术防范是以防范技术为先导，通过相应的技术手段建立的一种针对工程技术的防范服务保障体系。防范的含义是防备、戒备。防备是指做好相应准备以应付可能受到的威胁，戒备则是指警惕性防备和相应的技术保护。

（四）技术人本伦理

技术是人发明的，但人们发明技术是为人类本身服务的，任何工程技术都必须做到人性化、人本化，在不危害自然环境的同时，做到以人为本。

四、工程制度伦理

工程制度伦理是工程制度伦理化与工程伦理制度化的有机统一。所谓工程制度伦理化，就是在工程制度制定中要充分体现人性化、道德化的趋向，也就是对工程制度的正当性、合理性的伦理评价；所谓工程伦理制度化，就是把工程实践中的伦理原则和道德要求，提升为制度层面的原则，如把伦理原则提升为伦理法则等。不管是工程制度伦理化还是工程伦理制度化，正义性始终应是工程制度伦理的核心。

（一）工程管理伦理

工程管理是利用各种手段，如规章制度、信息技术、环境营造、教育培训等，对工程项目进行调控、经营、管理、约束等，以达到顺利实现工程目标的活动过程。工程管理不仅是一种科学行为，同时也是一种道德实践，因为道德教化也是渗透在工程管理中的重要手段之一。

（二）工程行政伦理

工程行政伦理是特定的工程主体在从事诸如工程领导、工程决策、工程管理、工程协调、工程监督、工程控制、工程服务等事务中所应遵循的各种道德、伦理规范的总和。工程行政伦理是整个工程系统的有机组成部分，也是工程制度的一种有效补充。

（三）工程伦理章程

工程伦理章程是由工程主体组织编制的一种旨在公开执行的伦理性行为准则，它能为工程人员从事各种工作提供伦理指导和道德引导。

第八章 中外大型调水工程文化分类评估指标体系（下）

第一节 中外大型调水“工程美学”评估指标

工程美学是研究工程活动中的各种审美关系的学问，以工程美的规律及表现艺术作为主要对象，研究工程与美学的关系以及人们对工程美的心理反应、美感经验等。工程美学涵盖内容极广，主要包括工程美的原则、工程美的形式律、工程静态美、工程动态美、工程创意美、工程环境美，以及工程美的创造。都江堰水利工程是工程美的一个典型代表。

一、工程美的原则

不同审美领域有不同的审美原则，工程美的原则是渗透在工程审美中的各种审美原则的总称。这里所说的工程美的原则主要是指工程美的总体原则和工程审美的总体要求。

（一）科学、技术、人文相统一

工程美是蕴含在工程中的审美价值，它体现出合规律性与合目的性的统一，也就是体现出“真善美”的高度统一。马克思在《1844年经济学哲学手稿》中指出，人的一切活动都是按照“美的规律”进行的①，工程活动也不例外。具体到工程活动的自身特点来看，工程美则要体现出科学规律性、技术先进性和人文情感性的高度统一。

（二）功能与形式相统一

在西方的技术美学中，功能与形式相统一被看作是技术美学追求的最基本原则，工程美应该是技术美的一部分，它也要体现出功能与形式相统一的原则。也就是说，工程技术首先要以发挥工程项目本身的功能为前提，在此基础上再赋予其更多的审美价值，从而达到一项工程的使用价值和审美价值的高度统一。

二、工程美的形式律

工程美的形式律是指工程中的形式美规律，如工程中的单纯美、节奏美、韵律美、对比美、对称均衡美、比例匀称美、和谐美等。工程美的形式与工程形式美是两个相互关联但内涵又有所不同的概念。

（一）工程美的形式与工程形式美

工程形式美是工程美的形式的因素之一，不完全等同于工程美的形式。工程美的形式是

---

① 马克思. 1844年经济学哲学手稿［M］. 北京：人民出版社，2014：52.

工程中具体审美对象的感性形式，它与工程美的内容有直接的关系，因为工程美的形式是对工程美的内容进行合理表达，它离不开工程美的内容；而工程形式美则是从各个具体的工程美的形式中抽象出来的一般的美，工程形式美是人类符号实践的一种特殊形态，它是以自然要素及其组合法则为基础形成的符号系统，具有独立的美学价值。工程形式美可以是一种脱离任何内容的纯粹的质素组合，其特性包括抽象性、相对独立性、装饰性、符号性等。具体的工程美的形式和抽象的工程形式美存在一定的联系与区别。一方面，工程形式美是从各个具体的工程美的形式中归纳总结出的一般准则；另一方面，工程形式美始终贯穿于各个具体的工程美的形式之中，并透过这些形式得以表现。工程形式美与工程美的形式存在着一般与个别、抽象与具体、普遍与特殊的关系。

（二）工程单纯美

工程单纯美也可称之为工程整一美，是指工程相关要素的表达形式，如工程场地规划、工程装备摆放、工程机械外观等，要简洁、醒目、单纯，看上去干净利落、一目了然。黑格尔[①]曾认为整齐一律主要适用于建筑，他说："在建筑中占统治地位的是直线形、直角形、圆形，以及柱、窗、拱、梁、顶等在形状上的一致。建筑品的目的并不是只在它本身，而是供人装饰和居住的……这种艺术品不应引注意力集中在它本身上。就这一点来说，整齐一律和平衡对称作为建筑外形方面的贯穿一切的原则，就特别符合建筑的目的。"这说明，建筑更注重实用性而不是审美性，整齐划一比较恰当。

（三）工程节奏美

工程设计中用反复（相同因素有规律地重复）、对应等形式把各种变化因素加以有秩序的组织、排列，使之产生明显的秩序感和节奏感。

（四）工程韵律美

如果节奏是指事物的相同要素在运动过程中按一定规律重复的连续形式，则韵律就是由节奏按一定的规律变化、重复而形成的一种情调。二者均有规律性的反复，但节奏是简单重复，是韵律的基础；韵律是对节奏的深化，是有变化的重复，使形式变化更加有趣。例如尺寸统一的工程部件持续重复布置或安装，展现有条不紊的节奏之美，而大小不同工程部件蜿蜒起伏的摆放或者设置，在重复中又有变化，形成一种气韵生动的韵律，传达出丰富的情感意味。在工程活动的表达形式中，节奏和韵律不是严格区分的，但二者的区别也是明显的。小浪底泄洪时喷射出的巨大水柱虽大小不一，但有明显的韵律感和秩序感。

① 黑格尔．美学［M］．朱光潜，译．北京：商务印书馆，2011.

（五）工程对比美

工程对比美是把具有明显差异性、矛盾性甚至相互对立的两种元素安排在一起，进行对照比较的工程表达形式。对比形式之所以具有审美价值，是因为对比能造成特定的趣味性和艺术性，并且能起到引人注目的效果。

（六）工程对称均衡美

所谓的对称性，就是事物的外部形态与内部品质都以一条线为中心，从而使其左右两侧处于平衡的状态。在描述事物各部分间关系的组合法则中，以对称最为普遍。人体、植物叶脉、动物身体、故宫、人民大会堂、凡尔赛宫、白宫等无数实体均蕴含着这种组合法则。均衡是指分布在事物中心点的两面或多面，尽管表面形态不同但内部性大体一致。均衡与对称紧密联系，是一种不断变化的对称状态。在静中趋向于动，在静态中呈现出动态之美。如工程中的塔式起重机就能体现这种美。

（七）工程比例匀称美

比例是工程事物的形式因素，是局部与整体、局部与局部之间合适的数量关系。当该事物各个部分比例恰当时，就达到匀称状态。

（八）工程和谐美

和谐也称多样统一，是形式美的基本法则，是指形态各异的各部分形成相互协调的状态。多样统一作为形式美的组合规律之一，其两种基本形态是调和与对比。调和是各种非对立因素互相关联的统一，对比是各种对立因素之间的统一。二者的区别主要指差异因素的趋向性不同。在工程实践中，和谐无处不在，如工程物质要素的和谐、工程人员的心理和谐、工程人员与工程设备的和谐、工程项目与工程环境的和谐等。

三、工程静态美

工程静态美是呈现在工程实践中的宁静和谐的美。这里所谓的“静态”也是相对而言的，如工程设计出来的作品是静态的，但设计过程却是动态的；工程技术的物化成果是静态的，但工程技术的研发创新却是动态的；工程工具本身是静态的，但使用这些工具的过程却是动态的。

（一）工程设计作品美

任何设计都包含着丰富的美学意蕴，如设计的创意与构思蕴含着丰富的审美想象，设计的形式和色彩蕴含着丰富的形式美规律等。工程设计也不例外，它也体现出各种各样的美学问题。目前，设计美学已成为一门新兴的、应用广泛的学科。

（二）工程技术成果美

“技”与“艺”自古就是不可分割的两个方面，可以说艺中有技、技中有艺，但艺不同技、技不同艺。就是说“技”与“艺”既有联系，也有区别。一方面，绝大多数艺术，都有其技术支持。另一方面，绝大多数技术，也都能呈现出其艺术性。目前，国外流行的技术美学就是研究技术中的审美问题。技术美是人类技术活动的精神结晶，它是技术完美化的一种追求。工程技术的美是与功能联系在一起的，是以实用性为前提的。

（三）工程形态美

工程形态美是指工程造型中的点、线、面、体所营造出来的一种审美效果。工程形态美往往表现为工程布局美。同时，工程形态美也包括工程材料的质地美、色彩美等。

（四）工程材料美

工程材料美主要表现为工程材料的质地美、色彩美、组合美等。

（五）工程工具美

工程工具美是工程工具的科学性与艺术性的完美结合，包括工程工具的造型、结构、色彩等所呈现出的合理性与艺术性。

四、工程动态美

工程动态美是呈现在工程实践过程中的美，因为工程实践过程表现为人们的具体劳动，这些劳动是在劳动者使用劳动工具的动作中完成的。这里所谓的“动态”也是相对而言的，如设计过程是动态的，但工程设计出来的作品却是静态的；工程技术的研发创新是动态的，但工程技术的物化成果却是静态的；使用工具的过程是动态的，但未被使用的工程工具本身却是静态的。

（一）工程劳动美

工程劳动美是工程劳动过程中所呈现出来的各种审美现象，包括劳动主体（劳动者）美、劳动过程美、劳动结果（产品）美等。劳动主体（劳动者）美包括劳动者的心灵美、智慧美、形象美等；劳动过程美主要是指劳动过程中的劳作美、技术美、行为美等；劳动产品美是通过改变自然原有的感性形式、具有美的特性的劳动产品所体现出来的美。

（二）工程环境美

工程环境美是工程实施的劳动环境和生活环境所呈现出来的美，包括劳动者为自己创造的具体劳动、生活物质环境乃至为工程营造的周边环境的美（既有为自己的，又有为工程的）。就水利工程而言，工程环境美是营造人、地、水三者自然和谐的一种有机系统。

（三）人机关系美

人机关系是工程劳作过程中所面临的人与机器（劳动工具）及相关物品之间的相互关系。在工程实践中，如何保证劳动者在机器环境中的安全性、舒适性，并在不影响劳动效率的前提下，最大限度地减少劳动者的生理疲劳和心理疲劳是处理人机关系的核心问题。产品的色彩、材质，环境的布置，音响等都会对人的心理产生影响。如果能够艺术化地处理好人所面对的机器环境，保证劳动者身心健康，就是所谓的人机关系美。

五、工程创意美

工程创意美是指在工程创造中，工程人员在总结以前经验的基础上，进行审美化想象并创造具有审美意义的新形象的过程。创意美的过程具有新异性、超前性、突破性和发散性等特点。

（一）工程意境美

工程意境主要是指工程设计及其图景中所表达出的一种意蕴和境界，往往能令人感受领悟，意味无穷却又难以用言语描述。它具有"言有尽而意无穷""只可意会不可言传"等特点。工程意境中渗透着情与理、形与神、虚与实等多重审美关系。在工程设计付诸实施以后，作为其最终成果的物化形态，如水库、园林等，能引发人们的审美观照，在这种观照欣赏中也会产生欣赏者的意境感受和体验。

（二）工程意象美

在工程设计中，工程意象是客观物象经过设计者独特的情感活动而在大脑中创造出来的一种生动鲜活的形象。工程设计者在设计过程中会借助客观物象在大脑中创造出一定的形象，因为渗透了设计者独特的情思和意想，故称为意象。当这种大脑中营构的意象传达到设计的具体作品中时，就是设计作品中可供人们欣赏和观看的形象。

（三）工程构思美

工程构思就是工程设计过程中的神思，也就是设计过程中所进行的思维活动。它以设计者丰富的想象力为基础，把设计者所能体验到的各种因素凝合为一个系统的、有中心及层次的、物化的整体性思维活动。工程构思是工程设计的最初环节，对最终设计作品的形成具有重大的影响。工程构思既会受到设计对象的客观性制约，也会受到设计者审美趣味和审美偏好的影响。

六、工程环境美

工程环境美是指工程活动所面对的物质环境美和精神环境美的总称。物质环境主要是指自然环境，精神环境主要是指社会环境，二者紧密相关。在工程实践中，我们既要侧重爱护自然环境，使之安静、舒适、优美，同时也要打造一个秩序稳定的社会环境。

（一）政治环境

任何工程项目的开展都脱离不开相应的政治环境，工程组织要想顺利实现特定的工程目标，就必须与其所面对的政治环境保持和谐融洽的关系。政治环境主要包括政策环境、法律环境以及政治资源环境等。

（二）社会环境

工程所面对的社会环境是多方面的，主要指人们生活所面临的直接环境。如社区环境、人口的数量与质量、所在地的消费水平、媒介环境等。工程组织要善于利用这些环境，并与之保持和谐融洽的关系。

（三）生态环境

工程项目的开展不能以损害自然生态为代价，反之要尽其所能来保护和优化所面临的生态环境，如控制污染、优化水质、植树造林、打造花园式工厂等。

（四）文化环境

文化环境是指工程组织所面对的由社会结构、文化传统、风俗习惯、宗教信仰和价值观念等因素所组成的环境。一个合理的工程项目必须尊重所在地的文化传统、民俗习惯和宗教信仰等。

七、工程美的创造

工程美的创造是通过工程实践使工程劳动者的本质力量对象化为特定的感性形态，也就是通过工程劳动进行积极向上的形象化、符号化审美创造活动。马克思认为，人的一切活动都要按照美的规律来创造，所以人类对美的追求是多方面的，人类不仅从事艺术美的创造，而且从事现实美的创造，包括进行工程美的创造。

（一）工程美的创造理想

工程美的创造理想也可称之为工程审美理想，是工程审美主体在自己特定的审美文化氛围里形成的，由工程审美个体的审美体验和人格境界所肯定的关于美的观念尺度和范型模式。工程审美理想产生于特定的工程审美实践。

（二）工程美的创造条件

任何美的创造都要有相应的条件，工程美的创造条件主要由以下几点组成：一是创造者的主体条件，包括其审美理想、审美修养、审美心胸、审美能力等；二是创造者的客观条件，包括环境条件、时空条件、管理条件、决策条件等。

（三）工程美的创造规律

马克思在《1844年哲学经济学手稿》中指出，人与动物的重要区别之一就是人能够按照自己的“内在尺度”进行生产，因此，人能够按照美的规律塑造物体。也就是说，人能够按照自己的审美理想并遵从审美的规律创造事物。工程美的创造规律是美的创造规律在工程创造中的表现，是真善美的价值体系在工程创造中凝合为一种审美创造的基本原则。

（四）工程美的创造类别

从创造目标、创造手法、创造风格等不同角度可以把工程美创造分为各种不同的类型，此处不一一说明。

第二节　中外大型调水“工程荣誉”评估指标

工程荣誉是指特定社会组织对工程机构的组织能力或工程本身的质量所进行的肯定和褒奖，是特定工程组织、工程事务和工程人员从相关组织获得的专门性和定性化的积极评价。与工程荣誉紧密相连的是工程荣誉感，即工程主体如工程组织者、工程参与者，因意识到有关部门和组织针对工程整体或部分环节所进行的肯定和褒奖所产生的道德情感。

一、技术荣誉

因工程技术创造、技术发明、技术推广而获得的各种工程荣誉的总称。

（一）创新型荣誉

创新型荣誉是因为工程项目的技术创新和发明而带来的各种荣誉，包括社会赞誉、官方奖励表彰、民间团体授予的各种荣誉与奖励等。

（二）专利型荣誉

专利是指专有的利益和权利。在工程实践中，因某种技术发明或者创造而被授予某项专利，这是对技术发明者的一种知识产权保护和鼓励。各种相关方赋予获得的专利或专利拥有者的荣誉，就是专利型荣誉。

（三）技术荣誉奖

技术荣誉奖是社会各方对获得技术荣誉的个人或者团队所给予的奖励。

二、政治荣誉

因工程质量优异而获得的各种来自政府或官方授予的各种工程荣誉的总称。

（一）政府表彰

来自官方对某项工程或某项工程的某些环节所进行的表扬和嘉奖。与奖励相比，政府表彰更偏重于精神层面的鼓励，主要通过口头的（大会、广播等）、书面的（通报、证书等）形式进行表扬。

（二）国家奖励

工程项目获得的国家层面的各种奖励。与表彰相比，国家奖励更偏重于物质层面的鼓励，往往通过奖金、奖品等形式来实施。

三、管理荣誉

因工程管理科学、合理并取得实效而获得的各种来自官方、行业或者组织内部授予的各种工程荣誉的总称。

（一）行业奖励

行业奖励是指水利工程行业对优秀水利工程及其有关业绩的物质性奖励和非物质性奖励的总称。行业奖励一般要根据事先制定的行业奖励规范和标准进行，可以由官方颁发，也可以由行业协会之类的行业民间机构颁发。

（二）内部表彰

内部表彰一般是指工程项目内部实施的非物质性荣誉表彰，旨在鼓励获奖人员积极进取，起到榜样和表率作用。

四、社会荣誉

因工程综合效益突出而获得的来自社会各界的各种工程赞誉、赞美、褒奖、肯定等。

（一）工程赞誉

工程赞誉是指一项工程在事前、事中、事后所获得的赞赏性社会反响，是社会公众对一项具体工程的可行性、效益、合理性所做出的肯定性意见表达。

（二）文学艺术作品的赞美

一项工程的开展可能会引起社会各方面的关注，自然也可能会在不同形式的文艺作品中得到反映，那些针对工程项目所创作的带有讴歌和赞颂的文艺作品，也是工程的社会荣誉之一。

（三）上级部门的肯定

不同工程所面临的上级部门是不一样的，但不管是什么工程，如果能更多地获得上级部门的肯定，就会得到更多的关照和支持。

第三节　中外大型调水“工程效益”评估指标

工程效益是指通过一定的工程实践而获得的各种收益，工程项目的内容不同，获得的效益也有所不同。

按照不同的标准和角度，可以把工程效益分成不同的类型。但不管是何种类型的效益，都要以工程项目所取得的价值为衡量尺度，而且这里所说的工程效益一定是有正价值的效益，即正效益。

（1）直接效益与间接效益：工程项目的直接效益是指由项目本身产生的产出物或提供的劳务所产生的效益，其核心是工程项目的经济效益；工程项目的间接效益是指项目本身并未直接得益而对社会做出的带有公益性的效益，如环境效益、教育效益等。

（2）有形效益与无形效益：用货币或者实物指标表示的效益是工程项目的有形效益；而

无形效益是指不能用货币或者实物指标表示但却能在某些方面产生积极影响的效益，如工程建成以后促进地区综合经济和教育事业的发展等。剖析工程项目的效益时，不管是有形效益还是无形效益，都应对其进行综合的论证分析。对无法用具体指标呈现的无形效益，可借助文字加以详尽的表述，从而全面合理地评价工程项目的效益。

（3）正效益与负效益：如果一项工程对经济社会产生了积极影响，就是正效益；反之，如果一项工程对经济社会产生了消极的、不利的影响，就是负效益。

一、政治效益

工程政治效益是指一项工程所取得的政治利益，如因某项工程的开展而促进了当地的政治稳定，改善了当地的政治状况，使得民心更齐，政府与人民群众的关系更加和谐等。

（一）政策效益

工程项目的政策效益是指一项工程的实施对相关政策的落实、验证及调整完善所带来的积极影响。

（二）安全效益

工程项目的安全效益是指通过工程项目的安全管理并加以实施所获得的综合价值及其效益。包括施工环节的人身安全效益、工程项目的信息安全效益以及环保、治安等方面的效益。

（三）福利效益

工程项目的福利效益就是通常所说的福利效应（Wealth Effect）的积极成分，包括两个主要方面：一是工程项目的实施所带来的经济及财富增长改变了每一个员工或每一个员工的人均产出量；二是指一项工程项目的实施对社会福利状况带来的积极影响，即该项工程项目所增加的社会福利。

（四）就业效益

工程项目的就业效益是指因一项工程的实施所带来的就业岗位的增加或当地就业率的提升。

二、社会效益

工程社会效益是指一项工程所取得的综合性社会福利效益，即一项工程的实施对当地社会状况的优化以及所产生的福利改善。

（一）灌溉效益

主要是指农作物经过实施特定工程所增加的效益，一般以灌溉前后该灌溉面积内的增产值为标准。

（二）供水效益

在一定区域内，某项工程由于供水而获得的增值型经济效益、社会效益和环境效益的总称（与不开展该工程相比）。

（三）水质改善

通过实施某项工程所带来的饮用水、景观用水、农业用水和工业用水的用水质量改善所产生的积极效益等。

三、经济效益

工程的经济效益是一项工程的实施在节用、减损、增收，以及促进企业自身与当地经济发展等方面产生的积极作用。

（一）节用效益

在工程管理中，通过优化组合和布局调整，如部门整合、合理裁员、管理模式的改变等手段所产生的综合效益。

（二）减损效益

通过工程管理和工程实践所产生的减少损耗和损失的效益。

（三）增收效益

工程项目所带来的增收效益主要包括两个方面：一是某项工程的核心功能所带来的经济收入，如灌溉工程所带来的增产增收等；二是在工程管理中通过开源节流所减少的不必要的浪费所带来的效益。

四、环境效益

工程项目的环境效益是一项工程的实施在改善环境质量、扩展环境容量、促进环境保护等方面产生的积极作用。

（一）环境质量效益

特定工程对环境质量的改善所产生的效益就是环境质量效益。在一个具体的环境内，通过一定的工程活动，能够提升环境总体或某些要素对人群的生存和繁衍以及社会经济发展的适宜程度，是环境质量效益的基本标尺。

（二）环境容量效益

环境容量是指某一环境区域内对人类活动产生影响的最大限度。大气、水、土地、动植物等都有各自承载污染物的极限，若工程项目排放的污染物达到最大容纳量，就会破坏当地的生态平衡。如果在工程活动中采取相应措施加以控制，少排泄甚至不排泄污染物，或者采取措施净化环境，就相当于扩充了环境容量，产生了环境容量效益。

（三）环境保护效益

特定工程的开展在环境保护方面所产生的积极影响就是环境保护效益。如在空气质量、土壤结构、大气环境、水质改善等方面产生的积极效益等，都可称之为环境保护效益。

五、科学效益

科学效益是一项工程的实施在科技研发（创新）、科技转化与推广等方面产生的积极推动作用。

（一）科技研发（创新）效益

科学研发是水利工程的基础，每一项水利工程的实施都是从科学研发开始的。而水利工程的最终落实，也是对科学研发的价值验证。成功的工程案例往往蕴含着丰富的科学价值，对这些科学价值的总结和提炼有助于新的工程研发，从而产生相应的科学研发效益。

（二）科技转化效益

科技转化即科技成果的转化，具体指对科学研究与技术开发所产生的具有实际应用价值的、能推动新产业发展的、可以提升生产力水平的科技成果。在工程研发中所产生的科技成果，既可以用来提高工程本身的技术水平，也可以转化到更为广泛的技术领域，从而产生更多的应用价值。

（三）科技推广效益

科技推广是科技转化的进一步展开，是指通过指导、试验、示范、培训以及咨询服务等多重手段，把应用于各种工程领域的科技成果和实用技术广泛应用于新的工程项目全过程的活动。

六、生态效益

工程项目的生态效益是一项工程的实施在生态文明方面所产生的效益。

（一）农林效益

农林效益是特定工程在农业和林业方面所产生的效益，如农业灌溉效益、水土保护效益等。

（二）水质效益

水质效益主要是针对水利工程而言的一种效益，即通过一定规模的水利工程来改善水质的效益。如饮用水的净化与改造工程，水库、湖泊、鱼塘的引水及清淤工程等。

（三）气候效益

很多工程都可能带来大气环境和土壤结构的改变，从而影响气候的变化。所谓工程的气候效益就是指特定工程的开展对改善气候条件的积极影响，如在驱散雾霾、促进风调雨顺、增加蓝天数量等方面产生的积极影响。

（四）空气质量

空气质量的好坏是环境好坏的晴雨表，它体现了空气的污染程度，其判断依据是空气中污染物浓度的高低。空气污染是目前最热门的话题，在不同的时间和地点，空气污染物浓度会受到各种各样因素的影响。工程建设活动通常被认为是造成空气污染的重要因素之一，但如果处理得当，就可以改善空气质量。

七、教育效益

工程项目的文化效益是某项工程的实施在文化建设、文化发展、文化氛围的营造等方面体现出来的效益。其包括社会文化效益和企业文化效益等。前者如社会教化、旅游休闲等，后者则是对企业文化建设方面的促进。

（一）旅游效益

很多工程都能产生多重效益，水利工程除了能够产生生产与生活效益外，还能产生旅游效益，许多古今的水利工程如都江堰、小浪底、新安江水库（千岛湖）、丹江口水库（丹江大观苑）、南水北调渠首、群英湖水库（峰林峡）等，都产生了显著的旅游效益。

（二）教化效益

任何工程特别是水利工程，凝结着劳动者的智慧和汗水，通过水利工程来对青少年进行价值观教育和爱国主义教育，有利于青少年的健康成长。

（三）风化效益

这里讲的风化效益是指水利工程对社会大众耳濡目染的感化作用，也就是通过修建、利用和开发水利工程，无形中对社会公众起到的感染作用。如果说前面提到的教化效益往往是“有意而为”，则这里的风化效益则是“无意而为”。

（四）企业文化效益

良好的工程实践既要在优秀的企业文化中完成，又要对企业文化建设产生积极的推动作用。如一项工程对企业经营哲学、价值观、信念仪式、职工文化等方面的促进作用。

总之，以上大型调水工程文化的六类一级指标（即“工程生命”评估指标、“工程智慧”评估指标、“工程伦理”评估指标、“工程美学”评估指标、“工程荣誉”评估指标、“工程效益”评估指标），各自独立且有着自己的具体内容和要求，但同时它们又构成了一个整体，相互之间又有着不可分割的密切联系。一方面，大型调水工程的文化评估是一门科学，必须建立在科学的理论基石之上；另一方面，它又是一项可操作的实践，必须在具体评估实践过程中不断地总结经验，修订评估方案，改进评估方式，使其适合实际，并臻于完善。

第九章 中外大型调水工程的多维价值与文化建构

在人类文明交流互鉴视域下，开展中外大型调水工程文化比较的目的与任务主要体现在两个方面：一是要以“美人之美、美美与共”的心态，学习借鉴他人的优长，吸纳国外大型调水工程创造创新的优秀成果、理性经验与成功方案。二是要坚定文化自信，强化文化传播自觉，为完整讲好中国大型调水工程建设的故事，传递中国大型调水工程的价值与智慧做出铺垫性工作。

第一节 中外大型调水工程的多维价值与比较视角

如前文所述，在人类文明历史发展进程中，世界范围内建设了类型各异的大型调水工程，其中一些工程至今仍在发挥作用。这些工程积淀形成了人类文明发展的深刻烙印，承载的政治、经济、科技、文化信息非常深厚，是人类认识水、治理水，构建新的人水关系的智慧结晶，是水利事业追求人水和谐的文化价值的生动体现。很多大型调水工程在国家历史发展进程中具有重要地位，对国家的政治、军事、经济发展产生了深远影响。

美国国会于1902年通过了《灌溉法案》，吹响了西部17个州开展水利建设的号角。在经历了20世纪30年代初的经济大萧条后，美国总统富兰克林·罗斯福推出了一项修建以水利设施为核心的公共工程，以刺激经济增长的“新政”。大量的水力发电、防洪、灌溉、调水等综合性工程相继开工，全国水利事业开展得如火如荼，达到了前所未有的高度。20世纪30年代被称为美国著名的“大坝时代”。1933年，位于哥伦比亚河畔的美国有史以来最大的水电站——总装机容量约680万kW的大古力水电站开工建设。1935年，当时世界上最大的水坝——高约221.4m的胡佛大坝在科罗拉多河上竣工，其形成的米德湖至今仍是美国最大的水库。胡佛大坝代表了美国人在经济大萧条时期致力于改善自然环境的决心与能力，并于1955年被评为美国七大现代土木工程奇观之一。美国土木工程师协会于2001年还将其评为“千年纪念碑”之一。这座建成于80多年前的水坝，至今仍然向130万居民提供了电能，并浇灌了150万英亩的农田。胡佛大坝还为抗旱防洪做出了巨大贡献。自该水坝建成以来，科罗拉多河下游极少发生旱灾。80多年来，胡佛大坝和科罗拉多河主河道上的其他水坝在防洪方面产生了至少10亿美元的经济效益。

我国古代都江堰、郑国渠、灵渠的修建从经济层面助力了大秦的统一，大运河的修建和发展在隋代之后对国家经济格局和政治、文化的发展产生了深刻影响。20世纪60—70年代，中国河南林县红旗渠的成功兴建，孕育了战天斗地、气冲霄汉的伟大的“红旗渠精神”；被称为“世纪工程”“国家重器”的当今的南水北调工程，成为中华优秀水工程文化和当代先进水文化相结合的典型代表，也成为中华民族的一项伟大的政治工程、民族工程和民心工程。

大型调水工程蕴含着丰富的文化内涵，具有深刻的社会性、历史性和人文性。我国水利史学家周魁一在所著《中国科学技术史·水利卷》前言中，开宗明义地写道："历史上的水利原本是前人的实践，这个实践既包括相关的地理环境演变等自然因素在内，还直接受到政治、经济、法律、文化等条件的影响，显现出多种制约因素综合作用的结果。"他由此提出了一种研究水利工程发展的历史文化的方法，即"历史模型法"①。所谓历史模型，是指把历史上的水利实践（包括相关的自然地理变化）视为基于千百年历史原型的实验，即几何比尺和时间比尺都是1∶1的模型实验。这种思想与方法，为开展中外大型调水工程的文化价值与文化互鉴，拓展了新的视野。大型调水工程的建设和运营的历史，本身就是一种历史、一种文化，将大型调水工程置于"历史模型"中，就能够更为深刻地理解大型调水工程建设的时代性、进步性、合理性与局限性。大型调水工程问题在不同时代、国家、社会的际遇，都是对不同时代、国家、社会在政治、经济、文化等方面的反映。

大型调水工程，既是一项历史性的话题，也是一项国际性的话题。基于水文化和"大文化"这一背景，各国的治水兴邦之路究竟是怎样的，工程与国家、工程与社会、工程与科技等不同层面间的关系又是如何构建的，需要从工程的文化价值与比较维度进行深入阐释，以更开阔的文化比较的场景来认识各国大型调水工程的历史地位及其文化价值，将中国与世界其他国家联系起来、对照起来。

不同国别的大型调水工程文化的比较，比较的是大型调水工程的历史内涵，评论的是大型调水工程的文化品位，既有一般又有个别，既要比共性又要比个性。因此，必须把握好一般与个别的辩证关系、共性与个性的辩证关系。具体地说，就是把握好水文化与水工程文化的辩证关系，水工程文化与调水工程文化的辩证关系，大型工程的共性与大型调水工程的个性的辩证关系等。同时这种文化比较，还应当注意两点：

首先，它不同于一般性的工作事务的比较，比较的目的是促进人类文明交流互鉴，比较的视角是坚持贯穿人水和谐共生的水文化核心理念，比较的内容是本书第七章、第八章中所述的六类一级指标，即"工程生命""工程智慧""工程伦理""工程美学""工程荣誉""工程效益"。进行中外大型调水工程文化比较，在理论上应该是全面的、系统的、科学的。但这些具体指标并不是按等量对待的，在实际操作时，大型调水工程文化的比较，可以面面俱到，也可以从要点、重点和选择某部分入手。

其次，古今中外的大型调水工程都是在特定历史条件下完成的物质建构。建构一词是对英文"Tectonic"的中文翻译，是一个借用自建筑学的词语，包括设计、构建、建造等方面的内容，是一个"三位一体"的集合，是一个全过程的归纳。在西方如德国、意大利、希腊和美国等国，强调建造的过程，注重技术、结构、材料和表现形式等。建构可以表现为物理构造、化学构造的过程，也可以表现为人文精神的构造过程。在文化研究、社会科学等领域，建构就是在现有的文本上，搭建起一个分析、阅读系统，让人们能够通过清晰的脉络，

① 周魁一. 中国科学技术史·水利卷. 北京：科学出版社，2010.

对文本背后的由来及思想进行拆解。纵观历史，我们应该发现古今中外的大型调水工程，不仅是一个简单的建筑材料和功能发挥的人造物，而更为深远的是它折射出当时的历史、人文和国家发展景象。不同国家、不同时期兴建的大型调水工程，其工程的构想、论证过程以及所发生的争论分歧，集中反映了不同时代人们对工程的社会需要及认识观念，切实体现了当代政治、经济、科技、人文的发展水平和实力。工程在不同时代的际遇，是所处时代的政治、经济、科技、人文共同作用的产物，是历史文化发生深刻变迁的明证。工程的意义，包括政治意义、经济意义、文化意义、科技意义等，既需要时间的沉淀，还需要基于工程巨型实体和人造结构，历史性地予以总结提炼；工程所蕴含的核心价值，也需要通过挖掘梳理、文化交流、文化互鉴来认识。科学地比较和研究，客观地认识中外大型调水工程在不同时代、不同国家、不同社会的共性与个性，是文化互鉴的前提和逻辑起点。

第二节　中外大型调水工程的文化建构

大型调水工程在人类波澜壮阔的水利史、建筑史中占有重要的地位。从文化建构来看，大型调水工程在规划和建设过程中所形成的工作理念、管理流程、职业道德、建设成果等物质形态和精神形态的资料及成果，是参与建设者群体人生观、价值观以及群体意识、精神风貌的集中展现，汇集了建设者追求社会效益、经济效益、生态效益最大化的价值取向与行为规范，蕴含着科学、创新、开拓、进取、公平、效益等工作理念，具有极其重要的历史价值、文化价值、审美价值、科技价值、时代价值，是一个时代文化的精神标识。中外大型调水工程的文化建构，包括物质文化建构和精神文化建构，物质文化建构是基础，精神文化建构是对物质文化建构的升华。

学界曾有人对三峡大坝的人文内涵进行过分析比较[①]，如表9-1所示。

表 9-1　三峡大坝的人文内涵分析比较

	科技的大坝	人文的大坝
功能	防洪、航运、发电、补水等	认知、记忆、激励、传承、象征、教育等
形态	物质形态	精神形态（文化形态）
结构	单一结构：物理或化学结构	复合结构：人与自然、人与人
构成要素	钢筋、水泥、砂石、仪表、数据等	书籍、影视、影像、档案、雕塑、音乐、建筑、绘画、遗物、文物等
时空特征	静止的、凝固的、冷峻的	运动的、流动的、可传播的
人的地位	科技工作者、三峡建设者	人，中国人，乃至世界其他民族的人

① 李洋. 从科技大坝到人文大坝［J］. 中国三峡，2012（7）：39-44，2.

续表

	科技的大坝	人文的大坝
价值追求	真，合目的性与合规律性	善、美
哲学思想	本体论	认识论、价值论
社会	凝固社会的发展阶段、社会发展水平	意识形态、文明程度、文化精神，人类精神的精华
价值创造的主体	科技工作者、三峡建设者等	文学家、音乐家、画家、小说家、散文家、诗人、政治家等

表9-1很有参考价值。如果将其用于大型调水工程的文化内涵分析，置换成“物质文化建构”与“精神文化建构”的维度，参考从“科技的大坝”到“人文的大坝”的升华情况的比较，重新梳理或调整修改相对应的内容及特点，即可拟订调整后的三峡大坝的人文内涵分析比较情况，如表9-2所示。

表 9-2　调整后的三峡大坝的人文内涵分析比较情况

	物质文化建构	精神文化建构
主要功能	引水、补水、景观等	认知、记忆、激励、传承、象征、教育、传播等
基本形态	物质形态	精神形态
组成结构	单一结构：物理或化学结构	复合结构：人与自然、人与社会、人与人
中介要素	钢筋、水泥、砂石、仪表、数据等	书籍、影视、影像、档案、雕塑、音乐、戏剧、建筑、绘画、遗物、文物等
时空特征	静止的、凝固的、冷峻的	运动的、流动的、可传播的
价值目标	真，合目的性与合规律性	真、善、美
哲学基础	本体论	本体论、认识论、价值论
关键元素	社会的发展阶段、社会发展水平	意识形态、文明程度、文化精神、社会制度
创造主体	决策者、执行者、工作者、建设者等	决策者、执行者、工作者、建设者、当事人、文学家、音乐家、画家、小说家、散文家、诗人、政治家、思想家、企业家等

其一，大型调水工程的“物质文化建构”与“精神文化建构”表明，任何国家的大型调水工程的兴建，都是时代的产物，都是当时一个国家或一个地区的政治、经济、科技、人文的凝结和集成。进行中外大型调水工程文化的比较，不仅要深刻理解其物质文化建构的时代特征，更为关键的是，还要深刻理解其精神文化建构的时代内涵（尤其是意识形态、文明程度、文化精神、人类精神的精华部分）。

其二，无论是“物质文化建构”还是“精神文化建构”，都具有深刻的社会性。大型调水工程都是社会发展需要的产物；大型调水工程“物质文化建构”和“精神文化建构”，都是构建主体的价值追求和价值创造的结果。

其三，“精神文化建构”主体阵容和建构内容具有相当大的不确定性，主体阵容既可随时缩小亦可随时扩充，既可一时一世亦可相继永续；建构内容既可能有声有色、丰满充实，亦可能寡言少语、形影单薄。不难看出，“精神文化建构”主体同“物质文化建构”主体的重合交叉是有限的，“精神文化建构”主体可能包含但又不局限于工程“决策者、执行者、工作者、建设者”等“局内人”，而大量的参与者可能是“文学家、音乐家、画家、小说家、散文家、诗人、政治家、思想家”等“局外人”。“局外人”可以不受时空的限制，可以是当代人，也可以是后当代人，不像“物质文化建构”队伍，即“局内人”那样相对正规、稳定，其主体阵容一般是难以限制的，或者说是不可限制的。

其四，正因为如此，“精神文化建构”既给人们留下了发挥自身能动性的无限空间，又给人们提供了发表各种不同的价值取向的意见建议、叙事文本、文学创作和艺术再现的自由余地。应当说，后者也是“精神文化建构”的重要组成部分，这是文化的多样性特征使然。对于大型调水工程，除了别有用心的诋毁扰乱外，人们发表各种不同的价值取向的意见建议、叙事文本、文学创作和艺术再现，社会上存在一些质疑，都应当视为是正常的。站在人类发展的视角，站在人与自然关系的视角，对大型调水工程做出理性反思，也是必要的、正当的。不管是悲观主义的叙事文本、文学创作和艺术再现，还是浪漫主义的叙事文本、文学创作和艺术再现，都是可供深入交流互鉴的。

只是需要指出，同任何工程建筑一样，中外任何一项大型调水工程，尽管都不是一种想当然的事情，却都是一种“遗憾的艺术”。对于调水工程兴建存在的问题、缺点，应当历史地看、客观地看，放在人类维护、改良、完善人水关系的历史不同阶段来看，既不能回避存在的问题与缺点，也不能求全责备、苛求于人。

第十章 中外大型调水工程的文化建构典型案例

第一节 美国胡佛大坝的“精神文化建构”

美国是西方文化的一个典型范式和多个维度的融合体，中国文化是东方文化的一个典型范式和多个维度的融合体，将这两个具有典型代表性的国家的大型调水工程“精神文化建构”进行对比，有助于加强东西方文化的交流与融合，从而顺达“美人之美、美美与共”之境。

20世纪30年代是美国水利工程建设高潮期，倾向于以国家的大型调水工程为表述对象的文学也应运而生。尽管当时的文学作品不乏对水利工程建设中隐藏的社会问题的反映，但更多的是对美国人坚强进取、勇于创新的精神的歌颂，以及对水利工程的宏伟壮丽的赞赏。当时，最为著名的文学作品主要有梅·萨顿（May Sarton）的诗歌《博尔德大坝》（*Boulder Dam*）。

美国生态学者兼作家蕾切尔·卡森（Rachal Carson）于1962年出版了关于生态环保的著作《寂静的春天》，该书在美国乃至世界掀起了一股环保的浪潮，环保主义者认为诸如水坝等水利工程虽然促进了经济增长，但也破坏了生态系统的平衡。故在环保思潮的影响下，美国的水利工程“精神文化建构”发生了转型和新的变化，开始将人与自然的关系、科学技术与改造自然的关系列为创作主题之一。这一时期美国水利文学代表作主要有约瑟夫·E·斯蒂文斯（Joseph E. Stevens）的《胡佛大坝》（*Hoover Dam: An American Adventure*），杰瑞·布朗曼（Jerry Borrowman）的《胡佛大坝上的光与影》（*Life and Death at Hoover Dam*），迈克尔·希尔奇克（Michael Hiltzik）的《巨像：胡佛大坝和美国新世纪制造》（*Colossus: Hoover Dam and the Making of the American Century*）以及凯利·米尔纳·汉斯（Kelly Milner Halls）的《胡佛大坝的故事》（*The Story of the Hoover Dam*）和《大坝和其他梦想：六公司的故事》（*Big Dams and Other Dreams: The Six Companies Story*）等。

约瑟夫·E·斯蒂文斯在《胡佛大坝》中，详细而又客观地介绍了胡佛大坝的修建过程，其中还提及了许多“第一次”：第一次不用马和骡子，而是用机械来完成整个建设过程；第一次创新地利用连锁扣搭块和冷凝技术来完成大规模的混凝土浇筑，改良隧道钻孔机，改装履带拖拉机，采用先进的科技手段，攻克了水坝建设过程中的一系列难题，第一次打造出当时的世界之最。约瑟夫·E·斯蒂文斯凭借《胡佛大坝》一书，不仅展现了当时美国强大的技术实力，更让人们意识到美国的水利技术走在了世界前列。这无疑是对美国科学技术的肯定，是对美国国家实力的歌颂。《胡佛大坝》将这些冷冰冰的机械与复杂的技术方案作为描述对象之一，将人物刻画与科技叙述密切联系，人的雄心抱负由科学技术的力量来实现，而科学技术与自然的较量又表现出人类永不停息的精神。人们通过科学技术不断地认识世界，在认识世界的过程中也不断认识自己[①]。

---

① 约瑟夫·E·斯蒂文斯. 胡佛大坝［M］. 王尚盛，马诚，李俊辉，等译. 沈阳：辽宁大学出版社，1993.

根据互联网电影资料库（Internet Movie Database，IMDb）[①]，截至2018年共有65部电影在胡佛大坝（Hoover Dam）取景拍摄，包括《荒野生存》《变形金刚》《超人》《末日崩塌》《宇宙战士》《10.5级大地震》《毁灭之日》等等。在这些影片中，有的是显示胡佛大坝伟岸大气的一面，有的则是作为大地震导致大坝坍塌的惨烈场景出现，前者往往给人以崇高美的震撼，后者往往给人以悲壮美的冲击，但无论怎样，都会在观众心里留下一些痕迹，有形无形地扩大了胡佛大坝的世界影响与加深了人们对胡佛大坝造型审美的印象。影片中经常选用大地震导致大坝坍塌的场景的确有一定的原因。因为在胡佛大坝建成的四年后，一场巨大的地震袭击了加利福尼亚州。从水库开始蓄水以来的10年中，发生了6000余次地震，而在大坝修建之前，至少15年内没有出现过地震。

2008年美国拍摄的《伟大工程巡礼》（*NG Megastructures*）纪录片，共118集，由National Geographic频道（国家地理频道）出品。本系列节目把整个人类历史上人类凭借自己的聪明才智和技能所建造的丰碑尽收眼底，在埃及是金字塔，在罗马是竞技场，在希腊是雅典卫城，在欧洲是大教堂，在美洲是梅萨维德（Mesa Verde）和马丘比丘（Machu Pichu）高山之城悬崖式住宅……他们将建造技艺提高到了无与伦比的高度，建造出了令人敬畏、鼓舞人心的建筑。在现代，建筑可以延伸到接近半英里的天空，桥梁可以在一个跨度中延伸巨大的距离，机器可以将人类的触角延伸到遥远的太空……而胡佛大坝就是人类伟大成就中不可或缺的一座丰碑。纪录片借由各式各样的档案以及高解析度、专业拍摄的影片，叙述了每项工程落成背后的精彩、戏剧性、充满英雄胆识的故事，其中第39集为《胡佛大坝》。胡佛大坝就是由主要设计师、工程师、专案经理及工地人员，克服种种挑战，打造成的当时最高、最大和最复杂的工程建筑案。本片近年来也在我国广为流传。

由Chenss制作、TLF HALFCD Team发行的《伟大工程巡礼：再造胡佛大坝》（*Megastructures - Reinventing Hoover Dam*）纪录片，为了引人入胜，先是别出心裁地提出一个问题：胡佛大坝被视为工程杰作与美国的象征，但若其不存在于今日呢？今日的工程师将如何加以建造？然后告诉观众：在这个节目中，我们将再创胡佛大坝，向一组工程师讨教他们有哪些地方会依循前例，而又会有哪些不同的创新。

《七大工程奇迹：胡佛大坝》是BBC出品的纪录片。该片是根据历史档案记载和有关回忆编辑拍摄的，讲述了美国政府计划建造一座拦河大坝，靠水电能源来改造沙漠的构想由来已久。从大坝的勘察、选址、设计、竞标、筹资、施工到最后终于建成，无不伴随着许多人的艰辛付出甚至牺牲。特别提到1931年10月，工程指挥者将所有人力、物力都投入到挖宽河道的工程作业上，随着寒冬的来临，科罗拉多河给工程带来了难以想象的挑战。为了加快工

---

① 互联网电影资料库（Internet Movie Database，IMDb）创建于1990年10月17日，隶属于亚马逊公司。IMDb是一个关于电影演员、电影、电视节目、电视明星和电影制作的在线数据库，包括了影片的演员、片长、内容介绍、分级、评论等众多信息。对于电影的评分，使用最多的就是IMDb评分。

程的进度，他们还特制了多辆巨型卡车。河道中的重型机械越来越多，烟雾和粉尘威胁着工人们的生命，患病的工人们以一氧化碳中毒为由试图起诉工程负责人，工会开始组织罢工，劳资矛盾冲突一触即发，但却得到了工会被解散、工人被开除的回应……大坝的建立带来的好处、经济利益等也非常巨大。纪录片向世人展示了这座征服自然伟力的拦河大坝，一个让昔日沙漠变成文明之都的尝试，一个冷血天才不顾一切打造的工程奇迹，但同时也是一段牺牲与取舍，挣扎与荣耀的历史故事。纪录片制作后于2005年播映，片长近50min。

这部《七大工程奇迹：胡佛大坝》于2014年3月在中国中央电视台《人物》频道分上、中、下三集播出，题目是“七大工程奇迹创造者之胡佛大坝”，之后被《共产党员网》纳入“课程资源”。

美国胡佛大坝的“精神文化建构”，很重视文旅结合。1935年，胡佛大坝对外开放，目前已有数千万的世界各地的游客慕名前去旅游观光，许许多多的人写下了大量的游记、感想。游客们从大坝的顶部开始参观，之后乘坐电梯向下520ft（约158m）直达大坝的底部。从那里，可以继续向下深入大坝内部，看到巨大的导流洞。在大坝的顶部建有游客中心，里面设有展示整个科罗拉多河的水流系统以及大坝历史的陈列馆。陈列馆于1997年4月正式开放，展出各种照片、文物、艺术品以及录像带，向参观者诉说着大坝的历史、建造者的艰辛与荣耀。

游客在大坝上游览能看到大坝修建过程中的故事，其中最为著名的就是美国政府为大坝的建设者竖立的雕像。一座雕像是工人身系绳子在悬崖峭壁上作业的形象，工人的脸上带有棱角，显得很是刚毅果敢，真实地反映了工程的艰险，展现了人类挑战艰难困苦的信心和勇气。另一座雕像是两个羽翼人雕像，两个坐在巨石上的人，高举双臂，双臂幻化为一对翅膀，像两只雄鹰护卫着他们中间的美国国旗，张扬着建设者们的开拓进取精神。两个羽翼人雕像之间树立着一块石碑，正面镌刻着“美利坚合众国将永远记住那些在参与大坝建设中寻找最后安息的人们”，碑上高高飘扬着星条旗，象征着理想的实现与升华。在这个塑像的底座上镶嵌着一个天体图，这个天体图的神奇之处在于，千万年之后的人，不需要借助其他任何资料，仅仅根据图上行星的位置，就可以准确地推断出罗斯福总统为大坝举行落成典礼的日期为1935年9月30日。

塑像的后面是数百名工人以及与其生活的宠物狗丧生于此的纪念碑。碑上刻着为建造大坝而失去生命的96名工人的名字。关于死亡数字有着很多种不同的版本，这96名工人是直接牺牲在建筑工地上的，还有很多人虽然没在施工现场，但是也不幸地倒在了与工程相关的岗位上，比如早期从事勘测考察的工作人员等等。根据美国的官方资料，至今已知与大坝工程相关的死亡人数已有200多人。在死亡者名单里有一对父子很引人注目，他们就是蒂尔尼父子，父子俩牺牲于同一天，只是相隔了13年的时间。1922年12月20日，这位父亲在为大坝是否可行而做实地勘测论证时，不幸从悬崖掉落水中而亡。而1935年的12月20日，其儿子又从通风塔跌落水中，不幸身亡。父子俩的这种传奇，彰显出建筑工人们对大坝所做出的巨大牺牲，也充分表达了活着的人对建设者的崇高敬意。

美国胡佛大坝的“精神文化建构”，形式多样，独具特色，在很多方面对世界产生了积极的影响，是值得借鉴的。

第二节　中国南水北调工程的“精神文化建构”

无论是纵向比较还是横向比较，南水北调工程的“精神文化建构”主体阵容都非常强大，既有官方机构又有民间组织，既有高层领导又有普通群众，既有团队群体又有分散个人，既有专职人员又有业余爱好者，他们分布在各行各业，有缘千里来相会。从“精神文化建构”内容来看，大类可分为集中翔实的新闻报道，亲力亲为者的回忆见闻，专家学者的调研考察报告，各级各类的档案及志书，立体厚重的史实“史记”，丰富多彩的文学艺术作品，“南水北调精神”研究，展示馆、纪念馆、博物馆建设共八个方面。

一、集中翔实的新闻报道

一直以来，我国众多新闻媒体对南水北调工程建设做了全过程、全方位的追踪报道，传播之广，影响之巨，无法估量。

（1）国务院南水北调工程建设委员会办公室综合司从2003年开始按年份相继选编了《南水北调工程建设新闻集》，均由中国水利水电出版社分别出版。如2022年出版的《南水北调2021年新闻精选集》，收集整理了2021年度各级各类新闻媒体关于南水北调工程的宣传报道文稿，详细介绍了2021年度南水北调工程建设和运行管理过程中发生的重要事件、产生的重大影响。

（2）中共南阳市委组织部、南水北调干部学院编辑出版了《历史的见证》（中央文献出版社，2015年），该书按“亲切关怀篇、工程建设篇、移民搬迁篇、水质保护篇、大事记略篇”归纳收入了近150条重要新闻文稿。

（3）其他有代表性的新闻文稿选编还有：关于东线、中线工程的，《如愿：记者眼中的南水北调》（水利部南水北调工程管理司编，中国水利水电出版社，2019年），《江河有源——南水北调中线源头淅川县大移民工程纪实》（傅溪鹏、刘先琴主编，作家出版社，2011年），《南水北调南阳大移民》（新闻采风，本书编委会编，河南人民出版社，2010年），《渠首丰碑》（全面记载了南水北调中线工程河南湖北大移民的各大媒体报道，淅川县南水北调丹江口库区移民安置指挥部选编，淅川移民印刷厂，2012年）等。关于西线工程的，《奋战高原的足迹：西线南水北调的报道》（黄河水利委员会勘测规划设计研究院编，黄河水利出版社，1997年）等。

二、亲力亲为者的回忆见闻

南水北调作为世纪工程，前前后后参与工程决策论证、规划设计、勘察施工、移民安迁、管理事务、学习考察的人员不计其数，或是直接参与者，或是间接参与者。他们有的眼观六路、耳听八方，有的流血流汗、身经百战，对南水北调工程建设实践感受很深，感情很深，不少人给我们留下了难以忘怀的回忆，其所见所闻是南水北调工程“活的档案”，具有非常珍贵的历史文化价值。

（1）在《回望我亲历的南水北调》（南水北调宣传中心，中国水利水电出版社，2019年）一书中，通过原国务院南水北调工程建设委员会专家以及南水北调移民征迁和治污环保机构，工程建管、设计、监理、施工等单位相关人员的回忆性文章，铭记了南水北调工程在重大挑战面前，建设者群策群力破解难题的协作精神，再现了工程艰难曲折的不平凡发展历程，回顾了南水北调工程建设的辉煌历程。

（2）在《我的南水北调梦：北京南水北调奉献者纪事》（俞晓兰，等著，群言出版社，2015年）一书中，真实采访了南水北调北京工程段在设计和建设过程中的50余个个人或团队，通过他们的点点滴滴，描绘出了“南水人”的优秀品质和可歌可泣的精神风貌，展示出了北京南水北调团队的群体形象。

（3）在《我的南水北调：百名人物访谈实录》（赵川著，郑州大学出版社，2016年）一书中，作者历时六年跑遍了淅川县有移民搬迁任务的11个乡镇 、185个村，跑遍了河南省的208个移民安置点，采访了数百名南水北调工程的决策者、设计者、建设者、移民群众与移民干部，该书筛选出了100名人物口述实录，与读者分享感人至深的南水北调故事。

（4）在《历史的见证：南水北调中线渠首陶岔工程建设回顾》（欧阳彬主编，河南文艺出版社，2014年）一书中，作者讲述了陶岔渠首工程的建设历程和背后的故事，回顾了陶岔作为当年引丹工程的战场，作为南水北调中线工程的渠首，从1968年10月开始施工，到1974年8月16日通水的整个过程。六年期间，邓州常年出动务工人员四万多名，共投资1.3亿多元，完成了“南水北调”中线渠首工程建设，为南水北调工程铺下了第一块牢固的基石，创造了“自力更生，艰苦创业，敢于吃苦，无私奉献，团结拼搏，务实创新”的陶岔精神。该书是这一伟大工程的参与者、见证者的回忆或追述。

（5）在《南水北调中线工程亲历记》（全国政协文化文史和学习委员会、河南省政协文化和文史委员会编，中国文史出版社，2019年）、《南水北调移民书记日记选》（石成宝著，人民出版社，2016年）等书中，作者深情地回顾了南水北调中线工程的决策过程及丹江口水库大坝加高工程移民安置的工作历程，各种体会生动具体。

（6）《我从淅川来：一个丹江口水库老移民的自述》（全淅林著，郑州大学出版社，2016年）是一部自传体纪实作品。作者全淅林，1950年出生于淅川县，1968年因丹江口水库修建迁往湖北省钟祥市大柴湖。全书以自己“老移民”的亲身经历，深情地叙述了大柴湖半个世纪以来从搬迁到建设，再到发展等方方面面的历史变迁。

（7）还有一类作品也相当可观，诸如《南水北调中线工程亲历记》（全两册，河南省政协学习与文史委员会编，中州古籍出版社，2018年），《看见·南水北调——中线工程蹲点实录》（侯纯辉主编，中国水利水电出版社，2014年），《平湖与天河：湖北省南水北调工程建设纪实》[湖北省南水北调办（局）编，武汉大学出版社，2016年]，《三千里路人和水：南水北调东线工程建设纪实》（徐良文著，江苏文艺出版社，2013年）等。

三、专家学者的调研考察报告

没有调查就没有发言权，全方位的、深入的调查研究对于南水北调工程决策管理、规划设计以及整个工程施工，都无不具有基础性、先导性作用。同时，调查研究也是专家学者参与工程建设决策、管理、规划、设计等重大事务的常规形式与路径。在这样的动因促使下，我们今天看到的专家学者的调研考察报告及研究成果层出不穷，信息量相当硕大。但是，绝大部分出于知识产权或保密的考虑，只是在内部传递，供讨论使用。

单就西线工程来看，自1952年秋天“南方水多，北方水少，如有可能，借点水来也是可以的”的宏伟构想被毛泽东主席提出以来，水利部黄河水利委员会带头开展南水北调西线工程论证已有70年，先后经历了初步研究阶段（1952—1985年）、超前期研究阶段（1987—1996年）、规划阶段（1996—2001年）、项目建议书阶段（2002年以来）四个阶段。在过去的70多年中，先后派出了3万多名专业技术人才，组织了500多批队伍，对怒江、澜沧江、通天河、金沙江、雅砻江、大渡河等跨流域的西线引水进行了地质调查，共完成了约115万km^2的工程设计，并形成了200多个设计方案。2012年起，黄河流域南水北调与水资源分配关系的探讨，以及一期工程的几个重点问题的补充性研究，被水利部黄河水利委员会组织开展。2018年5月，又组织开展了西线工程规划方案比选论证工作。形成的调研考察报告主要有：黄河勘测规划设计研究院的《南水北调西线工程规划纲要及第一期工程规划（送审稿）》（内部，2001年）、《南水北调西线第一期工程项目建议书综合说明》（内部，2009年）、《南水北调西线工程规划方案比选论证》（内部，2020年）等。

当然，公开出版发行的作品也不算少：《南水北调川滇线考察日记：1959—1960》（李健超著，陕西科学技出版社，2014年），《南水北调西线工程备忘录》（林凌、刘宝珺、刘世庆主编，经济科学出版社，2015年），《南水北调西线工程方案研究》（崔荃、胡建华，人民黄河，1999年），《大西线南水北调工程建议书》（中国黄河文化经济发展研究会、大西线南水北调工程论证委员会，当代思潮，1999年），《南水北调西线工程工作的基本思路》（谈英武，人民黄河，2001年），《南水北调西线工程调水方案研究》（张金良、景来红、唐梅英，等，人民黄河，2021年）等。可以预测，今后一个时期，调研考察报告类文献将会进一步聚焦西线工程。

四、各级各类的档案及志书

我们国家对重大工程的档案建设高度重视，为了加强档案信息材料管理，水利部于2005年12月10日出台了《水利工程建设项目档案管理规定》，国务院南水北调工程建设委员会办公室依此制定了一系列档案管理制度，并组织编写出版了《南水北调工程档案管理手册》（中国水利水电出版社，2012年）供培训宣传使用。实际上，除了按照上述规定对档案材料予以收集、整理、归档、保存外，还汇集出版了不少档案信息材料，譬如《南水北调西线工程二十世纪大事记：1952—2000》（水利部黄河水利委员会勘测规划设计研究院，黄河水利出版社，2002年）等。

修志是中华民族特有的文化现象与优良传统，南水北调工程志书不仅对于其“精神文化构建”不可或缺，而且大大丰富了中华文化的宝库，成为灿烂中华文化中别具一格的重要组成部分。南水北调工程志书编写与相关档案关系密切，档案是志书的基本依据，志书是档案的延伸，并且能公开出版供更多人阅读使用。目前，已公开问世的志书有：《河南省南水北调丹江口水库移民志》（本书编纂委员会，黄河水利出版社，2020年），《郑州市南水北调和移民志》（郑州市南水北调办公室（移民局），黄河水利出版社，2016年），《河南省南水北调丹江口水库移民志》（本书编纂委员会，黄河水利出版社，2020年），《南水北调东线第一期工程图片集》（水利部南水北调规划办公室、治淮委员会编，上海翻译出版公司，1985年）等。

五、立体厚重的史实“史记”

目前，南水北调工程史，尚未公开出版。这是基于各级各类的档案及志书的一个新的文种。但是，以历史回顾和经验总结为宗旨的“史记”已经问世。最有代表性的是《中国南水北调工程》（中国水利水电出版社，2018年），该书全九卷，880万字，主要内容是有关南水北调工程规划设计、经济财务、建设管理、科学技术、质量监督、工程移民、环保治污、文物保护、精神文明等工作，涉及沿线所有省（直辖市），由时任国务院南水北调工程建设委员会办公室主任的鄂竟平任本书编纂委会主任，是谓皇皇巨著；另一本是《国家行动人民力量：南水北调大移民纪实》（长江出版社，2018年），65万字，同样由时任国务院南水北调工程建设委员会办公室主任的鄂竟平任本书编纂委会主任。还有《福泽荆楚 水润京华：湖北南水北调工程》（全十册，湖北省南水北调工程领导小组办公室编辑，中国水利水电出版社，2016年），《脉动齐鲁：南水北调工程》（全八册，山东省南水北调工程建设管理局编辑，中国水利水电出版社，2014年），《迢迢南水润泽津门：天津南水北调》（全八册，天津市南水北调工程建设委员会办公室、天津普泽工程咨询有限责任公司编著，中国电力出版社，2018年），《记忆：南水北调中线工程河南段干线征迁纪实》（上、下两册，由时任河南省南水北调办公室主任王树山主编，黄河水利出版社，2011年）等。

六、丰富多彩的文学艺术作品

（一）文学艺术作品

为数最多的是报告文学和纪实文学。其中“ 赵学儒系列”“ 梅洁系列”“何弘、吴元成系列”影响较大。

（1）“赵学儒系列”包括《向人民报告：中国南水北调大移民》（赵学儒著，江苏文艺出版社，2012年）、《龙腾中国：南水北调纪行》（赵学儒著，经济日报出版社，2019年）、《人民至上：中国南水北调移民纪实》（英文版，赵学儒、杜丙照、赵洋著）、《血脉》（赵学儒著，群言出版社，2015年）等。《血脉》为长篇纪实文学，分五部（水者血也、打通“主脉”、京华脉动、清水畅流、上善若水）28章，记录了中国南水北调工程的建设历程；南水北调工程是首都的重要供水生命线，应急供水，能解北京干渴之急。该书从南水北调工程伊始，记录了其建成的过程及历史意义。赵学儒[①]曾经谈道：“南水北调工程这座富矿，为文学创作提供了丰富的素材与灵感。我们可以发现，人类历史上的伟大工程不胜枚举，然而真正能够为世人熟知称颂的，是借助文学作品之力得以流芳千古的。作家也只有让创作灵感与伟大工程相互碰撞，与时代的脚步亦并驾齐驱，才能闪耀出具有时代精神的文化火花。”

（2）“梅洁系列”包括《山苍苍，水茫茫——鄂西北论》（梅洁著，发表在文学双月刊《十月》，1993年）、《大江北去》（十月文艺出版社，2007年）、《汉水大移民》（上、下册，梅洁、鄂一民著，湖北人民出版社，2012年）等。《山苍苍，水茫茫——鄂西北论》约10万字，是第一部反映中国水利工程中移民处境和牺牲奉献的文学作品。《大江北去》约40万字，《汉水大移民》约90万字，连同《山苍苍，水茫茫——鄂西北论》共140万字，作为南水北调工程中线移民的长篇纪实文学，是作者长达30年围绕汉水移民命运以及南水北调进程辛勤写作的丰硕成果，被评论界誉为“南水北调三部曲”。《大江北去》全书共五卷，前有“引言”，尾附“后记”，卷一着重描写了中国逐渐严重的水危机，是“大江北去”的书写支点，具有浓郁的忧患意识；卷二、卷三歌颂了调水源头人民长达半个世纪的无私奉献和巨大牺牲，反思了移民搬迁过程中的经验教训；卷四、卷五热情展望了库区人民的奋起与梦想，突出表现了南水北调水源地人民自力更生、奋发图强，寻找致富发展新路的顽强精神。

（3）“何弘、吴元成系列”，即史诗性长篇报告文学《命脉》三卷：驯水志、移民录、修渠记（每卷约28万字，全书共约84万字，何弘、吴元成著，河南文艺出版社，2018年）。《命脉》全面聚焦河南、湖北两省数县移民迁徙生存的情感记忆，真切认识了南水北调空前规模的调水举措，通过采访和情景再现，深度表现了南水北调这项历时超过半个世纪的巨大水利工程，并且也是人类历史上有组织的最大移民工程。

---

① 赵学儒. 文学创作的底气、力气和豪气［C］// 大江文艺杂志社. 大江文艺（2016 第 4 期 总第 163 期）. 大江文艺杂志社，2016：6-8.

其他报告文学和纪实小说的代表作还有：

《世纪水利——南水北调》（水青山著，五洲传播出版社，2013年），运用大量的史料、数据和事实，图文并茂，深入浅出地将中国南水北调的发展历程阐述出来。

《南水北调大移民》（许满长著，河南文艺出版社，2011年），以河南省淅川县上集镇魏村试点移民搬迁为线索，记述了迁出地与安置地搬迁安置此批移民的整个过程，描写了库区移民舍小家为大家含泪迁离故土的动人事迹，讴歌了迁安两地干部群众无私奉献的可贵精神，展示了南水北调移民进程和整个工程建设的三维全景图。

《碧水颂歌——献给南水北调工程建设者》（北京南水北调工程建设管理中心编写，2012年），分“宏图篇、践行篇、奋斗篇、感恩篇”四部分，从不同的侧面和角度，真实记录了南水北调人的品质和风貌，诠释了“北京南水北调精神”。该书图文并茂，可读性强。编者写道：“这部书是北京南水北调工程建设管理中心文化建设的组成部分，是南水北调系统精神文明成果的一种表现形式。”

《西风烈丛书·水调歌头：国家南水北调中线工程水源地探行》（陈长吟著，陕西出版集团太白文艺出版社，2011年）。本书是一部反映国家南水北调中线工程建设的纪实文学作品，也是一部展示汉水流域历史渊源、地理特征、自然资源、环境保护、民俗风情、景观胜迹的富有资料性、可读性的文化著作。它记录的不只是一个工程、一代伟人的构想，更是几代人呕心沥血的奉献和魂牵梦绕的期盼，是一部中国水之命运、中国移民之命运、中国水利工程之命运的具有深厚文化底蕴和人文内涵的作品，能给读者带来多方面的思考和启发。

《气壮河山：北京韩建集团中标南水北调工程纪实》（冯雷著，中共党史出版社，2007年），以日记体的形式对北京韩建集团中标南水北调工程进行了生动、真实的描写。

《渠首沧桑耀京宛》（中共南阳市委党史研究室编，中央文献出版社，2008年）翔实记录了渠首人民为南水北调工程建设所做出的巨大牺牲，热情讴歌了渠首人民舍小家顾大家的奉献精神，是一部全景式反映渠首沧桑变化的厚重之作。

《世纪大移民——南水北调丹江口库区淅川移民纪实》（裴建军，中国报告文学学会，作家出版社，2011年），《南水魂：南水北调中线工程渠首建设纪实》（李克实著，郑州大学出版社，2016年）；此外，还有蒋巍《惊涛有泪》，陈宪章、季林《一湖清泉今作证》，刘正义、水兵《碧水壮歌》等。

这些年来，关注南水北调工程现状的纪实性文学作品不少，以中长篇小说、散文样式表述这一题材的文学作品有：

小说：罗尔豪《移民列传》，田野、曹国宏《泪落水中化血痕》，刘国胜《北进序曲》等；

散文：刘先琴《淅川大声》，刘忠献《故园骊歌》，熊君平《故乡，最后的清明》等。

《北进序曲》（渠首长篇移民纪实小说，刘国胜著，中国文联出版，2011年）和《南水北往》（马竹著，中篇小说，湖南文学，2015 年），引起了读者和评论界的关注。《北进序曲》《南水北往》分别讲述的是湖北、河南在南水北调工程中移民搬迁的故事，描写的是当地一个特殊群体的生存状态和精神处境。尤其是《南水北往》，作者借助寻找祖母的寓意，希冀表达其内心深处对南水北调工程的复杂情感，小说中既有热情的讴歌，也有深沉的询问。

（二）诗词楹联书画创作

《南水北调诗词选集》，由郑州诗词学会、郑州市南水北调办公室（移民局）编写，并在黄河水利出版社于2017年出版。郑州市南水北调办公室（移民局）于2016年3月分别在《郑州日报》和《郑州诗词》刊出《南水北调诗词选集》征稿启事，各地诗词爱好者踊跃报稿，截至2016年6月底，共收到216位作者的658篇诗词作品，经过认真汇选整理后，最终编辑成《南水北调诗词选集》。

2014年8—10月，河南邓州市委、市人民政府与河南省作家协会、河南省诗歌学会、中华诗词创新研究会邀请全国近30位著名诗人前往渠首实地采风；同时，还主办了“南水北调邓州情”全国诗词大赛等一系列活动。活动结束后，编辑出版了《江水北上》（史焕立主编，河南文艺出版社，2014年）一书，内容分为“采风作品”与“大赛作品”两个部分。“采风作品”即著名诗人到渠首采风的80多首优秀作品。“大赛作品”来自“南水北调邓州情”全国诗词大赛的150多位作者获奖及精选作品200多首。其他民间作品还有《南水北调邓州情作品选集》（陈镇，等编，春风堂诗刊编辑部，2015年）、《丹江韵·移民情：南水北调移民工程诗札》（杨春雨著，2011年）等。

诗歌方面还有高金光《搬迁记》、姬清涛《任重道远的水》、周华瑞《我带着故乡一起出走》、邢建民《水魂》、吴浩雨《丹江烟雨》、王伟《南水北调史诗》、林溪《一湖丹江水的重量》等。

楹联方面有《联粹耀京丹》（张克锋主编，中州古籍出版社，2008年）等。

书画方面有《首届南水北调中线城市美术书法展作品集》（安康博物馆编，陕西人民美术出版社，2017年）、《长河赞歌·溪山行旅：南水北调水利工程写生采风文献集》（张风塘编，山东美术出版社，2013年）、《感恩：首都文艺家南水北调工程采风作品集》（北京市文学艺术界联合会编，2014年）等。

（三）摄影绘图漫画广告创作

1. 摄影

2014年10月19日，新华社开启了“南水北调中线探秘之旅”大型活动，向南水北调工程建设各参建单位、关注南水北调工程的摄影爱好者、社会各界人士公开征集原创摄影图片或老照片，收集到了大量的展示南水北调中线工程建设、沿线自然景观、城市建设、移民生活、民风民俗、人文风貌、经济发展等方面的摄影作品。

《长河印记：南水北调新闻摄影集》（卢胜芳编，水利水电出版社，2015年），是一本用新闻影像记录南水北调工程建设的著作，堪称“南水北调工程的影像史志”。该书按“筑梦——工程建设篇、基石——人物风采篇、追梦——移民搬迁篇、织梦——治污环保篇、寻梦——规划论证篇”的顺序，将新华社、中新社、人民日报、光明日报、经济日报等媒体的摄影记者的作品展示出来，让读者重回历史的现场，一起看到南水北调工程波澜壮阔、荡气回肠的历史和千百万参与者跌宕起伏的个体命运，一起了解这一伟大工程的艰辛建设历程，一起体会一个民族在一个历史时期的品质和信念。

2019年10月，作为“北京国际摄影周2019”的展览之一，由南水北调中线干线工程建设管理局（现为中国南水北调集团中线有限公司）主办的“南水北调，利国利民”南水北调中线工程摄影展在玉渊潭公园少年英雄纪念碑广场开展。展览共分为三个不同系列：龙腾大地·工程风采、水润苍穹·工程效益、践梦行者·人物故事。全部摄影展展出的近百幅摄影作品出自南水北调基层职工之手，展现了南水北调工程的风采和出南水北调职工的精神风貌。

还有很多其他的优秀作品，如《出丹江记——南水北调中线工程移民纪实（摄影集）》（熊海泉著，中国和平出版社，2011年）、《迁徙：中国南水北调水源地外迁移民影像》（陶德斌著，中国摄影出版社2012年）；又如河南省摄影家协会《镌刻在世纪工程上的永恒记忆》、淅川县委宣传部《留住记忆》、王洪连《祖与国》《淅川大移民》等。

2．图说绘本

《图说南水北调》（国务院南水北调工程建设委员会办公室编，中国水利水电出版社，2018年）主要针对社会大众，尤其是知识大众编写。该书采用各类数据图表加卡通漫画插图的方式，详尽解释了南水北调工程整体情况，从而做到有理有据，用客观数字说话，使人们对南水北调工程有客观的认识。内容编写力求简明扼要，一个图表对应一段文字。从南水北调的建前、建中、建后三个阶段对工程、社会、国家各种层级的影响来展示详尽数据。

《一张蓝图绘到底：南水北调的神奇绘本》（翟俊峰著，新世纪出版社，2018年）打破了固有的绘本和科普书的传统形式，融艺术性、趣味性、科普性于一体，生动形象地展现了21世纪我国伟大工程——南水北调工程的全貌。该书的特点是让青少年以及成年人以绘本填色的方式参与到国家建设中来，以积极主动的心态感受国家工程给我们生活带来的美好变化，弘扬正能量，共筑中国梦。

3．公益广告

2014年12月，共青团十堰市委、十堰市南水北调工程领导小组办公室共同开展十堰市南水北调公益广告语征集活动工作，短短六天时间收到了来自全国各地2387名热心人士提交的4694条公益广告语，其中获奖作品有“水润中国梦，大美十堰情”“南水北调中国梦，护水送水十堰情”等。

（四）文献纪录片、故事影片、电视片等

由中国中央电视台与国务院南水北调工程建设委员会办公室联合摄制的大型文献纪录片《水脉》于2014年10月17日起在央视综合频道黄金时段播出。《水脉》共分八集（奔流不息、世纪构想、纵横江河、告别家园、生根他乡、国宝新生、激浊扬清、上善若水），主要内容包括水利与人类文明及中华文明的关系，南水北调工程的论证过程与建设过程，科学技术的创新，移民搬迁、文物保护、环境治理、工程综合效益等。整部纪录片完整地再现了项目实施过程中发生的一幕幕情景，展示了这一项目重大的实践价值与战略价值，也涉及许多人的感情、生计等问题。剧组在以色列和其他几个国家，对一些著名的水利工程进行了现场考察，并对近百位国内外水利专家进行了拜访，这部纪录片可谓是关于水文化和人类生存、工程建设和历史任务的研究著作。

电影《天河》（由北京市委宣传部、北京市新闻出版广电局、八一电影制片厂、北京市南水北调工程建设委员会办公室联合摄制出品，八一电影制片厂，2014年12月），以南水北调中线工程建设为背景，主要记录和再现了南水北调这一伟大工程，讴歌了决策者、建设者和沿线移民，突出表现了工程建设的“险”和“辛”，移民搬迁的“情”和“痛”，环保治污的“艰”和“难”，歌颂了几代新中国领导人和党中央国务院的英明决策，展示了在中国共产党领导下中国人民创造的巨大成就，弘扬了工程建设者和沿线移民的牺牲与奉献精神。

南水北调纪录片《1432》，由天津津云新媒体在南水北调通水五周年（2019年）重磅推出。据津云新闻，2014年12月12日下午14时32分，南水北调中线工程正式通水，工程总干渠长度1432km。通水五年来，南水北调中线工程已累计向天津供水45亿m^3。从2019年11月下旬开始，津云微视专班穿越四省五市，跨越1432km，进行实地拍摄。该纪录片从南水北调中线工程水源地丹江口水库开篇，讲述了这1432km沿线的生动感人故事。纪录片告诉人们，今天，当你拧开水龙头，清水喷涌而出的那一刻，请记住它来自何处，以及它是怎么来的。

《碧水丹心》（微电影，由南阳市委宣传部、淅川县委宣传部、南阳市社区志愿者协会、南阳剑映辉煌传媒公司联合摄制，2014年），以南水北调中线工程为背景，以移民搬迁为故事主线，在集中展现淅川的湖光山色的同时，塑造了在南水北调移民迁安过程中，优秀干部舍小家为国家的无私奉献精神。

《渠首》纪录片（DVD，分“重任在肩、艰难困苦、智慧攻坚、永不放弃”四部分，讲述邓州人民建设渠首金戈铁马、前赴后继的感人故事），由邓州广播电视台制作。

《渠首故事——南水北调中线渠首陶岔工程纪事》（DVD，河南电子音像出版社，2015年），由河南省委宣传部、河南省南水北调中线工程建设领导小组办公室、邓州市委市政府、河南影视艺术中心等联合摄制，在河南卫视播出。2017年11月4日，该片在中央电视台国际频道播出。该片通过大量原始素材和影像资料，用全景式的镜头和艺术化的语言真实再现了当年渠首会战的大场景，并深入采访了一大批当年参与工程建设的英雄人物，还原了多年前邓州人民开挖中线水渠、总干渠，兴建南水北调中线“水龙头”的故事。其他电影还有南京振业文化传媒有限公司出品的《渠首欢歌》等。

（五）戏剧、交响乐、歌曲等

原创大型交响声乐套曲《南水北调》，由北京市文学艺术界联合会、北京音乐家协会主办，2015年3月2日在中山音乐堂首演。著名指挥家谭利华率北京交响乐团，以及么红、丁毅、王莉、黄华丽、孙砾等优秀歌唱家登台，唱出了首都人民对南水北调工程的感恩与真情。套曲分为水调歌头、水之缘、水之咏、水之爱和绿水青山五个部分，共13首声乐作品。以独唱、二重唱、三重唱、领唱和小合唱、童声合唱、大合唱等多种演唱方式，用通俗易懂的文字，以记叙与赞颂的方式，把“南水北调”这幅宏伟的历史图景完美复现，歌颂了水利工程的建设者以及广大移民干部的无私奉献；歌颂了美丽的新家园，歌颂了北京等受益者的感激之情，表达了中华儿女对青山绿水和幸福未来的憧憬、期待与梦想。

戏剧主要有北京贯辰传媒有限公司《源水情深》，南阳市曲剧团《丹水颂》，淅川县曲剧团《丹阳人》《丹江夜雨》，武汉开元影画文化传媒有限责任公司《丹水情》，湖北省郧县《我的汉水家园》等。大型现代二棚子戏《我的汉水家园》，由湖北郧县县委、县政府支持，湖北省艺术研究所担纲编剧、执导，曾获得“楚天文华奖”。2012年8月1日，该剧在湖北省十堰市东风剧场登台首演。该剧分为六个章节，以汉江自然风光作舞台背景，以鄂西北地方独有戏曲郧阳二棚子戏为表演唱腔，以女副镇长尹思媛劝说娘家人、婆家人外迁为情节主线，反映了移民工作组从做移民思想工作到促成移民顺利搬迁的艰难历程，再现了郧县三万移民故土难舍的情感和舍小家为大家的无私奉献精神，同时也展示了郧阳戏曲文化的个性魅力。此后，该剧在南水北调中线工程调水沿线城市开启了巡回演出。2014年6月该剧作为文化部主办的第四届全国地方戏优秀剧目展参演剧目，在京参加展演。

歌曲代表作有冀建成《南水北调移民颂》《别故乡》，张道文《共饮丹江水》《丹江情怀》，周华瑞、田野《我的移民老乡》，全旭、王雅《丹江水长情更长》等。

七、“南水北调精神”研究

伟大的工程孕育生发伟大精神，伟大精神辐射成就伟大工程。南水北调工程在建设实践中孕育生发的“南水北调精神”，内涵丰富。南水北调精神的形成发展，对于南水北调工程“精神文化建构”至关重要。但如何总结提炼“南水北调精神”，既须遵科学之道，又须循文化观照。为总结提炼好此精神，并使之光彩照人，有关部门和许多“局内人”“局外人”都很关心、关注。2011年，中共河南省委决定在淅川县南水北调渠首处建设“南水北调精神干部教育培训基地”，2014年更名为“南水北调干部学院”，2022年更名为“河南南阳干部学院”。2019年湖北省成立了湖北南水北调干部学院（现为湖北十堰干部学院），两个学院作为南水北调精神红色教育培训的重要基地，立足本省本地，开展了一系列以学习弘扬南水北调精神为主题的培训教育。河南南阳干部学院采用以“体验”为主的教学模式，采取课堂教学、现场教学、情景教学、音像教学和报告会相结合的形式，让学员从各个方面感受到了“南水北调”的精神，引导和激励广大党员干部信念坚定、务实为民、勇于担当，以更高的热情投身到实现中国梦的伟大实践中去。湖北十堰干部学院已开发出《南水北调与南水北调精神》《南水北调移民精神及其时代价值》等相关主题课程，编撰了《南水北调与南水北调精神》《湖北南水北调现场教学解说词精选》等教材。

南水北调干部学院（现河南南阳干部学院）成立以来，来自全国、全省不少干部纷纷前来接受培训。学院一直以来致力于宣讲南水北调精神，形成了一系列研究成果，并且引起了社会各界的广泛关注，越来越多的人士参与到宣传研究南水北调精神的队伍中来。

（1）南水北调工程建设精神。2012—2013年，国务院南水北调工程建设委员会办公室与光明日报社联合组织了“南水北调精神与文化”征文活动，共收到稿件270余篇，并择优整编了《南水北调精神大家谈》。该书曾提出了“南水北调精神——负责、务实、求精、创新”。其实，这应当是南水北调工程的建设主体精神。

（2）淅川移民精神。中共南阳市委和淅川县委近几年组织“淅川移民精神”宣讲报告团，取得了很好的效果。他们概括了淅川移民精神：大爱报国、忠诚担当，无私奉献、众志成城，可以说比较准确地表述了崇高的南水北调移民精神。

（3）河南移民工作精神。中共河南省委有关领导在宣讲社会主义核心价值观与南水北调精神时，把河南移民工作精神概括为“立党为公，执政为民，忠诚奉献，大爱报国”。

（4）2015年，中共南阳市委组织部、南水北调干部学院组织进行了“南水北调精神专题研究”，随后出版了《南水北调精神初探》（刘道兴，等著，人民出版社，2017年），《南水北调工程文化初探》（朱海风，等著，人民出版社，2017年）等书。《南水北调精神初探》一书在全景式回顾和描述了南水北调中线工程的概貌的基础上，对南水北调精神的基本内涵进行了深入分析，提出应把它概括为“大国统筹、人民至上、创新求精、奉献担当”；还重点阐释了南水北调精神的时代价值，揭示了南水北调精神对于振奋民族精神、建设伟大国家的重大现实意义。《南水北调工程文化初探》一书围绕南水北调工程决策文化与规划文化、工程文明与技术文明、移民政策与征迁工作、精神内涵与信念支撑、南水北调工程与“中原更加出彩”、南水北调工程文化的命名与内涵等内容，阐述了南水北调工程文化传承创新的路径选择及现实意义。该书还被纳入国家社会科学基金重点项目“中国水科学发展前沿问题研究”子项目。

（5）2019年12月，河南省社会科学院与中共南阳市委、南水北调干部学院联合举办了“南水北调精神意蕴与时代价值”研讨会，来自全国26所高校、党校和科研机构的70多名专家学者参会，对南水北调精神内涵展开了多角度的讨论，对这一课题研究的现状与今后走向做了专业性的分析。有学者分析认为，要按照“尊重历史、兼顾现实、体现特色、彰显价值、表示准确、通俗易记”的原则，进一步厘清南水北调工程中的实践、文化、精神、价值观之间的关系，准确提炼南水北调精神的内涵，防止将南水北调工程实践、南水北调工程文化、南水北调精神混为一谈。有专家提到，进一步传承弘扬和发展，必须进一步强化和改善南水北调精神弘扬的途径与方法，包括提升南水北调工程综合展示水平，加强区域性、专题性展览馆和综合性博物馆建设，搭建南水北调工程互联网展示平台；有条件地开发南水北调工程精品研学线路，培育南水北调工程文化旅游产品，开发南水北调文创产品、数字体验产品等。

（6）2018年10月，南阳师范学院与南水北调干部学院合作成立了南水北调精神研究院，制定了研究规划，围绕南水北调精神及其时代价值、南水北调精神与践行社会主义核心价值观等进行研究，陆续发表了一系列学术成果，2021年该研究院获批成为“河南省高校人文社会科学重点研究基地（培育）”。

（7）2009年以来，光明日报、中国社会科学报、河南日报、河南水利与南水北调等媒体杂志上各自刊登了一系列关于“南水北调精神”的理论文章，其中移民精神的研究是该领域的热点和重点。主要有石坚《感谢广大干部群众善始善终做好工作 总结南水北调精神 推动各项工作开展》（焦作日报，2009年）、刘富伟《试论南水北调移民精神》（光明日报，2012年）、朱东恺《我心中的南水北调移民精神》（光明日报，2012年）、莫培军《南水北调移民精神是社会主义核心价值体系的生动体现》（河南水利与南水北调，2012年）、王瑞平、陈超《浅析南水北调移民精神——以河南省南水北调丹江口库区移民为例》（河南水利与南水北调，2014年）、徐光春《社会主义核心价值观与移民精神》（光明日报，2015年）等。关于南水北调精神整体的研究，主要有赵志浩《从愚公移山精神、红旗渠精神到南水北调精神》（湖北职业技术学院学报，2015年）、刘正才《弘扬南水北调精神，助力中原更加出彩》（河南日报，2016年）、鲁肃《南水北调精神辉耀中原》（河南日报，2017年）、河南省社会科学院课题组的《深刻理解南水北调工程建设中的精神意蕴》（课题组组长为河南省社会科学院院长谷建全，成员有万银锋、李中阳、刘旭阳，河南日报，2020年）、吕挺琳《民族精神的传承和时代精神的熔铸——南水北调精神初探》（领导科学，2018年）、牛田盛《南水北调精神研究的方法论反思》（南都学坛，2020年）、《南水北调精神的内涵》（朱金瑞、乔靖文著，中国社会科学报，2020年）等。

（8）2017年6月22日，时任国务院南水北调工程建设委员会办公室主任的鄂竟平到河南省社会科学院，慰问看望南水北调精神研究课题组全体人员，并主持召开座谈会，他谈到，南水北调工程在给国家带来物质方面贡献的同时，也带来了巨大的精神财富。河南省在南水北调精神研究方面已经走在全国前列，取得了初步成果。在此基础上要尽快征求各方意见，凝聚各方共识，把南水北调精神确定下来，宣传出去，并使之升华为新时期的国家精神、民族精神，从而为中华民族的伟大复兴提供强大的精神动力。他要求国务院南水北调工程建设委员会办公室有关部门抓紧启动南水北调精神课题研究，在河南研究成果的基础上，尽快确定涵盖全国的南水北调整体精神[①]。

（9）可喜的是，不少年轻的研究生也把南水北调精神作为毕业论文选题，如河南理工大学2018级才淦的《南水北调精神研究》、河南大学2019级王心悦的《南水北调精神研究》等。

（10）建设了南水北调精神教育基地。2016年5月18日上午，南水北调精神教育基地项目工程正式开工建设，旨在打造特色党性教育现场平台。南水北调精神教育基地以弘扬“讲政治、顾大局、敢担当、能牺牲、勤为民”为主题，以南水北调中线工程伟大建设和丹江口库区移民搬迁的光辉历史为主线，展现了新时期党员干部发扬“一切为了群众、一切依靠群众，从群众中来，到群众中去”的优良传统，以及服务工作大局、推动社会经济发展稳定的光辉业绩。南水北调精神教育基地立足南阳、面向河南及中线工程受水区，开展了南水北调精神和群众路线为主的特色党性教育，重点培训党政领导干部，并面向社会开展各类培训。

由此可见，南水北调精神的研究已经取得了可喜的进展。南水北调精神的总结提炼，是一项意义非凡的工作，也是一项艰苦的劳动，目前仍在进行全面深入的探讨。

八、展示馆、纪念馆、博物馆建设

（1）首开先河的是南水北调中线工程渠首所在地、主要水源地、主要淹没区和移民安置区——河南省淅川县。南水北调中线工程实施后，淅川县新增淹没面积144km^2，耕地13.1万亩，各项淹没实物静态损失达66亿元以上，涉及11个乡镇、185个行政村，动迁人口达16.2万人，整个移民安置工作于2011年全部完成。当年，为记录这段艰辛而光荣的历史，该县修建了南水北调纪念馆、淅川丹江移民民俗博物馆、淅川移民丰碑群、南水北调移民生态文化苑等。

南水北调纪念馆：这是我国南水北调中线工程的首个纪念馆，于2009年11月建成。该馆又名丹阳楼，坐落于河南省淅川县著名风景区丹江大观苑内，高度约为46.6m，面积约3200m^2，总投资 1200 多万元。纪念馆共 5 层，分别为中线工程馆、淅川移民馆、治水名人馆、千秋大禹馆及丹江观景台。在整体设计上，该馆是以先秦时期楚国台制的“层台累榭”特征为主，内容分别为调水路线、淅川移民风采、治水名人雕塑、千秋大禹及丹江观景。通过实物、图片及大量详细的资料，真实展现了南水北调工程的宏大建构，生动地展示了淅川人民为南水北调中线工程的顺利完成所做出的巨大牺牲和奉献。

淅川丹江移民民俗博物馆：该馆为民间自发所建。家住淅川县盛湾镇周湾村周成保是移民后代，醉心于收藏移民家中具有代表性的实物。为了将这些流散民间、将要消失的民俗文物作为文化样本保存起来，周成保于2017年自筹资金在鱼关村原小学校的旧址上开建了一座

---

① 李运海．我省南水北调精神课题研究引关注［N］．河南日报，2017-6-24（3）．

移民民俗博物馆，建筑面积520m^2，珍藏丹江移民图片20000余幅、书籍1200余类、媒体报道7000篇、纪实视频20000分钟、民俗实物2600余件，内部分设北国水源、淅川民俗、南水北调、饮水思源四个展览区及移民影像展映厅，全面展示了淅川移民迁安过程以及淅川丹江移民的生产生活、民风民俗以及文化传承。如今，这座移民民俗博物馆已经成为淅川县的旅游知名品牌之一。

淅川移民丰碑群：2009年8月，鱼关村893位村民整村搬迁至300km外的唐河县。2010年，由周成保发起，在移民民俗博物馆门前建起了首座“鱼关移民纪念碑”。这座刻有鱼关893名村民名字的“移民丰碑”（主碑）高8.8m，重23.8t，象征着鱼关村188户村民，是丹江库区第一座移民纪念碑。随后，56块副碑相继落地，占地总面积1.2万m^2，碑面镌刻着淅川10个乡镇、184个行政村、1276个村民小组，共16.5万名移民的名字和移民迁安工作先进单位和个人名单，按照搬迁乡镇在丹江库区的位置排列，巍然屹立在丹江之滨。此举引起了中国中央电视台的极大兴趣。2014年10月3日，中国中央电视台《焦点访谈》国庆特别节目“不能忘却的纪念”以“凡人丰碑”为题，深度报道了鱼关村移民纪念碑背后淅川大移民的故事。

南水北调移民生态文化苑：在淅川县委、县政府的大力支持下，移民大搬迁期间，移民后代李爱武把从100多个移民村抢救出来的1000多棵古树保护下来，以纪念和弘扬南水北调移民精神为灵魂和主题，构建了一个“南水北调移民生态文化苑”。这些古树共有40多个树种，树龄均在百年以上，最大的古树为1200多年。

（2）河南省焦作市“一馆一园一廊一楼”建设。焦作是南水北调中线工程唯一从中心城区穿过的城市，建设南水北调城区段绿化带工程，打造“以绿为基，以水为魂，以文为脉，以南水北调精神为主题的开放式带状生态公园”，成为该市确定的十大基础设施重点建设项目之一。“一馆”即南水北调纪念馆，总占地面积约290亩，建筑共3层，高23.9m、馆内面积1.6万m^2，区域建筑总面积3.7万m^2，总投资6亿元。通过文献、音频、影像、雕塑、艺术作品等形式，以及声、光、电等高科技手段，对中国南水北调工程建设进行“全景式的记录和传达”。南水北调纪念馆即“国家方志馆南水北调分馆”，于2018年11月开工建设，于2021年7月1日开馆。主要以方志资料为基础，融入演艺、交互、体验等现代展陈手段，是集方志馆、纪念馆、博物馆、科普馆为一体的国家级综合性展馆。“一园”即南水北调主题文化园，贯穿整个城区段，采用艺术雕塑、文化景墙、实景展示、互动体验等方式，打造了南水北调中线工程1432km的微缩景观，重点展示了南水北调中线渠首、穿黄隧道、湍河渡槽、倒虹吸等工程节点，使其成为游客了解南水北调中线工程整体面貌的窗口。“一廊”即水袖艺术长廊，500m长，3～5m宽，是具有水袖形态、体现中国戏剧风格的艺术长廊，沿廊布置了焦作的历史文化浮雕，结合夜景灯光，形成了极具特色文化的景观。“一楼”即南水北调第一楼，具有望山、观水、地标、展陈等功能，占地面积约400亩，楼高109.32m。楼高109.32m的由来，一是南水北调中线工程总长度为1432km，计为14.32m；二是南水北调中线一期工程年均调水量为95亿m^3，计为95m，合计109.32m。

（3）2019年12月，湖北省荆门大柴湖移民“一馆三园”正式对外开放。“一馆”即大柴湖移民纪念馆，建筑面积2000m^2，总投资3000万元。“三园”即移民搬迁体验园（鱼池村）、移民旧居展示园（前营村）、移民产业示范园（花果疏产业片区）。通过室内实物展陈、室外情景再现、产业发展现状，展示了20世纪60年代，为了南水北调中线工程，为了修建丹江口大坝，4.9万淅川儿女抛家舍业，来到芦苇丛生的大柴湖，岸围垦区，白手起家、重建家园的历史情景，颂扬了“忠诚担当、大爱报国”的移民精神。

（4）2020年12月，南水北调展览馆在南水北调干部学院开工建设，该馆是展示宣传南水北调事迹的平台，是传承弘扬南水北调精神的阵地，展览馆建筑面积6978m^2，分为决策篇、建设篇、移民篇、保护篇、效益篇、精神篇共六个部分，通过图文介绍、智能化多媒体和声、光、电等形式，全景式展现了南水北调工程。

（5）2005年9月动工兴建的湖北南水北调博物馆，于2007年建成，总投资6000余万元，占地面积35亩，建筑面积1.1万m^2，建筑总高度24m，共3层。按功能分为陈列展览区、综合服务区两大部分。该博物馆共分“走进恐龙时代”“远古人类家园”“仙山琼阁武当山”“十堰与水”“南水北调湖北库区出土文物展”五个展厅，新近出土的大量文物均陈列其中。

（6）2021年5月，根据《河南省文物局关于同意南阳市博物馆加挂南水北调中线工程渠首博物馆的意见》（豫文物博〔2021〕22号），南阳市博物馆与南水北调中线工程渠首博物馆实现了新的功能定位，将重点举办南水北调工程文物文献展览。

（7）2021年9月，郑州博物馆老馆已挂上了“河南南水北调博物馆（筹）”的牌子，对南水北调中线工程河南段涉及的南阳、平顶山、许昌、郑州、焦作、新乡、鹤壁和安阳共八个地市出土的文物进行了永久集中展示。

九、南水北调工程的“精神文化建构”无止境

如今，南水北调工程“精神文化建构”已经呈现出欣欣向荣的景象，参与建构的每个人都有着强烈的文化自觉和文化自信，他们如同南水北调工程“物质文化建构者”一样，付出了艰苦的劳动和创造，功不可没。

强烈的文化自觉和文化自信来源于精深的文化自知。南水北调工程“物质文化建构”功在当代、利在千秋。“精神文化建构”作为“物质文化建构”的反映与重塑，使这种大功大德广播于千里之外、远达于当今之后。“精神文化建构”同样是劳动人民的创作与创造，都需要好之者倾心、能之者倾力，乐之者倾情。

相比之下，南水北调工程“物质文化建构”虽已蔚然大观，但它毕竟受限；而它的“精神文化建构”，时间不限，空间不限，其需求是无止境的，其供给也是无止境的，其创新创造也是无止境的。

南水北调工程“精神文化建构”，不仅需要以上各个方面的融合和发掘，还需要通过多

种政治、经济、文艺等手段来推动和强化。譬如成立专门机构，搭建推广平台，做好整合各种资源、汇集各方力量等工作。譬如引入文旅要素，将项目中的代表性水工建筑物和区域作为景区，或者与周边省市的旅游资源进行整合，开发富有南水北调特色的旅游产品，最大限度地发挥南水北调工程文化的社会效应。总之，南水北调工程“精神文化建构”需要不断发展，只能进，不能退。

我们有理由相信，以后还会有更多的人积极地参与到“供给大军”和创新创造队伍中来。在新的时代，南水北调工程“精神文化大厦”一定会更加坚实，再创辉煌。

第十一章 中外大型调水工程建设的共性分享和个性互鉴

第一节 中外大型调水工程建设的共性分享

开展中外大型调水工程文化比较，出发点和落脚点不是比较谁优谁劣，而是为了从各自的个性中寻找它们之间的共性，从它们的共性的形成的文化基因中寻找实现人水和谐共生的一般规律和基本路径。

一、动因和愿景

纵观古今中外的大型调水工程，其修建主体的初衷都是解决当地或者跨地区之间存在的水资源紧缺问题，或是出于更好地促进当地社会经济的发展，解决限制当地社会经济发展的桎梏，进而实现经济效益、社会效益和生态效益的最大化。

公元前2400年，古埃及出现了最早的跨流域调水工程，从尼罗河开始，引水灌溉至埃塞俄比亚高原南部，此调水工程在一定程度上促进了埃及文明的发展、文化的繁荣。同样，京杭大运河的畅通，极大地促进了大江南北经济文化的交流，并解决了南粮北调的问题。

莱索托高原调水工程的目的是改善南非共和国的供水能力，将70m^3/s的水流量输送至南非共和国，进而使约翰内斯堡和比勒陀利亚等城市的用水需求得到满足，同时丰富其电力资源。

澳大利亚雪山工程主要是将东部的水调至西部干旱地区，引水灌溉和发电，保证了农业发展的条件。

巴基斯坦西水东调工程通过与渠的开凿联合，互相连通了印度河谷平原中的五大河流，并借助贝拉和曼格拉两大水库调蓄的水，对平原东南部的320万hm^{2}耕地进行灌溉，使该地区改善了严重的缺水和荒漠化状况。

全美渠灌区位于美国西部的加利福尼亚州中南部和亚利桑那州中南部，在墨西哥以南，由三个相对独立的灌区组成，包括英皮里尔灌区、考契拉灌区和尤玛灌区，全美渠为灌溉总干渠。科罗拉多河是美国第一个水资源综合利用和开发的流域（即每个工程都有发电、灌溉、旅游、防洪、航运等综合效益），也是美国水资源开发最充分的流域。在美国，中央河谷工程在灌溉、水力发电、城市和工业供水、防洪、抵御河口盐水入侵、环境和旅游开发等方面都获得了可观的效益。加利福尼亚州调水工程的建设使该地区在人口、经济实力、灌溉面积和粮食产量方面位居美国第一。

伊拉克的底格里斯—萨萨尔湖—幼发拉底调水工程最初是为了解决“调出水地区”易遭洪水威胁的问题，工程修建后，调出水地区的洪涝灾害大幅减少。并且，萨萨尔湖蓄水后，对于减缓沙丘的形成及移动起到了很大的控制作用，使该地区人民的生命财产安全得到了保障。

特别是在跨流域调水运作中，大多数国家的政府都高度重视生态平衡和环境保护工作。如莫斯科运河的开凿将莫斯科河与伏尔加河连通，令莫斯科成为“五海之港”，使莫斯科与下诺夫哥罗德、圣彼得堡间的航程分别缩短110km和1100km。除了满足相关地区工农业用水需求外，俄罗斯的北水南调等工程还可以缓解里海水位下降造成的生态环境恶化问题。以色列北水南调工程的建设，不仅改善了以色列不合理的水资源配置状况，而且带动了南部地区发展，将大片荒芜的沙漠变成绿洲，使南部地区生态环境得以改善，促进了当地经济和社会发展。

中外大型调水工程的修建不仅在当时产生了重要的作用，有的还在历史长河中长久地发挥作用。如京杭大运河的开通是为了解决当时南北运粮的航运问题，后期还一直发挥作用，在促进南北交流、发展航运上起到了很大的推动作用，并加速了古代经济重心的南移。如都江堰水利工程，更是一直发挥作用，沿用至今。20世纪50年代以后，地球上的大江大河，如印度的恒河、埃及的尼罗河、南美的亚马孙河、北美的密西西比河等，都可找到调水工程的踪影，并且很多工程在当代都发挥了很重要的作用。

从中外大型调水工程兴建的时代背景，国情、水情、民情来看，它们都是以改造水自然而满足人们对美好生活需要的产物。调水工程的修建，由于注重开发调水工程的综合效应，争取效益的最大化，最终都发挥了积极的效应，促进了当地的经济和社会发展，其历史贡献应当给予充分肯定。

二、决策和谋划

纵观古今中外的调水工程，其立项决策大都经历了相当复杂的过程。其修建过程能否做到立足国情、把握水情、周密论证、科学谋划，至关重要。

立项决策关系重大，在整个工程实践中起着引领性、决定性作用，它决定着调水工程是否能够立项、是否能够启动、是否能够实施完成。决策文化是调水工程文化的核心，深刻影响着调水工程的服务面向、规划设计、施工控制以及后期运行。

大型调水工程建造经验表明，立项决策是管总的，理想的决策过程无疑应当是立足国情、考量水情、周密论证；应当是统揽全局、长远谋划；应当是科学决策、民主决策；应当是依法决策、按法定程序决策。尤其是在当代，不仅更应当更必要这样做，也更有条件这样做。

立项规划是依据法定的规划规程、规范等指导性文件对拟建调水工程做出“路线图”和“施工图”的重要举措。立项规划可视为立项决策的范畴，也可以从中划分开来，作为“总体设计”的内容。规划设计文化是决策文化的延伸，是对既定规划规程、规范的遵守，更是对创意、创新的集中反映。

调水规划必须重视对用水地区和水源区的研究，加以充分的协商，提出合适的解决措施，并且注意利用实际测量数据和调查资料，加上科学的分析，提出有说服力的论据，使决策者能在规划方案的基础上考虑全局，为其决策提供依据。国内外大部分调水工程的建设，都经历了大量的讨论、长期的研究和充分的协调。

三、重负和众议

所有调水工程的修建都是一个浩大的持续工程，需要持续不断的投入。莱索托高原调水工程由莱索托王国和南非共和国共同兴建，将流经莱索托的奥兰治河上游支流森克河的水向北引至南非的奥兰治河北岸支流法尔河流域。该工程于1990年开工，计划分期建设6座大坝、4条大型隧洞和3座泵站，工期估计约30年，到2020年全部工程建设完成时，预计工程总费用超过40亿美元。以色列北水南调工程是以色列最大的工程项目，也是以色列国家输水工程，于1953年开工，全长300km，年调水量为14亿m^3；该工程于1964年建成并投入运行，前后历时11年，投资1.47亿美元。我国南水北调工程分东、中、西三线，自1952年提出设想，仅东、中线一期工程土石方开挖量就高达17.8亿m^3，土石方填筑量达6.2亿m^3，混凝土量达6300万m^3。南水北调工程同时是世界上供水规模最大的调水工程，供水区域控制面积达145万km^2，约占我国陆地面积的15%。

京杭大运河从春秋时期的邗沟，到隋唐时期的进一步完善，再到元明清时期的打通南北，形成重要的经济运河大动脉，都离不开当时政府的大力支持。德国美因—多瑙运河的开凿最早就是由查理曼大帝推动的。澳大利亚为了修建雪山跨地区调水工程，联邦政府于1949年通过了"雪山水电法"，随后又成立了雪山水电局，才开始实施这项工程。圣弗朗西斯科河流域开发工作经过长期酝酿后，于1946年开始，并于1948年9月成立了"圣弗朗西斯科河流域委员会"，该流域委员会制定了包括调节河道径流，开发水能资源，改善通航条件，推广并发展大规模灌溉、防洪，促进工农业发展以及改善卫生、移民条件等的"圣弗朗西斯科流域开垦计划"。

世界上任何一项大型调水工程的兴建，都来之不易，都要接受历史的检验，也都会引起不同阶层、不同群体、不同个体的各种关切，伴随着许多不同的声音甚至激烈的争论。用国际水资源协会和世界水理事会联合创始人之一、英国格拉斯哥大学客座教授阿西特·比斯瓦斯（Asit K. Biswas）的话来说："每次提出这样的调水计划都要引起普遍的争论，这与其说是一种例外，不如说是已成惯例。一方面，支持计划的人强调远距离大量调水的技术、经济效益以及对建设的各种贡献使它们成为社会的必要措施。另一方面，持反对意见的人则认为由于整个计划需要的社会环境费用过高难以为社会所接受。因此，可能一个社会部门为支持这样一个发展计划而四处游说，而另一个部门出于不同的理由反对同一个计划。"①

日本岩手大学教授冈本雅美在《日本的调水评述》一文中讲道："日本实施跨流域调水最大的社会问题是移民问题，在修建水库时有些人的房屋和农田将被淹没，他们要搬迁和改变职业，这是他们难以同意的事。""实施跨流域调水的另一个社会问题是人们对调水引起环境影响的担心。例如，由于考虑到调水后河川径流输送到其他流域可能使冲积扇的地下水出现枯竭，或者水库和闸坝的修建和运用可能会改变环境，从而导致鱼类、贝壳类、藻类和

① 左大康，刘昌明. 远距离调水：中国南水北调和国际经验［M］. 北京：科学出版社，1983：9.

水生植物的减少，群众和科学家为此都极力反对。”①

我国的南水北调工程论证了50来年，同时也争论了50来年。据有关方面负责人回忆：“主要围绕技术、投资、移民、治污四个方面，大家吵得很厉害。我当年还是水利行业的‘小兵’，也参加了多次‘吵架’会议，有6000人参与争论，仅国家层面组织的会议就有100余次。会上那是真吵啊，我当时被惊得目瞪口呆。这种局面一直持续到2002年人们才有了统一的认识，可以想象该有多难。”②

关于南水北调西线工程该不该建的争论至今尚未停息。2006年，由经济科学出版社出版的《南水北调西线工程备忘录》问世后，曾引起全社会广泛关注和一片热议③。2015年又出版了《南水北调西线工程备忘录》（增订版），本书作者以林凌、刘宝珺、马怀新、刘世庆等专家学者为代表，对西线工程众多问题的研究成果提出质疑和建议，对黄河勘测规划设计研究院提出的《南水北调西线工程规划纲要和第一期工程规划》（2001年版和2013年版）均表示总体反对。《南水北调西线工程备忘录》（2006年版）涉及的问题主要有八个：一是南水北调西线工程的重大工程地质问题，二是青藏高原冰川退缩与南水北调西线工程调水量不足的问题，三是南水北调西线工程对青藏高原生态环境破坏的问题，四是南水北调西线工程对西电东送工程发电影响的问题，五是南水北调西线工程对调水区居民、生态补偿的问题，六是南水北调西线工程与藏区宗教、文化、文物等保护的问题，七是南水北调西线工程投资和运作模式的问题，八是南水北调西线工程替代方案的问题。2015年版，作者进一步从理论上论证了《南水北调西线工程规划纲要和第一期工程规划》（2013年版）的不可行性，同时提出了自己的替代性方案④。

四、标志与形象

美国的大型调水工程彰显着美利坚民族的开拓精神。胡佛大坝是当时世界上最高的拱形坝，大坝高221m，修坝目的是蓄水发电和灌溉，它“使沙漠变成了良田”，永远改变了美国西部的命运，使经济大萧条时期的美利坚民族为之振奋，成为当时美国发展的文化符号。美国许多工程师认为，即便美国文明的其他创举全都湮灭了，当加利福尼亚州变为沧海，森林覆盖了曼哈顿的时候，胡佛大坝仍会像现在那样屹立，成为它那个时代的最后一座纪念碑。胡佛工程名称以时任总统胡佛的名字命名，大古力工程形成的罗斯福湖也是以时任总统罗斯福而命名，这些都开创了世界大型调水工程的水坝和水库建设的先河。从美国20世纪30—40年代建成的不少重要调水工程的水坝和水电站纷纷以总统的名字命名的举动，就不难看出当

① 左大康，刘昌明. 远距离调水：中国南水北调和国际经验［M］. 北京：科学出版社，1983：47-48.

② 赵川. 我的南水北调：百名人物访谈实录［M］. 郑州：郑州大学出版社，2016：10.

③ 尹鸿伟. 南水北调西线工程纷争调查［J］. 新西部，2006（12）：15-17.

④ 林凌，刘宝珺，马怀新，等. 南水北调西线工程备忘录（增订版）［M］. 北京：经济科学出版社，2015.

时美国人的国家自豪感和对领袖的仰慕心情。大型调水工程建设是人类控制、利用自然资源能力大幅度提升的象征，也是国家政府治理能力和水平的名片展示。对于胡佛大坝，罗斯福总统名言："我来了，我看了，我服了"，给予了胡佛大坝高度评价。大坝修建者垦务局认为，工程建设本身就是一种最好的广告宣传，以历任和现任总统名字命名水坝和水电站，彰显了水利工程是美利坚民族的骄傲①。

1959—1970年，埃及在英、美西方国家拒绝援助的情况下，得到苏联的支持，耗时11年，耗资10亿美元，修建了举世闻名的阿斯旺高坝。埃及修建阿斯旺高坝控制了尼罗河每年的洪水，保护了居民和农作物，使千万亩农田得到灌溉，改善了上下游通航能力，提供了大量的电力。最为重要的是，阿斯旺水库根除了埃及旱涝灾害。如1964年、1975年、1988年都发生大洪水，1964年洪峰流量达历史最高纪录，1975年和1978年洪峰流量达1000亿m^3以上，阿斯旺高坝均发挥作用避免成灾。1972—1973年为大干旱年，1979—1987年更发生长达八九年的连续大干旱，旱灾遍及非洲东北各国，人畜死亡枕藉，埃及借阿斯旺高坝之赐而依然丰收。否则，埃及将重演Joseph法老时代连续七年的饥荒惨剧了。这一点，许多西方客观的评论家都承认"阿斯旺高坝拯救了埃及"②。阿斯旺水利工程是埃及国家文化的象征。尽管阿斯旺高坝在运行中出现了泥沙淤积、河床下切、海岸侵蚀、失去肥源以及疾病蔓延等生态环境影响，尽管阿斯旺高坝被西方媒体长期恶意攻击和毁谤，但不可否认它的"利"远远大于"弊"，该水利工程与埃及苏伊士运河一起，提升了埃及的民族凝聚力，加强了埃及在阿拉伯及非洲国家中的地位，这项水利工程和埃及金字塔一样成为埃及民族文化的重要标志③。

新中国成立以来兴建的诸多大型调水工程，是我们党和国家带领广大科技工作者、工程建设者攻坚克难、艰苦奋斗完成的，是用巨量的心血和汗水浇灌而成的。这些伟大的历史成就，体现了"国家统筹、人民团结"的"中国力量"，体现了"治国治水、人民至上"的"中国理念"，体现了"尊重科学、开拓创新"的"中国智慧"。

第二节　中外大型调水工程建设的个性互鉴

任何事物都具有普遍性，也有其特殊性。中外大型调水工程也不例外，实际上，每一项调水工程的修建都有其独特的存在背景和意义。例如，工程兴建的国情、政情、水情和时代背景不同，工程建设目标要求、管理模式不尽相同等；又如，国外调水工程多以发电和供水为主，通过"以电养水""以电补农"等措施实现工程的经济、社会效益；再如，国外已建

① 朱诗鳌．胡佛坝——美国历史性的土木工程里程碑（下）[J]．湖北水力发电，2006.

② 潘家铮．千秋功罪话水坝[M]．北京：清华大学出版社，2000.

③ 罗美洁．三峡工程与国外水利工程的文化比较——以胡佛、大古力、阿斯旺、伊泰普为例[J]．三峡论坛，2014（2）：1-8.

的调水工程为了减少地区之间的水量纠纷，大多以州内调水为主，而且调水方式趋于多样化，既有自流、提水及自流与提水相结合的调水系统，也有采用渠道、管道、隧洞、天然河道及其相互连接的多种复杂结构形式，在提水调水系统中，还有大流量、低扬程泵站或小流量、高扬程泵站等形式。

一、工程兴建的背景与管理模式不尽相同

以美国、以色列为例。

（一）美国大型调水工程

从20世纪初到20世纪70年代末，美国联邦政府和地方州政府基于水资源配置与经济发展用水需求之间的矛盾，把建设调水工程作为重要的基础设施建设举措，对水资源进行地理和空间上的再分配，即通过跨流域或跨地区调水，使缺水地区经济社会得到发展。美国已经建设了十几个跨流域调水工程，包括联邦中央河谷工程、加利福尼亚州北水南调工程、向洛杉矶供水的科罗拉多河水道工程、科罗拉多—大汤普森工程、向纽约供水的特拉华调水工程和中央亚利桑那工程等，这些项目每年运送超过200亿m^3的水。

经过几十年的努力，可以说到20世纪70年代末，大量的项目已经基本完成，缺水地区的用水得到了满足。这些成就与各级政府的有效政策和法规以及强有力的组织和管理离不开。美国是一个资本主义国家，但政府在建设供水工程设施方面有强有力的行动。几乎所有的输水项目都是由联邦和州政府组织建设的，政府负责项目的运营和管理，并可以向社会团体、个人和其他经济实体筹集资金，但私人不允许直接建设和管理大型水利工程。国家对大型水利工程的管理实行垄断，以确保国民经济和人民生活的用水需求。联邦政府和州政府都有相对完整的水资源管理机构，负责水资源的开发和利用。这些机构可以各司其职，这种分工，在美国对水利设施的建设起到了巨大的推动作用。有些重大工程是总统直接干预的，例如在1931年，总统批准在科罗拉多河上修建胡佛大坝；1933年，罗斯福总统批准成立田纳西流域管理局，管理田纳西河的水害，开发田纳西河的水资源；1935年，总统批准中央河谷工程总体规划。

1．国家依法调配水资源

美国的调水工程建设，从项目立项到范围界定、建设管理、项目投资偿还，都是严格遵循相关法律规定进行的。美国水利建设和调水工程的成功，离不开有效的立法和严格的执法。即一个调水工程从批准建设之日起，在水量分配、投资、工程质量标准、健全的运行和管理机制、工程竣工后的效益等方面都有法律保证。例如，为了开发和重建美国西部，缩小东部和西部经济社会发展的差距，美国国会于1902年在内政部设立了垦务局，负责开发西部各州的水资源。在过去的数年里，垦务局在水资源项目上获得了重大投资，如胡佛大坝、大

古力坝和中央河谷、中亚利桑那等大型调水工程，并为西部发展建立了完善的水利基础设施。同时，垦务局按照法律和合同的要求，收取水费、电费和其他税费来偿还政府的投资。

水利工程，特别是跨流域、跨国家的河流和调水工程，其水量分配和调水量、建设项目的规划，除了技术和经济问题外，还涉及大量的社会和环境问题，上游与下游、左岸与右岸、取水与调水，许多利益冲突和国家之间的矛盾都会发生。解决的办法首先是协调联邦政府，按照协调中达成的协议行事。对于长期没有协调解决的问题，最终通过联邦高级法院做出判决，来实现改善水资源分配的国家目标。例如，美国西部的科罗拉多河位于干旱地区，横跨七个州，最终从墨西哥流入大海。科罗拉多河的年径流量超过200亿m^3，为有效利用其水资源，经过几年的建设，建成了800多亿m^3的水库，有效控制和调节了天然径流。对这些水的分配，经过政府协调，上游四个州根据用水需求和人口数量在1922年达成了水资源分配协议。1944年美国和墨西哥两州就科罗拉多河的水资源分配和水质标准达成协议，但科罗拉多河下游的内华达、加利福尼亚和亚利桑那三州长期争议不下，最后由联邦高级法院判决，裁定各州应得水量及用水权益。又比如，位于美国东北部的特拉华河，流域面积只有3.3万km^2，横跨特拉华、新泽西、纽约和宾夕法尼亚四个州，是美国经济发达、人口稠密的地区。美国的第一大城市纽约并不在特拉华河流域内，当纽约市申请从特拉华河上游引水时，下游几个州不同意，联邦高级法院于1954年裁定，纽约市可以在公平的基础上从特拉华河引水，为纽约市提供水源。目前，纽约市在特拉华河上游修建了三个水库，通过约200km的隧道将特拉华河的水引到纽约市东部的哈得孙河流域，该流域供水约占纽约市供水的一半。自从特拉华河下泄水量减少以来，费城附近的一些支流已经被循环利用了六次之多。1961年，特拉华河流域委员会成立，管理特拉华河的水资源。该委员会负责协调工作、规划、调整计划、进行管理和研究发展，由流域内四个州的州长和流域外纽约市的市长组成董事会，五方轮流担任执行董事，内政部长任董事长。

2. 实行优惠的投资政策

水资源开发工程具有明显的社会效益和环境效益，但与其他基础产业相比，经济效益相对较小。因此，美国政府对此类项目的基础设施投资提供了许多优惠政策，包括联邦政府提供拨款和长期低息贷款以及发行建设债券。具体做法是：对于防洪、环保和印第安人保护区项目，政府提供投资拨款；对于有经济效益的灌溉、供水和水力发电工程，政府提供长达50年的低息贷款（年利率3%～4%），建设期间不还本付息；对于灌溉工程，只还本不付息。例如，1928年，美国国会通过了《博尔德河谷法》，开发科罗拉多河的水资源。它明确规定，胡佛大坝及相关项目的建设资金由联邦政府支付，还款期为50年，年利率为4%，建设期间不支付利息。

（二）以色列北水南调工程

以色列北水南调工程的建设，缓解了以色列水资源分布不均的状况，解决了南部地区发展的主要障碍。同时，该工程将向外辐射的供水管道与各地区的自来水管网连接起来，在全国范围内形成一个统一取水、分配和供水的管道系统，这将使国家的水务得到有效和一致的管理；实行全国统一的水价，使南部沙漠地区的水与北部湖区的水一样便宜，并确保南部人口有足够的水资源来发展农业生产；扩大了以色列国的发展空间，使大片的荒地变成绿洲，充分利用南部地区具有的光热条件，产出优质水果、蔬菜、花卉及其他农产品。

二、工程建设目标要求与侧重点不尽相同

一般来说，跨流域调水的一个共同标志，就是在时间和空间上把天然水的运行分配进行调整。所以，跨流域调水规划所涉及的主要目标也基本相同，其共性不外乎是统筹兼顾，即尽其所能地实现社会效益和经济效益的最大化。大致包括：解决水紧张、水短缺，满足相关地区及各部门难以解决的用水需求；实现地区收益的再分配；使国家或地区的农业生产达到自给自足，增产增收；通过供水和改善卫生条件，以提高地区健康水平；提高国民经济等。

虽然国内外的大型调水工程一般都能做到综合考量，但具体到每个工程，都有自己的目标和重点，各国调水的目的和用途也不尽相同。在美国，大多数调水工程主要是针对城市和工业供水的。在苏联，调水主要是为了灌溉，辅之以城市和工业供水、发电和航运。印度和巴基斯坦是农业国家，调水项目几乎都是为了灌溉。加拿大把绝大部分的水用于发电，这带来了良好的经济效益。

美国胡佛大坝的修建主要是为了解决三方面的问题。首先是为了根治科罗拉多河的水患。穿越美国西南部的科罗拉多河，是全球最大也是最诡异的河流之一。它发源于科罗拉多的落矶山麓，河流长2233km，跨七个州，经墨西哥，流入加利福尼亚湾，是美国第四大河。千百年来，河流两岸地区受尽了这条充满野性的大河的折磨，每年春季和夏初，大量融雪径流汇入，经常导致河流两岸低洼地区泛滥成灾，生命财产遭受严重损失。然而到了夏末秋初，河流又干涸得如涓涓细流，中下游干涸的大堤得不到它半点惠泽，根本无法引水灌溉农田。20世纪初的一场大洪水，把加利福尼亚州南部变成了一片汪洋，造成了巨大的生命财产损失，也给当地百姓造成了极大的心理伤害。饱受科罗拉多河肆虐之害的人们急切盼望着能够根治水患，彻底制服科罗拉多河。其次是开展西部大开发。美国内战从心理上和经济上大大挫伤了美国的锐气。随着战争的结束，人们急切地把战争破坏的景象与记忆抛之脑后，而把注意力从发达的美国东海岸转移到未经开垦的西部荒漠。尽管西部多为荒漠，且降雨量严重匮乏，但其吸引力远远超过由气候条件所带来的困境。由铁路运输领域发家的私人公司不再受制于战争导致的财政困境，在美国政府西部大开发的战略刺激下，一些个人和团队的探险者决定向密西西比河西部挺进，探寻西部资源的商业价值，一度形成了淘金热潮。最后是受危机后凯恩斯主义的政策刺激。1929年10月，美国经历了历史上最惨烈的经济危机，大量企业破产，工人失业，世界经济进入连续几年的大萧条时期。这种状况与2008年起美国开

始的金融危机有很强的相似性。为应对危机，人们纷纷质疑西方古典经济学家和新古典经济学家倡导的自由经济理论。而一些以英国著名经济学家凯恩斯为代表的经济学家，则开始提倡国家直接干预经济，并引发了世界经济学史上著名的“凯恩斯革命”。凯恩斯主义者认为，走出经济大萧条的最直接而有效的办法，就是国家通过建设大型工程来刺激各行业的消费需求，同时工程建设可解决工人失业问题，增加社会购买力，拉动经济增长。

美国调水工程的成功建设，使西南沙漠的大部分地区变成了一个繁荣和快速发展的经济区，不仅灌溉农业和畜牧业稳步发展、农产品出口量增加，而且还通过美化环境和迅速发展航空航天、原子能、飞机制造、石油化工、工程和电影等行业，将西南和西海岸变成了美国的石油、电子和军事等新兴工业中心地区。如果没有这些调水工程，不仅西部的发展会受到限制，而且一些东部地区和纽约等大城市也会受到影响。可以想象，如果没有这些调水工程，今天就不会有洛杉矶、凤凰城和拉斯维加斯这些新兴城市，也不会有南加州和其他地方的繁荣和大片绿洲。因此，调水工程在美国经济的宏观经济结构、生产要素和资源的合理配置中发挥了重要作用，是经济可持续发展的命脉。

中国南水北调工程与其他调水工程相比具有以下四个特点。

第一是规模不同。跨流域调水工程少之又少，在南水北调工程中，跨长江、淮河、黄河、海河调水，通过三条调水线路，与长江、淮河、黄河、海河形成了“四横三纵”水网的总体布局，长短不一。东、中线长距离输水工程总长3000km，会受到气候变化的严重影响，工程的建设和运行都需要极高的水准。

第二是工程目标不同。过去国内外的调水工程很大一部分只注重调水，而南水北调工程的建设具有多重目标，不仅是一项水资源配置工程，也是一项整体的生态惠民工程。工程实施后，将大大改善受水区的水资源承载能力，沿线100多个城市供水的问题得到解决，城市获得的部分农业用水和生态用水也将归还农业和生态。

第三是参建领域不同。之前的调水项目主要是由工程领域负责，而南水北调涉及更多的学科领域以及征地移民、水环境治理、生态环境和文化遗产保护等社会层面的问题。为满足水质要求，东线投资140亿元，实施了426项治污工程，取得了初步成效，为全国其他重点流域的治污工作树立了榜样。

第四是技术管理不同。南水北调工程由数千个单位工程组成，需要解决许多技术难题。例如，如何保证丹江口大坝加高的新旧混凝土的连接和联合张力，国内外都没有类似的工程实践；如何从黄河下的复杂地层中开挖数千米的隧洞，承载内外水压，保证隧洞不漏水；北京的PCCP管道，直径4m，克服了从制作、运输到安装的众多技术难题。在工程实施阶段，许多工程实践缺乏适用的技术规范和标准，只能逐渐研究摸索，制定相应规范和标准，在施工阶段加以应用。

第十二章 中外大型调水工程争议问题的文化分析

一般而言，中外有关大型调水工程建设的争议，主要集中在“调还是不调”“建还是不建”问题上。“调还是不调”“建还是不建”，所涉及的问题非常广泛，包括成本、生态、环境、移民；包括水权、水质、水价、水效；包括维护、寿命、管理……这些问题很难在短时间内弄清楚。最终能否在拟建上达成共识，既取决于水资源条件是否具备和允许，又取决于工程的效益是什么和能不能最大化，还取决于工程的收益分配是不是公平正义和合理化。值得注意的是，问题的争议的引发，还与一定的文化传统、文化因素和文化态度有着密切的关系。

第一节　中外大型调水工程争议的常态性和必然性

从中外大型调水工程争议的历史现象来看，问题的争议几乎贯穿于调水工程建设全过程，无论是工程建设前，还是工程建设中，甚至工程建成后，都会产生代表各自主张的不同的见解，都会听到来自各方面的不同的声音，而且往往越是体量巨大、结构复杂、涉及面广的工程，参与争议的人就越多，甚至会导致对于有关问题的争议经久不息。对待这种争议现象，应当有一个理性的认识和积极的态度。事实上，兴建任何一项水资源开发利用工程，尤其是大型调水工程，无论你自认为价值有多么巨大、规划有多么科学、设计有多么完美，如果试图或设想使之自始至终没有任何异议与争议，是难以实现的。确切地说，中外大型调水工程的争议具有不以人的意志而转移的常态性。如果把这种异议与争议视为不正常，或者有意地去加以限制，反倒不正常，其结果极有可能是有害无益的。

中外大型调水工程建设的争议，在向度上虽无一定之规，但却有共同之处，即对其社会价值、科学价值、经济价值的判断。这三个价值判断对应转换成三个通常的追问：是否需要大量地调水（以下简称“是否需要”）、是否能够大量地调水（以下简称“是否能够”）、是否值得。其中，“是否值得”的问题最为复杂，通常会延伸为经济、政治、社会、文化、生态等价值综合判断问题，而且不同的利益主体在同一情况下可能会得出不同的结论，进而影响利益主体对“是否需要”“是否能够”的直接判断。

从实际情况来看，上述三个追问是相互交织在一起的，问题的复杂性在最后决策阶段将显露得更为充分。在某些场合，跨流域调水或因经济短缺、支撑不力等因素而遥遥无期，或因环境因素的考虑及争议而变得前景暗淡，又或因纯粹的水权归属问题，一直存在争议，难以解决。举例来说，利比亚曾计划修建一条长达400km的调水管道以缓解水资源短缺的问题，将撒哈拉沙漠的地下水输送到地中海地区，这项计划将耗资250亿美元，预计在21世纪初完工。但是，相关部门的专家却提出异议，并告诉市民如果将撒哈拉地区的地下水抽干，将会造成当地地下水资源耗尽，破坏当地的生态平衡，造成荒漠里的绿洲消失，进而带来严重的后果。因此，当地最终并未执行这一调水计划。

又如，美国已经提出了超过10项调水计划来解决水荒，但各种意见始终不能统一，后因持生态环境关系复杂且重大，违反生态学原理必将自食恶果的观点占据上风，主张建立节水型工农业，同样可以获得数以亿计的经济效益的建议得到了一定的认同，这些计划最终不了了之。

再如，几乎拥有全国供水量的30%的加拿大魁北克省，为给调水项目输送足够多的电能，人们非常渴望实施一个巨大的调水项目，这个项目将把水输出到美国。但是这个方案被本国环境保护专家及政府环保部门认为华而不实、大而不当，这一项目的完成，将使萨姆湾地区的渔业、野生动物和禽类的生存环境发生巨大变化，对当地上万名印第安人的生存方式也将产生巨大的影响。所以，一直以来，加拿大联邦政府对此采取一种颇为审慎的态度。

中外大型调水工程建设中以及工程建成以后的争议与拟建未决阶段有所不同。随着工程建设项目的逐步铺开，争议的焦点、热点将渐渐转变为“规划、设计是否可行”“规范、标准是否合理”或“施工、管理如何实施”等技术层面。工程建成以后发生的争议也会与工程开建阶段不同，往往集中在工程质量、运行安全、水质保障、水效增减等问题上，所存在的分歧，则主要是由于各行为人对调水工程的了解和认知不同而引起的。当然，在某些情况下，许多问题仍是工程建设前的争议的延续。这是因为，工程一旦决定开建，要么意味着持反对意见者转变立场，主动放弃其观点，从而与促成者一方达成了相当的“高度共识”，要么就意味着其反对意见被完全否定和抛弃。但这并不意味着事情会就此结束，如果持反对意见者不肯轻易放弃自己的想法和意见，那么他们往往还会待机而再度提出，公开发声，找理而争。

第二节　美国从建坝到反坝的争议的文化动因

从19世纪晚期至20世纪30—40年代，美国在资本主义经济迅速发展的同时，把开发水资源、修建大规模的水利设施作为一种富国、富民的手段，这是美国谋求经济发展的一项重要国策。但与此同时，以倡导自然保护主义为旗帜的学界人士及民间组织也已出现。因此，在政府主导的功利性的资源开发利用政策取向与学者和民间组织的非功利性的自然保护主义之间，就水利工程中的大坝建设的利弊得失展开了辩论。自然保护主义主张尊重自然的本性，保持自然的原生态，也就是保护荒野，让人类的经济发展远离尚未被人类涉足的荒野。其代表人物是美国早期的一个纯粹的自然主义者约翰·缪尔。缪尔认为人们建造水利工程，仅仅是为了自己的利益，损害了自然界的一切，人们应该明白，“大自然创造万物的目的不是让整个世界单独为了人类的幸福而存在，而是为了它们相互之间的和谐共处”[①]。

① 王向红. 美国的反环保运动［J］. 安徽农业科学，2007（13）：4076-4079.

缪尔把自己的思想理念付诸实践，一方面，他四处游说奔波，著书立作，大力宣传；另一方面，他以保护野生动物、荒野和自然资源为目标，于1892年成立了一个环保团体——塞拉俱乐部，组织开展了反对在国家公园修建水坝的活动，其中影响较大的就是“赫奇赫奇争论”。

赫奇赫奇山谷是一个风景宜人、水源充沛的峡谷。1871年，缪尔来到这里旅行，高山流水的壮丽景象使他赞叹不已。他说：“赫奇赫奇山谷是一个宏大的公园，是自然界少有的一个极为珍贵的山岳圣殿。”[①]之后，在缪尔等自然主义者的四处游说之下，1890年，国会通过了在此建立约瑟米蒂国家公园以“服务于人们利益和休闲娱乐”的议题[②]。但是，后来形势又发生了变化。1901年初，水利工程师基于赫奇赫奇山谷水量丰富的情况，提出在此修建水坝蓄水，修建沟渠向外引水，以解决旧金山用水紧缺问题。对此，国会及时做出回应并通过了《通行权法案》，赋予内政部部长权力，使其能为公众提供便利。“允许在包括加利福尼亚州的约瑟米蒂、红杉等国家公园在内的美国公共森林以及其他保留地内建设发电站和电力运输所需要的厂房、电线等设施；允许修建运河、自来水管等便民设施；允许修建自来水厂、大坝以及水库。”[③]这就意味着，赫奇赫奇山谷虽然已经成为国家公园但仍然存在修建水坝的可能。

针对这种情况，环保主义者没有坐视不理，他们开始反对这项议案。缪尔，这位环保主义者的领导人，强烈反对修建水库，他愤怒地说道：“这些上帝殿堂的毁坏者，虔诚的重商主义信徒，似乎极度轻视自然，他们不是把眼光放在神山上，就是盯着那些神圣的美元。赫奇赫奇大坝，正如淹没大教堂和教会的水池，而在人们的心中，再也没有比这更神圣的殿堂了。”[④]

此时此际，不仅民间反坝呼声不断，而且联邦政府部门也存在一些分歧。约翰·缪尔领导的环保主义者反对修建水坝，而吉福德·平肖、西奥多·罗斯福领导的环保主义者则支持修建水坝。大家都认为“资源保护运动中最重要的一点就是它必须支持发展。资源保护意味着对将来需求的供应，但更重要的是，它应该认可当代人为满足其需求而有必要利用这个国家所有的资源的权利”[⑤]。与此同时，双方还在报刊和杂志上展开了激烈辩论。围绕这一争论，旧金山还举行了大规模的民意调查。调查显示，86%的人支持建坝，而且塞拉俱乐部里也有不同的声音，赫奇赫奇山谷里大约有21%的人赞成修建一座大坝。出乎意料的是，这场争论竟然持续了12年，直到1913年威尔逊总统签署《瑞克法案》[⑥]才得以结束。待尘埃落定，一座高耸的堤坝终于在赫奇赫奇山谷中拔地而起。

---

① John Muir. Our National Parks［M］. The University of Wise Onsin Press，1981：7.

② 王辉，刘小宇，王亮，等. 荒野思想与美国国家公园的荒野管理——以约瑟米蒂荒野为例［J］. 资源科学，2016，38（11）：2192-2200.

③ 胡群英. 资源保护和自然保护的首度交锋——20世纪初美国赫奇赫奇争论及其影响［J］. 世界历史，2006（3）：9.

④ Rik Scarce. Eco-Warriors: Understanding the Radical Environmental Movement［M］. Noble Press，1990：17.

⑤ Gifford Pinchot. The Fight for Conservation［M］. Doubleday Page & Company，1910：42.

⑥ 宗瑞英. 试论西奥多·罗斯福的环境保护思想及实践［J］. 辽宁教育行政学院学报，2009，26（1）：41-43.

这场争论的焦点，即究竟如何看待和权衡“资源保护”和“自然保护”的轻重缓急问题。问题在于，对“资源保护”和“自然保护”二者各自的社会价值、经济价值和科学价值做如何判断，在深层次上其实也是一种不同文化观念之争，因为人们在掂量孰轻孰重时，既会考虑当前利益与长远利益，又会涉及文化理念与文化选择的问题。如前所述，其中“是否需要”和“是否值得”的问题是个价值综合判断问题，而且不同的利益主体、不同文化理念的人在同一情况下可能会得不同的结论。值得注意的是，在此时期，美国大力推进水利资源的廉价开发，经济主义的功利性备受推崇，而自然保护主义的非功利性则被忽视。在这一时期，美国几乎所有地方都在大力发展水利，但是，他们忽略了这一点，水利对生态环境所造成的破坏，因而环境议题未成气候，这或许是“资源保护”价值观点占据上风的主要原因。

众所周知，这场争论虽然是资源保护主义者赢得胜利，但思想观念的斗争并未结束，实际上它只是刚刚拉开这一世纪之争的序幕。在“赫奇赫奇筑坝”之争中，尽管荒野保护者失败了，但资源保护主义与自然保护主义作为两种不同的文化立场观点，对此后的水利工程建设的发展均有着深远的影响。值得注意的是，这次辩论是两派势力的分水岭，也是两派理念融合的开端。随着时间的推移，美国的资源管理和自然保护逐渐偏离了以“资源保护”或“自然保护”为基础的纯粹原则。以国家公园局和林业局为主要代表，美国的资源政策已经转向了同时注重使用和保护的方向。这种变化源于对环境问题认识的深化。因此，对于20世纪初的“赫奇赫奇争论”，至今仍持续不断，这种争议在一定程度上仍然存在。这两种思想在人类与自然的互动关系以及如何保护自然等方面，对当今的环境保护运动产生了深远而广泛的影响。许多环保政策的制定受到吉福德·平肖所倡导的科学使用和持续发展的思想的深刻影响，这一思想成为现代保守主义的基石；约翰·缪尔的思想为现代激进环保主义的演进提供了指引。两者虽然存在一些差异，但他们都强调了社会与自然环境的相互协调。如何在平衡经济发展和环境保护的需求之间找到一个平衡点，以实现资源的最大化利用和环境的可持续发展，当务之急与长远利益如何妥善安排，鱼和熊掌能否兼得，这是“赫奇赫奇争论”留给后人的深刻思考①。

第二次世界大战以后，美国兴建水利工程包括调水工程形成了热潮，但同时也遭到了环保主义组织的反对。面对这种情形，美国政府做出了积极回应。1948年，美国出台了《水污染控制法》，联邦政府已通过立法确认其在水资源管理和水利工程建设方面的合法性，强化对开发和保护的干预权力，以确保其不受干扰，这对争论双方来说都可以视为一个鼓舞。1964年的《荒野法》②、1965年的《水资源规划法》以及1968年的《野生河流景观保护

① 胡群英. 资源保护和自然保护的首度交锋——20世纪初美国赫奇赫奇争论及其影响［J］. 世界历史，2006（3）：9.

② 1964年9月3日，约翰逊总统签署《荒野法》，将一定的联邦土地划为荒野地区，阻止对这些地区的开发。该法规定：“荒野被认为是这样一个地区，在那里地球及其生命共同体没有受到人类的干预，而人类自身是一个游客而不是居留者。”此后，美国又先后通过了几部荒野立法，其中最重要的是1980年通过的《阿拉斯加国家利益土地资源保护法》。这部法案立法长达十年，它建立了美国历史上最大的荒野保护区。该法保护的是一个“完整的生态系统”，体现了美国人要在阿拉斯加实现文明与荒野共存的梦想。根据美国荒野网统计，目前美国一共创建了765个荒野地区，一共保护了约1.09亿英亩（约44万km^2）的荒野。

法案》等法案相继出台，虽然这些法案的立法导向各有侧重，但也尽量融通吸纳了争论双方的思想观点。不难看出，一方面，通过上述法案的相继出台，美国人的思想观念，特别是环境意识的转变，为其提供了坚实的思想基础；另一方面，上述法案的出台使争论双方各自的发展都可以从中找到新的法律依据。不过，其发展趋势则日益密集地引发了民众对河流环境变化的更多关注，促使更多的国家和地区对此问题的重视。正如万斯・马丁和艾伦・沃森，两位国际荒野保护专家，一致认为当地的生态环境需要得到保护，在那片对自然生态进程产生深远影响的陆地上，存在着一种荒野的观念，在此处，人类对地和水的影响可以被最大限度地减少，同时保持其原始状态。在那里拥有原始的娱乐机会和独居机会——已经从美国起源地向外传播。其他国家，例如澳大利亚、新西兰、加拿大、芬兰、斯里兰卡、苏联、南非等已经立法保护荒野或者严格地保护自然保护区[①]。另外，从20世纪70年代国会被迫停止在大理石谷筑坝的事件来看[②]，不得不说自然保护主义者一方取得了一定的胜利。

美国现代环境保护运动的兴起与发展，其文化根源在于人与自然之间的联系，随着自然观的改变，生态保护意识逐渐深入人们心中，成为美国生态历史文化中不可缺少的重要组成部分和思想之源，体现了美国联邦和社会各阶层对自然、环境与生态万物的重视。伴随着现代环保主义理论的出现及其社会影响力不断扩大，美国对于水利工程的基本态度和政策导向发生了变化。20世纪60年代以来，现代环保运动在世界各地出现，使人们纷纷用生态理论来解释各种环境问题。对生态环境的严峻挑战，从生态学角度提出了一种新的解决方案——自然保护观点。20世纪20—40年代是美国生态学兴起的时期，奥尔多・利奥波德以生态学眼光反思资源保护的政策与实践，为荒野注入了一种新的生态意蕴，并在此基础上提出了一种全新的“土地伦理”。基于美学与精神的价值，将科学与道德因素融合到荒野保育中，突出了土地社区的有机联系，以及对自然的敬畏。这样，“一种科学家的理论与一种浪漫主义的道德和美学意识的综合”成为保护荒野的有力武器[③]。1973年，挪威哲学家阿伦・纳什在《深层生态学运动和深层、长远的生态运动：一个概要》一文中，首次使用“深层生态学”的概念，主张改变以人类为中心的价值观念和生活方式，倡导把生态系统作为一个整体，以此为基础充分认识环境的自我价值，维持生态系统的多样性和整体性，对环境价值的

---

① Hendee J C, Dawson C P. Wilderness Management：Stewardship and Protection of Resources and Value [M]. Golden，Colo：The Wild Foundation and Fulcrum Publishing，2002.

② 1968年，为了满足美国民众对自然荒野的追求，约翰逊总统签署了《野生景观河流保护法案》，强调要严格加强对水坝建设的管制，并对已建成的水坝进行环境和安全评估，拆除严重破坏生态环境和存在潜在风险的水坝。该法案规定：“受保护的河流由联邦或者州政府机构管理，受保护的河流可以使一整条河流，也可以是一条河的某些河段，受保护的河流被分成三类：原生态河流、景观河流和娱乐消遣河流。”因此，当联邦政府在水流湍急的大理石谷修建大型水坝的计划、技术方案和项目建议一经提出，就遭到了反坝联盟的强烈反对。他们在《纽约时报》《华盛顿邮报》《洛杉矶时报》连续刊登整版的抗议广告，许多来自四面八方的公众寄来的反建信函如雪花般飘进国会。在巨大的舆论压力之下，1972年内务部不得不撤消修坝计划。

③ 奥尔多・利奥波德（Aldo Leopold，1887年1月11日—1948年4月21日），美国享有国际声望的科学家和环境保护主义者，被称作美国新保护活动的“先知”“美国新环境理论的创始者”“生态伦理之父”。他曾任联邦林业局新墨西哥北部的卡森国家森林的监察官，《沙乡年鉴》是他的自然随笔和哲学论文集，也是土地伦理学的开山之作。

观念、人与环境的伦理态度和社会结构进行深入反思[①]。深层生态学将环境伦理的范围扩展到了自然界，促进了对人的认识。人与自然界中的许多生命是密不可分的，人类应该学会尊重自然、保护自然，保护鸟类、鱼类及各种野生动植物等自然万物。与此同时，环境史作为一门新兴的跨学科的历史学分支也逐步形成体系。它致力于探求现实中人类活动与生态环境问题之间的关系，探索大自然在人类历史中的位置与作用，以及探索历史上人类活动对自然环境的影响。随着现代环保主义理论的产生与发展，重大水利工程包括大型调水工程中的必不可少的水坝建设开始受到社会各界的质疑，美国作为兴建大型水利工程最多的国家不可避免地首当其冲。

第三节　实现人水和谐共生是中外大型调水工程建设的核心目标

纵观人类发展史，每当进入一个新的发展阶段，人们都会提出某些新的重大理论和实践问题。实现人与自然和谐共生的现代化，就是其中之一。实现人与自然和谐共生的现代化，作为习近平新时代中国特色社会主义思想体系的重大命题，深化了对中国特色社会主义发展内在要求的认识，把党对社会主义发展规律、人类社会发展规律的认识提升到了一个新高度，正确地回答了人类发展遇到生态危机后向何处去、中国如何全面高质量发展的问题。

世界各国对发展与环境问题的关注，人们对重大水利工程包括大型调水工程建设的利弊得失进行必要的反思，是时代使然，不仅无可厚非，而且应该给予积极的评价和充分的肯定。不可忽视的是，以大规模引水为代表的重大水利工程，如同其他的人类文明活动，也会引发诸如"迁移"沉积物、渔业资源、生物多样性、陆域文化遗产、温室气体等问题，以及下游的水文、物理化学变化，区域融合等问题。这些问题需仔细考虑并谨慎对待，一方面要追求工程综合效益的最大化，另一方面要千方百计地把调水工程的负面影响降到最低，两者皆为应然，皆须实然。

在人与自然共生系统中，人水和谐共生是第一要务。实现人水和谐共生，作为中外大型调水工程建设的核心目标，意义重大而深远。中共中央总书记、国家主席、中央军委主席习近平在2018年5月18—19日召开的全国生态环境保护大会上指出，新时代推进生态文明建设，必须坚持好以下原则：一是坚持人与自然和谐共生，坚持节约优先、保护优先、自然恢复为主的方针，像保护眼睛一样保护生态环境，像对待生命一样对待生态环境，让自然生态美景永驻人间，还自然以宁静、和谐、美丽。二是绿水青山就是金山银山，贯彻创新、协调、绿色、开放、共享的发展理念，加快形成节约资源和保护环境的空间格局、产业结构、生产方式、生活方式，给自然生态留下休养生息的时间和空间。三是良好生态环境是最普惠

---

① Naess A. The Shallow and the Deep, Long-Range Ecology Movement: A Summary [J]. Inquiry, 1973, 16 (1): 95-100.

的民生福祉，坚持生态惠民、生态利民、生态为民，重点解决损害群众健康的突出环境问题，不断满足人民日益增长的优美生态环境需要。四是山水林田湖草是生命共同体，要统筹兼顾、整体施策、多措并举，全方位、全地域、全过程开展生态文明建设。五是用最严格制度最严密法治保护生态环境，加快制度创新，强化制度执行，让制度成为刚性的约束和不可触碰的高压线。六是共谋全球生态文明建设，深度参与全球环境治理，形成世界环境保护和可持续发展的解决方案，引导应对气候变化国际合作。

1999年3月，时任水利部部长汪恕诚在中国水利学会第七次全国会员代表大会发表了《实现由工程水利到资源水利的转变，做好面向21世纪中国水利这篇大文章》的讲话，曾引起全行业乃至行业内外的一场大讨论。针对讨论中的不同意见，1999年11月，汪恕诚在中国水利报社通讯报道工作会议上谈到人们对水的九个方面认识的转变时，第一次提出“人与自然的和谐共处”。他不断强调人与自然和谐相处是可持续发展最核心的问题，今后要坚持把人与自然和谐相处的理念作为指导各项水利工作的核心理念，推动治水事业再上一个新的台阶。水利工作的探索与实践特别是人与自然和谐相处理念的提出，得到了党中央、国务院领导的充分肯定，同时在国内外也产生了一定影响。

2004年4月，汪恕诚在中国水利学会第八次全国会员代表大会上发表了《再谈人与自然和谐相处——兼论大坝与生态》的讲话，他认为：“研究大坝与生态的关系问题，认识人与自然的关系是前提。在人类历史发展进程中，人与自然关系的发展经历了四个时期——依存、开发、掠夺、和谐。在原始社会生产力水平极低的情况下，人类被动地适应自然，人和自然是一种依存的关系；生产力水平有所提高后，人类开始开发利用自然；随着科技进步和生产力水平的进一步提高，人类毫无节制地向大自然索取、掠夺，招致了大自然的报复与惩罚。当人类认识到这种掠夺式开发的严重危害后，便开始寻求人与自然和谐相处的新境界。”他认为“社会舆论对大坝与生态问题的关注是社会进步的表现”，要认真分析大坝建设对生态产生的影响，对社会各界关于大坝和水利水电工程的不同看法，应持欢迎态度，中国建坝一定要高度重视移民问题和其对泥沙与河道的影响问题。但同时他提出“对偏激的、全盘否定大坝的错误观点也绝不能苟同”“在不同的河流、不同的河段、不同的坝址上建坝，可能带来的生态问题并不相同，一定要根据当地的实际情况，针对具体项目进行具体分析。一个项目带来的生态问题是什么，项目该不该上，该怎样进行控制管理，要具体分析，而不能一提建坝就指责生态的八大问题，否定一切大坝建设”“我们必须在高度重视生态问题的同时积极进行大坝建设”①。

毋庸置疑，为了实现人水和谐共生的核心目标，必须把消除调水全程中的不利影响作为大型调水工程建设管理的长期的任务。大型调水工程虽然是局部的，但这种影响会持续很长时间。还可能有一些可测量的或包含可测量的不利因素，哪些可能性已经得到确认并制定了

① 汪恕诚．再谈人与自然和谐相处［J］．水利技术监督，2004（3）：1-4.

相应的对策，有的问题比如经济效益与环境效应问题，因为比较复杂不甚清楚或不可预测，这些都需要在工程实践中再认识、再应对。特别是对一些重大问题，如环境后效应问题应做重点研究，谨防人类在改造自然之后受到自然规律和经济规律的报复。一般来说，调水工程建设的距离越长、规模越大，对生态和环境的影响就越大。如果处理不好，会对生态环境造成很大的影响。

南水北调西线工程是国务院批复的《南水北调工程总体规划》中的一个重要组成部分，目前仍处于论证阶段。据有关专家总结，一直以来，水利界内部和社会各界对南水北调西线工程的讨论与争议主要有三大方面，即技术上是否可行、对西北地区生态环境的影响、工程的投资是否和效益成正比。目前这些争议尚未结束，基本分歧仍未消弭，进一步评估和统一思路还在路上。实现调水工程综合效益最大化，消除调水全程中的不利影响是长期的任务，别无他途，只有通过发扬民主、科学研究、群策群力和采取切实措施加以妥善解决。

但应当指出，实现人水和谐共生的核心目标，对待大型调水工程中出现的重大社会关切问题，必须坚持实事求是、与时俱进的科学态度。生态平衡属于动态平衡，无论是人类活动还是自然变迁，都会导致不稳定。单纯地追求“原生态”是既不科学又不实际的。事实上，世界上绝对没有副作用的工程建设只能是一种美好的愿望，理论上完全可以有十全十美，实际操作上总是难遂人意，或一时半会不可能实现。所以，重大水利工程中包括大型调水工程的建设必须坚持在目标上公平正义、追求卓越，在规划设计上统筹兼顾、处理好各种内在矛盾，在运行中及时回应来自各方面的呼声，最终做出一个平衡利弊得失的选择。

实现人水和谐共生、人与自然和谐共生是一个相当长的历史过程。其一，历史经验告诉我们，和谐是通过不断发现新问题，解决新问题，总结新经验，开展新斗争实现的，人类的智慧应该寻求和遵循符合社会进步和自然规律的和谐科学之道，在臻于至善的道路上，保持定力同与时俱进一样重要。其二，应当承认，追求人水和谐共生、人与自然和谐共生，并非从今天才起步。从中外大型调水工程的建设过程来看，处理好人水关系、开发与保护的关系，尤其是对于工程建设中的环境保护问题，日益得到重视。其三，应当相信，追求人水和谐共生、人与自然和谐共生，有着良好的发展前景。科学处理水资源开发利用与水环境保护的关系，以及水利工程的建设与生态环境保护的关系，也是工程决策主体和工程技术界关注的重大课题。

2004年4月，时任水利部部长、中国大坝协会理事长汪恕诚讲道：“水利水电工作者要勇于挑起大坝建设与生态保护两副重担。在以往的工作中，我们水利水电工作者考虑较多的是如何建大坝，对相关的生态问题考虑得不够。现在历史赋予我们的责任是既要挑起建大坝的担子，同样也要挑起生态保护的担子。应该认识到，任何水利水电工程，从本质上说都是生态工程。如果在水利水电建设中对生态问题不能正确地对待、科学地处理，很可能会影响到整个国家的经济社会发展。因此，勇于挑起水利水电建设与生态保护两副重担，这是历史赋予我们的重要责任。"[①]中国水问题研讨会于2005年11月在北京师范大学开幕，原水利部部长钱正英院士发表演讲。在过去的工作中，"只注重社会经济用水，没认识到首先需保证河流的生态与环境需水"，是不对的。她认为，人与河流应该是和谐发展的，这在现实中是可行的，从人类的发展角度来说也是必要的，但是要适度地利用，适当地改造。目前中国的河流就已经出现了很多问题，中国河流的开发利用已经到了一个关键阶段，需要进一步明确它的发展方向[②]。这些对中国河流的开发利用和大型调水工程的建设经验的总结，对自身存在的问题及教训的反思，难能可贵，足以说明水利界的思考是实事求是的，行动是与时俱进的，目标是合乎时代发展方向的。

"亲江治水"的观念是由德国的塞弗特于1938年首次提出的，即工程设施应首先具有河流传统治理所具有的多种功能，比如防洪、供水、水土保持等[③]。1962年，著名的生态学家Odum提出将生态体系的自组织行为（Self Organizing Activities）运用到项目上。他首次提出"生态工程（科学工程）"，旨在推动生态和工程的结合[④]。美国科学院于1993年举办了一次环境工程学会议，著名学者米奇将"生态工程（科学工程）"定义为：人类社会与自然和谐共存，实现"互惠互利可持续的生态系统设计"[⑤]。

2003年，中国水利水电科学研究院董哲仁教授针对水利工程对河流生态系统造成的不同程度的干扰，提出了生态水利工程学（Eco-Hydraulic Engineering，以下简称"生态水工学"）：生态水工学作为水利工程学的一个新的分支，是研究水利工程在满足人类社会需求的同时，兼顾淡水生态系统健康与可持续性需求的原理与技术方法的工程学。这个概念具有以下几层含义：水利工程不但要满足社会经济需求，也要符合生态保护的要求。生态水工学是对传统水利工程学的补充和完善；生态水工学的目标是构建与生态友好的水利工程技术体系；生态水工学是融合水利工程学与生态学的交叉学科，是秉承人类与自然和谐共生的工程理念，统筹兼顾水利工程对经济与社会发展、对生态文明建设的巨大作用的新兴学科。

在工程学中，美国在科罗拉多河引水格伦峡水坝（Glength Khalen）的管理问题上制定了一项适应管理计划，为保护生态，调整了水库调度方案；为保护洄游鱼类，巴西于2002年建成伊泰普水电站鱼道，可称之为目前全世界最长、最高的鱼道，每年可以帮助40余种鱼类洄游产卵。

众所周知，发展是一个持续演化的过程，在发展的各个阶段，发展的环境、任务和要求不尽相同，只要将其基本特征掌握好，内部规范，开发才能科学化且更有效。当前，我国已

① 汪恕诚．再谈人与自然和谐相处［J］．水利技术监督，2004（3）：1-4.

② 钱正英．钱正英：水利界应反思中国河流开发［J］．科技潮，2006（1）：35.

③ Seifert A. Naturnaeherer Wasserbau［J］. Deutsche Wasser Wirtschaft，1983，33（12）：361-366.

④ Odum H T. Ecological Engineering and Self-organization［C］//Mitsch W J，Jorgensen S E. Ecological Engineering：An Introduction to Ecotechnology. Wiley，New York，1989：79-101.

⑤ Mitsch W J，Jorgensen S E. Ecological Engineering and Ecosystem Restoration［M］. New Jersey，USA：John Wiley & Sons，2004.

经进入新发展阶段。在新发展阶段，需要坚定不移贯彻创新、协调、绿色、开放、共享的新发展理念，从新发展理念的战略视野、系统观念、价值追求和辩证思维出发，在攻坚克难应对新矛盾新挑战中谋发展、闯新路。从水治理形势任务来看，我国目前正处于“水利工程补短板、水利行业强监管”的重要时期。如何坚持以新发展理念为指导，在新建调水工程和已建调水工程的后续管理中采取得力措施，加大理论创新和技术研发与应用的力度，防止和减轻对水生态和水环境系统的负面影响，时不我待，任重道远。但是，展望未来，我们充满信心，随着生态文明建设现代化步伐的逐步推进，我国大型调水工程的建设和后续管理，将会取得预期的良好成效，尤其是将来的南水北调西线工程一定会发生“转型”，会有一个“华丽的转身”，本身即成为一个“生命之源、生产之要、生态之基”的大型调水工程！①

---

① 参见《全国政协常委、中科院院士王光谦谈南水北调西线工程：将确保“黄河成为人民的幸福河”》（人民政协报，2021 年 5 月 20 日第 5 版），王光谦特别强调，开源节流是保障黄河流域生态保护与高质量发展的重要举措。西线工程从长江上游调水到黄河上游，是真正解决黄河流域水资源短缺的生命工程。在初步方案中，西线工程可为黄河流域每年增加超过 300 亿 m^3 水，其中包括西线调水约 240 亿 m^3；黄河中、上游建水库“蓄水”约 80 亿 m^3；黄河本身的“内循环”增加约 80 亿 m^3。近 400 亿 m^3 水中，约 100 亿 m^3 用于解山西、北京、河北、天津、山东、河南长远发展的水资源不足之困；约 100 亿 m^3 用于西北（青海、甘肃、宁夏、陕西、内蒙古）城市人口的生活用水和工业用水；更值得期待的是，可以将约 200 亿 m^3 水用于黄河中上游周边大片沙化旱化土地的改造和生态改善。

第十三章 中外大型调水工程建设的经验教训与反思

针对中外大规模引水的工程实践案例，从总体上来看，已经取得了一些成果，但是也有一些问题。成功的经验值得充分肯定，存在的问题理应引起人们足够的重视。新中国的大型调水工程建设的成功，既得益于对历史经验的科学总结，也得益于对国外经验的有效借鉴。总结过去，正是为了更好地开辟未来。这是水文化参与水治理的主要路径与价值所在。

第一节　对于投资量大、回收期长的问题应强化科学预测

巴基斯坦于1965年开始实施的“西水东调”工程只有曼格拉、塔贝拉两个项目，分别投资6亿美元和9亿美元，该工程于1975年才初步建成。美国加利福尼亚州的中央河谷工程的投资达到31亿美元，该工程于1930年开始，并于1960年完成。澳大利亚雪山工程耗资8.2亿澳元。秘鲁马赫斯—西瓜斯调水工程，总投资9.8亿美元。北美水力发电联合方案，20年时间，耗资逾千万美元，预计建成后，需要50年的时间才能回本，但由于当时各种原因的限制，该方案并未得到实施。1978年，苏联“北水南调”项目在欧洲段的引水计划，只是为了修建一座大型水利枢纽和一条运河，仅投资达25亿卢布；而亚洲地区的引水计划，最少也要140亿卢布；另外，还需要对土地进行开垦，并使用这些水源。由此可见，国外跨流域调水工程投资量大、回收期长，在一定程度上也影响工程效益的发挥。

经验告诉人们，跨流域调水作为一项改造自然的宏大工程，地区范围大，涉及面广，不仅投资多、工程艰巨，而且可能会带来社会和生态环境等长远问题。因此，只有对跨流域工程的规模、效益、生态环境、社会等各方面进行综合的可行性研究和合理合法的论证后，再通过周密规划和设计，才能确定和付诸实施。在衡量调水工程的整体收益和费用的过程中，需要建立不同的用水情景，并从不同的价值维度对其进行分析和研究。近年来，“水足迹”（即某一国家、某一地区或某一个体在某一特定时期所消耗的总水量）成为世界范围内研究和应用的热点，并被用来评估人类对水资源空间分布的依赖性，量化人类活动对水资源的影响。

第二节　对生态环境的负面影响须设法有效减少和避免

2005年1月，时任水利部部长汪恕诚谈道：“要充分认识到水利工程建设对生态环境的影响。水利水电项目在发挥经济、社会、环境等多方面的效益的过程中，会对生态环境造成一定的不利影响。我们必须认真对待这一问题，既不能因噎废食，停止工程建设，停止发展步伐，也不能掩盖矛盾，留下隐患。要坚持以人为本，按照国家有关政策，妥善解决好工程建设中的移民问题，保障移民合法权益；要完善项目咨询评估程序，认真做好环境影响评价工

作；要深入研究水利工程对生态环境的影响，规划设计、工程建设、运行管理等各个阶段都要重视生态环境保护工作，提出相应的对策和措施；要积极探索水利工程有利于生态的调度和使用模式。”①

一般而言，在进行跨流域调水时，一旦发生洪水，必然会造成大片的农田破坏，或者对人和动植物生活的环境造成严重影响。然后，被淹的居民，他们的房子，他们的土地，他们的财富，他们的财产会遭受损失，他们必须面对被迫搬家、改行的局面等等。与此同时，移民迁入地区会使农村土地负担加重。这样的问题如果处理不好，就有可能造成森林被毁，水土流失，以及区域生态环境恶化等不利情况，并对经济和社会发展产生影响。

尤其应注意到，随着输水距离的增加和工程规模的扩大，输水工程将会给生态、经济，甚至是国家之间的关系带来更加复杂和综合的影响。例如，苏联的调水工程则有可能对大面积的生态环境造成影响。鄂毕河、叶尼塞河、勒拿河，这三条河流，都是从苏联流入北冰洋的，其维持着北冰洋的生态平衡和北极的海水含盐量及正常气候。调水之后，不仅会影响苏联北部的气候，还会影响北冰洋河口附近的海水，从而影响北极的气候。此外，许多来自北部的寒流向南流动，也会引起降水和温度的变化。又如，如果对调水区及受水区的水量管控不合理，也会出现问题。其原因是，一方面，调水工程将使调水区内的水流量减少，当这个量达到一定程度时，就会对流域内的水资源产生影响。比如从苏联涅瓦河引水的“北水南调”工程，导致斯维尔河的水量下降，进而造成拉多加湖的无机盐总量的下降，水体中盐度升高，生物沉淀增加，水质恶化。美国加利福尼亚州的引水工程使旧金山湾内来自萨克拉门托河及圣华金河的淡水流量下降了约40%，造成该湾内的水体质量恶化，对该湾内的水生生物造成了严重影响。该地区发生了大量的海水入侵，对当地的生态环境造成了严重的影响。另一方面，调水又会促使受水区的耗水量持续增长，从而导致调水需求持续增长。如果没有及时改善，再加上粗放的灌溉方式和掠夺式的管理方式，那么这片土地就会变成一片荒芜之地。同一时间，当大量的水被引入之后，可能会增加被引入区域的气候依赖，导致对干旱反应更为脆弱等问题。

针对在建设调水工程中产生的这些问题，很多国家都相继出台了有关工程建设的自然生态环境保护措施。美国、加拿大等国家已经将环境设计和生态保护附加到新的引水工程中。印度和巴基斯坦等国家也已经对引水项目的生态效应重新进行了评价，并且在已修建的项目中加入了关于生态保护的设计。

在这方面，澳大利亚的雪山工程特别有参考价值。该工程完全投产后，为了更好地发挥其调水效果，在此基础上，提出了一系列保护水环境的对策。一是对农业和畜牧业用水进行了严格的控制。有关州政府通过了这一协议，经协商一致，农业和畜牧业部门不再发放新的农牧业取水许可证。主要是为了防止盲目发展农业、畜牧业。由于耕地和草场的灌溉量增加，需要

① 秦纪民，李将辉．汪恕诚：节水意义不亚于三峡工程［N］．人民政协报，2005-1-25.

消耗大量的水，并且排放出来的水还携带农药、化肥与其他物质，这些有机物和盐分，都会对下游造成污染。而且，这片土地的开发速度也越来越快。土壤侵蚀等问题会对生态环境造成不利影响。二是在总体上强化有关水土保持的工作。该工程涉及很多方面。大坝形成了一个调节水库，起着至关重要的作用。如果淤泥堆积在水库中，就会导致水库的容积下降，从而对调水工程造成影响。调水工程沿途特别注意水土保持，一律不发展任何产业，全部建设成国家公园供游人观赏游览。为了保护植被，游人只能在高于地面的木质栈桥上通行，地面一律不得踩踏。三是要加强对水质的保护。为了防止农田污水流入或有机物进入引起蓝藻疯长，在输水河道沿岸修筑拦截板，防止落叶、枯草被风吹入水中；更不让污水排入河道，以确保输送的水体质量。四是要加强对土壤的防盐渍化保护。澳大利亚地下水较为丰富，大多含盐量过高，但是地下水位低，对地表环境不产生负面影响。但是大面积开垦使得雨水和灌溉水大量渗入地下，抬高了高盐分的地下水位，造成了地表盐碱化，酿成大片树木、草原死亡的后果。调水工程如果造成干旱地区的高盐分地下水位上升，则危害十分严重。为此，澳大利亚采取严格限制农田灌溉用水量的增长和让河道有足够的水量冲洗并带走沿途盐分的方法，来防止土壤盐渍化。

第三节　必须以节水为优先事项实施系统治理战略

为解决全球淡水资源时空分布不均，以及城市化、工业化、灌溉所需要的水资源随着需求的不断增长而造成水资源短缺的问题，仅考虑调水以解决水的“空间均衡”问题是远远不够的，还必须采取系统治理的范式和综合治理的战略。一是“节水优先”。世界各国在水资源的利用和开发上除了采取调水的方式，还采取了一些其他措施。例如：综合节水，提高水资源利用率；创建节水型工农业。二是对地下水的合理开发和地下蓄水。建设蓄水层回灌工程；重视海水淡化和拖移冰山工作，污水的回收及再利用；通过建立水市场、进行水价改革，消除由于来源不同造成的价格差异等等。

根据世情、国情、水情，我国提出全面推进节水型社会建设。建设节水型社会是解决中国水资源短缺问题的根本出路，解决水资源短缺问题，既需开源更需节流。必须清醒地认识到，我国水资源总量短缺，仅靠修建水库、建设调水工程，不能从根本上解决水资源短缺问题。《中华人民共和国水法》第八条规定：“国家厉行节约用水，大力推行节约用水措施，推广节约用水新技术、新工艺，发展节水型工业、农业和服务业，建立节水型社会。各级人民政府应当采取措施，加强对节约用水的管理，建立节约用水技术开发推广体系，培育和发展节约用水产业。单位和个人有节约用水的义务。”在2004年3月10日中央人口资源环境工作座谈会上，胡锦涛总书记强调指出：“要积极建设节水型社会。要把节水作为一项必须长期坚持的战略方针，把节水工作贯穿于国民经济发展和群众生产生活的全过程。”党的十八大以来，习近平总书记提出了“节水优先、空间均衡、系统治理、两手发力”的治水思路，为解决水紧缺、开展水治理、保障水安全指明了正确方向。

2020年11月13日，中共中央总书记、国家主席、中央军委主席习近平在扬州江都水利枢纽展览馆参观时指出，“北缺南丰”是我国水资源分布的显著特点。党和国家实施南水北调工程建设，就是要对水资源进行科学调剂，促进南北方均衡发展、可持续发展。要继续推动南水北调东线工程建设，完善规划和建设方案，确保南水北调东线工程成为优化水资源配置、保障群众饮水安全、复苏河湖生态环境、畅通南北经济循环的生命线。要把实施南水北调工程同北方地区节约用水统筹起来，坚持调水、节水两手都要硬，一方面要提高向北调水能力，另一方面北方地区要从实际出发，坚持以水定城、以水定业，节约用水，不能随意扩大用水量。

2021年5月14日上午，中共中央总书记、国家主席、中央军委主席习近平在河南省南阳市主持召开推进南水北调后续工程高质量发展座谈会并发表重要讲话。南水北调等重大工程的实施，使我们积累了实施重大跨流域调水工程的宝贵经验。一是坚持全国一盘棋，局部服从全局，地方服从中央，从中央层面通盘优化资源配置。二是集中力量办大事，从中央层面统一推动，集中保障资金、用地等建设要素，统筹做好移民安置等工作。三是尊重客观规律，科学审慎论证方案，重视生态环境保护，既讲人定胜天，也讲人水和谐。四是规划统筹引领，统筹长江、淮河、黄河、海河四大流域水资源情势，兼顾各有关地区和行业需求。五是重视节水治污，坚持先节水后调水、先治污后通水、先环保后用水。六是精确精准调水，细化制定水量分配方案，加强从水源到用户的精准调度。这些经验，要在后续工程规划建设过程中运用好。

继续科学推进实施调水工程，要在全面加强节水、强化水资源刚性约束的前提下，统筹加强需求和供给管理。一要坚持系统观念，用系统论的思想方法分析问题，处理好开源和节流、存量和增量、时间和空间的关系，做到工程综合效益最大化。二要坚持遵循规律，研判把握水资源长远供求趋势、区域分布、结构特征，科学确定工程规模和总体布局，处理好发展和保护、利用和修复的关系，决不能逾越生态安全的底线。三要坚持节水优先，把节水作为受水区的根本出路，长期深入做好节水工作，根据水资源承载能力优化城市空间布局、产业结构、人口规模。四要坚持经济合理，统筹工程投资和效益，加强多方案比选论证，尽可能减少征地移民数量。五要加强生态环境保护，坚持山水林田湖草沙一体化保护和系统治理，加强长江、黄河等大江大河的水源涵养，加大生态保护力度，加强南水北调工程沿线水资源保护，持续抓好输水沿线区和受水区的污染防治和生态环境保护工作。六要加快构建国家水网，“十四五”时期以全面提升水安全保障能力为目标，以优化水资源配置体系、完善流域防洪减灾体系为重点，统筹存量和增量，加强互联互通，加快构建国家水网主骨架和大动脉，为全面建设社会主义现代化国家提供有力的水安全保障。

《南水北调工程总体规划》已颁布20多年，凝聚了几代人的心血和智慧。同时，这些年我国经济总量、产业结构、城镇化水平等显著提升，我国社会主要矛盾转化为人民日益增长的美好生活需要和不平衡不充分的发展之间的矛盾，京津冀协同发展、长江经济带发展、长三角一体化发展、黄河流域生态保护和高质量发展等区域重大战略相继实施，我国北方主要江河特别是黄河来沙量锐减，地下水超采等水生态环境问题动态演变。这些都对加强和优化水资源供给提出了新的要求。要审时度势、科学布局，准确把握东线、中线、西线三条线路的各自特点，加强顶层设计，优化战略安排，统筹指导和推进后续工程建设。要加强组织领导，抓紧做好后续工程规划设计，协调部门、地方和专家意见，开展重大问题研究，创新工程体制机制，以高度的政治责任感和历史使命感做好各项工作，确保拿出来的规划设计方案经得起历史和实践检验。

上述这些内容，全面贯穿了人与自然和谐共生的思想，充分体现了新阶段高质量发展理念，既是对南水北调工程建设经验的科学总结和基本要求，也是今后大型调水工程建设的基本原则和路线遵循。为解决长期的大范围水困，国家投资千亿元实施南水北调工程，十万建设大军长期辛勤劳动，沿线动迁移民40万人，工程之巨、付出之大，古今中外史无先例。在大型调水工程建成后，坚持和落实节水优先方针，实施系统治理战略，实现既避免敞口用水又避免过度调水，既能使调过去的水发挥最佳效应又能使调水使用减少花费，于理于情于义皆应该，于国于民于己都有利。

节水是全社会共同的事，只有全社会共同节约用水、合理用水才有用不完的水；水是生态系统的控制要素，只有节水、惜水在全社会蔚然成风，“生命之源、生产之要、生态之基”才能永葆生机！通过调水来缓解“缺水困局”，而通过节水来为调水“增效减负”，也是为“南水北调”这项功在当代、利在千秋的大工程增光添彩，何乐而不为?

“节水优先”是一项系统工程，不仅是调进水的地区要先行做好节水工作，而且调出水的地区也要先行做好节水工作。首先是在制定调水规划时必须抓好节水，坚持开源节流并重、节水优先的原则，提高用水效率，减少用水浪费，减少污水排放量，把“先节水后调水、先治污后通水、先环保后用水”作为调水的根本性措施。其次是调水过程中的节水，即在远距离的输配水过程中，采取节水措施，防止沿途的水量渗漏、蒸发和因管理不善造成的跑水、泄水现象；避免因输水渗漏抬高沿途地区的地下水位，引发次生盐碱化或沼泽化等生态问题。同时，采用先进技术对用户进行优化配水和自动化管理，最大限度地提高渠系输水利用系数，以保障远距离引来或调进的价格较高的水能得到充分利用等。最后是调水后的节水，包括高效利用好价格较高的调进水，以最少的水量投入获得最大的经济效益；调整经济结构，发展节水型工业、节水型农业、节水型城市、节水型社会；以健全的法制和法规手段规范水事活动，以行政手段界定水事行为，以经济手段调节水事活动，并以科学技术手段开发利用和管理水资源等[①]。

总之，节水、调水可持续是用水可持续的前提，节水优先是调水可持续和用水可持续的

① 李英能. 浅论跨流域调水的节水问题［J］. 南水北调与水利科技，2005（3）：35-37，51.

重要法宝，实施系统治理战略是使节水优先方针落到实处的根本保证。上述是从我国来之不易的大型调水工程建设管理实践中总结出来的“中国经验”“中国智慧”，也是可供世界大型调水工程建设管理参考的“中国方案”。

第四节　对于工程线路地质安全要高度警惕和预防

长距离调水工程的线路和形式结构，不同于水坝、水闸等单一的水工结构，通常是由渠道、隧洞、渡槽、倒虹吸和闸泵阀等组成，这是一项复杂的系统工程，它包含了多个流域、多个地区、多个目标。其特征包括结构的复杂性、多样性和不确定性。调水工程沿线区域的水文和地理条件有很大的差别，地质环境比较复杂，工程穿越了很多的河流、公路和铁路，会时不时遇到自然灾害、工程结构损坏以及金属结构的机电设备故障等情况。调水工程是一项“安全第一”的工程，输水线路的地质条件对输水工程的全局运行起着至关重要的作用。例如北美水力发电联合方案，由于要穿越美国西部地震区和部分水库要修建在活动断层附近，所以一直未能实施。与此同时，我国南水北调中线工程途经的邢台、北京、天津、唐山等多个地区均为强震高发区，这些地区的地震烈度均不低于美国西部。正因为如此，我国的南水北调中线工程规划设计、施工建设的每一个环节，无一不高度重视，并且做了充分且必要的防备措施。

第五节　对于跨流域调水的运作事务的组织协调应集中统一

对跨流域调水的运作事务实施集中统一管理，是中外大规模跨流域调水的重大难题之一。这个难题，有些国家的政府解决得并不好，甚至无法解决。例如，由于美国现实的体制所限，各州的权力很大，一些跨州的调水规划由于所在州的利益难以协调而无法实施，所以联邦政府也显得无能为力，这无疑会对水资源的合理利用和优化配置产生不利影响。

早在20世纪50年代初，我国就提出了南水北调的设想（即将长江水调往华北平原乃至北京、天津等城市），以解决我国水土资源分布不均衡的问题。目前兴建跨流域调水工程以调剂盈缺，已成为国家长远的重大战略措施，无论是经济效益还是社会效益都是巨大的。但是像南水北调这样远距离和大规模的跨流域调水工程，所涉及的工程技术、社会经济和生态环境等问题特别复杂，施工期长，投资巨大。因此，必须采取积极慎重的方针，并借鉴国外已有的经验或教训，做到宏观决策有充分和科学的依据，设计工程有可靠的基础，经济上合理，能够改善生态环境，并且社会效益显著，根据投资方案，有计划、分步骤地实施，逐步扩大效益。

另外，南水北调是有一定限度的，只能在一定时期内满足某些严重缺水地区适当发展规划的用水要求。因此，一些严重缺水地区应该把节约用水作为可持续发展的战略措施运用于现在乃至未来。况且长江水资源也是有限的，目前长江流域很多沿江城镇都出现了水质性缺水问题。所以人类的活动应当与河流相协调，保护水资源，保护生态环境，不仅是缺水地区的战略目标，也是长江流域及整个华夏大地和世界各国可持续发展的必由之路。

第十四章 科学回应大型调水工程建设中的重大社会关切（上）

第一节　科学回应大型调水工程建设中的重大社会关切的重要性

从人类社会的发展来看，工程实践活动历史悠久。可以说，人类社会的发展始终伴随着不同类型的工程行为。例如公元前256年，李冰父子修建的都江堰水利工程至今依然发挥作用。但是，随着人类社会的发展，人类大规模改造自然的工程行为不可避免地要涉及人与自然、人与社会、人与人的关系问题，多重价值追求、不同的利益诉求也会导致工程行为选择上的困境和冲突，并引发对工程行为意义与正当性的反思。

由此而引起的各种争议，甚至激烈的辩论、相互斗争，在国外时有发生。这种情况，在国内也有一定范围内的显现。如在南水北调工程建设过程中，社会各界都非常关切。据有关调研材料，当年，关于南水北调工程的社会关切主要集中在七个方面。一是调水工程建设必要性问题。社会上较为普遍的一种观点是受水区用水效率不够高，仍有较大节水潜力，通过全面、充分的节水和加强再生水利用可以在一定程度上解决自身缺水困境。二是调水工程建设经济性问题。这方面意见主要是从经济角度考虑，有些观点认为调水工程建设成本和水价较高，部分用户“用不起”。三是用水需求预测合理性问题。有报道称，部分调水工程现阶段实际调水量小于规划水平，受水区需水预测存在偏大的倾向。四是水源区及引水口下游经济发展问题。部分观点认为，调水影响引水口下游用水，虽然提高了水源区环境质量标准，但间接阻碍了水源区和引水口下游经济发展。五是生态环境问题。国内外媒体和学者关注的焦点包括调水引发的水源地、引水口下游及河流入海口生态环境问题。六是调水工程安全和可靠性问题。其涉及水源地来水量、泥沙淤积、冰期输水、水质保障等。七是移民生活和身心健康问题。有观点认为移民生活习惯、身体和心理健康将会受到不同程度影响等[①]。

从当时的情况看，上述种种疑虑、异议，有的来自外部，有的出自内部，有些问题确实存在，有些问题的确尚有不确定性或者有待完善，有些问题确有重新评估的必要。当然，经过后来的实践证明，有些问题缺乏科学依据，有些问题只是由于“信息不对称”，外界认为是个大问题，实际上内部未雨绸缪，心里有数，已经有了预案和对策。因此，科学回应对大型调水工程建设中的重大社会关切，正确处理工程建设系统内部的不同意见和建议，就显得非常必要和十分重要。

中国在科学回应大型调水工程建设中的重大社会关切方面，具有历史经验的长期积累，又有新时代的政治智慧和机制创新。

---

① 耿思敏，夏朋．社会关切的调水工程影响问题刍议［J］．水利发展研究，2020，20（10）：84-89.

第二节　科学回应大型调水工程建设中的重大社会关切的机制构建

我们党和国家奉行的是人民至上的根本原则和社会主义核心价值观，遵循的是人与自然和谐共生的思想理念。大型调水工程建设决策管理层及其有关部门都是人民的公仆，负责兴建的调水工程目标就是要让它成为民生工程、生态工程和可持续发展的工程，使命光荣，责任重大，没有什么私己利益是不可以抛弃的，没有什么工作中的缺点毛病是不可以改正的。为了实现人水和谐共生的核心理念，为了广大人民群众的根本利益，为了保障人民的知情权、参与权、表达权和监督权，我们不仅要广开言路，主动征询和坦诚听取来自各方的有建设性的意见，还要自觉增强舆情意识和反应能力，及时分析和正确引导社会舆论，主动回应社会关切、解疑释惑，能够公开透明、虚心纳谏、改进工作。这是对待重大社会关切的态度问题，也是立场观点和方法问题，也是政治文化、管理文化、精神文化问题。治理体系和治理能力现代化，一个很重要的标志，就是要及时回应人民群众的期盼和关切。

有了这个前提，构建回应大型调水工程建设中的重大社会关切的机制，就顺理成章，不会成为难题。尤其是在移动互联网技术迅猛发展和信息传播方式深刻变革的条件下，回应大型调水工程建设中的重大社会关切，显然不缺少办法和通道。在这方面，我国有关部门已经越来越予以重视。例如，为了进一步推动信息公开工作、促进社会各界了解工程情况，提升南水北调系统新闻发布和舆情管理的能力和水平，有针对性地解决新形势下的"本领恐慌"问题，2017年5月，国务院南水北调工程建设委员会办公室在中国传媒大学举办了南水北调系统新闻发布与舆情管理培训班。本次培训班邀请了中国人民大学、中国传媒大学、全国领导干部媒介素养培训基地等单位的多名专家，分别从"互联网+"时代的网络舆情研判和处置、增强舆论引导能力的方法与路径、舆论引导和新闻发布会的策划与实施、南水北调工程新闻发布四个方面为学员们提供理论指导和经验分享。培训班组织学员现场观摩国务院新闻办公室新闻发布会、参观人民网等现场教学课程，并让学员们展开实操，分组模拟新闻发布会实践教学演练，安排知名专家进行现场点评，取得了良好的效果。2018年6月，水利部在山东青岛专门召开了南水北调宣传工作会议。会议特别强调，必须高度重视社会各界对南水北调工程的关注，进一步加强解疑释惑的宣传工作，要打造一支具有顽强战斗力的南水北调宣传工作队伍，新闻宣传部门要根据新技术、新媒体时代舆论环境的新变化、新特点，积极探索以市场化方式运作宣传项目，内外结合，形成宣传合力。2023年4月7日，水利部在河南省南阳市召开南水北调工程管理工作会议，深入贯彻党的二十大精神，认真落实全国水利工作会议部署，总结近年来南水北调工程管理工作，分析面临的形势与任务，部署2023年工作任务。

但是，在这方面还有一定的差距。据有关调查发现，与公众期望相比，在大型调水工程决策过程与建设过程中，程度不同地存在着思想态度不主动、信息公开不及时，面对公众关切不回应、不发声或发声不力等问题。公众对调水工程的疑虑、异议的产生甚或形成一定气候，有不少与“信息不对称”有关。其中决策管理方和有关负责部门与媒体、公众之间沟通不足，信息公开滞后，也是影响社会舆论的重要因素。解决这些问题，弥补这些差距，必须进一步构建和完善回应大型调水工程建设中的重大社会关切的机制。

一、建立完善新闻发布制度和网络发声引导制度

建立完善新闻发布制度主要包括新闻发言人团队服务制度（配齐新闻发言人和新闻助理，组建工作团队，明确工作职责，完善工作流程等），重要信息及热点问题定期有序发布机制等。新闻发言人团队要主动做好调水工程重大决策的解读、妥善回应公众质疑、及时澄清不实传言、权威发布调水工程重要信息等工作。

建立完善网络发声引导制度主要包括对决策管理机关及其相关部门的网站进行扩展，利用领导信箱、公众问答、专家咨询、网上调查等方式，对公众的建言献策和情况反映进行充分的了解；征集公众意见建议的同时，收集研判公众关注热点，针对社会关切的问题，对社会情绪和社会预期要有准确的把握，要解释问题产生的原因，并加以解决、计划、限制等。建立完善新闻发布制度和网络发声引导制度，要实行线上、线下密切配合。首先，对于线上、线下的声音，不管是一句轻柔的劝告，还是一句直言不讳的劝告，都要慎重对待、学习和吸收。其次，要把握好回应时间，尽量在第一时间回应社会关切。最后，要有问必答、有疑必释，尽量消除公众疑问，除非涉及国家机密、重大商业机密等事项，在回应社会关切问题时就应该不遮不掩，一次回答或回复不行，还应该再次主动回答或回复，直到问者满意、疑者信服。

习近平总书记曾强调“没有网络安全就没有国家安全，过不了互联网这一关就过不了长期执政这一关”。可以看出，互联网已经成为党长期执政所要面对的“最大变量”。走好网上群众路线，才有可能提高治理体系和治理能力现代化水平。所以，对于网民的声音，无论是和风细雨的建议还是忠言逆耳的意见，都要认真研究和吸取，力求让互联网这个“最大变量”释放最大正能量。

二、建立完善公开咨询和质询制度

公开咨询和质询制度主要包括公开征求意见制度、信息发布制度、在线访谈制度、专家解读等。凡属重要决策和涉及群众利益的工作措施，必须在专属网站公开征求意见，及时发布决策措施解读信息，定时接受在线访谈，组织专家或涉及具体内容的主管部门做好科学解读。

公开咨询和质询制度，是消除质疑、增进理解和获得支持的必由之路。公开咨询和质询的前提是“信息公开”。“针对社会各界对调水工程的普遍关切，对不涉及保密内容的调水工

程论证信息，应予以适当公开，增强调水工程的透明度。注重对调水工程功能、作用、技术机理等基本知识的宣传普及，增进公众对工程必要性、重要性的理解；主动展示工程的利弊影响和配套解决措施，避免各界因信息不对称产生的猜测和质疑。”[①]

值得借鉴的是，从20世纪70年代到21世纪初，美国三个委员会机构（联邦委员会、国家专业组织机构、佐治亚州委员会），先后发布了跨流域调水法案报告（也称跨流域调水法令），其内容包括水资源保护与评价、公示及公众参与机制、听证机制、处罚措施、监督审查措施以及许可管理程序等事项，公示及公众参与机制为重点之一[②]。公示及公众参与机制旨在为公众和利益相关者参与跨流域调水审批提供规定程序和制度安排，主要包括公告的发布形式、程序、内容、时间，以及公众参与的手段、方式等内容。例如，审批部门收到跨流域调水申请后需要发布公告，以方便公众参与，并将经批准的公告发布给感兴趣的群体或个人（包括水污染控制部门、州国土资源部和水污染控制部，以及关心跨流域调水的企业单位或个人）。又如，跨流域调水申请人将按照如下流程发布公告：①在水源区流域每个可能受到影响的社区的公开发行的报纸上，每周刊登一次，连续刊登四周；②以挂号信的形式，向任何可能受影响的社区官员或用水户寄送通知，并要求收到回复；③在水源区流域内每个可能受影响的社区，至少在公共建筑上张贴三份公告，这些公共建筑包括法院（政府大楼）、图书馆、市政厅等。再如，在征求意见阶段，任何认为自己可能受影响的个体或团体都可以向委员会提出意见，说明自己可能会受到影响的原因，提出个人认为应当采取的措施，以及否决或通过该申请的条件等。收到这些意见后，委员会针对该许可申请安排一次公众听证会，听证会的通知至少在召开前30天向公众发布[③]。

应构建一个具有较强专业性和技术性的行政决策咨询论证专家库。在需要做出决定时，组织有关方面的专家或专业机构对是否可行、是否可控等进行论述。在挑选辩论者时，要重视专业性、代表性和平衡性，让他们能够独立进行工作，并逐渐向社会公布有关专家的资料和观点。如我国在南水北调工程建设之初，组建了南水北调工程建设委员会的专家委员会，其任务就是做好南水北调工程的重大技术、经济和管理工作和品质等相关问题的咨询；对南水北调中线工程的影响，对建设、生态环境、移民工作的质量进行检查、评价和反映，针对重要问题进行调研和研究。

三、建立完善建议提案办理机制

公民参与政治、群众参与管理，就是以个人名义或与其他人联名向有关机构、部门和单

① 耿思敏，夏朋. 社会关切的调水工程影响问题刍议［J］. 水利发展研究，2020，20（10）：84-89.

② 刘强，殷大聪. 国外跨流域调水管理对我国水资源配置的启示［J］. 人民长江，2011，42（18）：111-116，121.

③ 刘强，唐纯喜，桑连海. 美国跨流域调水管理借鉴［J］. 长江科学院院报，2011，28（12）：82-87.

位提出自己的建议提案。在大型调水工程规划、设计、建设过程中，对于这一重要形式和渠道，更应该予以重视，积极倡导，形成制度规范。对于建议提案的办理，一是要建立办理责任机制、逐级审签机制和沟通协调机制；二是要建立系统规范的督办工作体系，对重要建议提案要实行立项、催办、检查、考核与评价全流程管理，有的可视情况主动复文公开，以回应社会关切；三是要对建议提案所提意见，在深入研究论证的基础上，根据实际情况，研究出相应的解决办法，并采取相应的措施，进行积极的协调和推进，落实到实际工作中去。对于集中程度高、代表性广的提议，要从完善体制开始，创造条件从根本上解决问题。

四、建立完善沟通协调机制

建立完善沟通协调机制包括与新闻宣传部门和互联网信息内容主管部门，以及有关新闻媒体的沟通联系制度、重大社会关切回应会商联席会议制度等。大型调水工程是“国之大者”，建立完善与新闻宣传部门和互联网信息内容主管部门的协调联动机制，加强与新闻媒体的沟通联系非常必要。这将有利于主流舆论导向的实现和社会共识的形成。

美国出于对工程的复杂性的忧思，为了增强公众对工程决策的支持，历来非常重视舆论宣传的作用。如对胡佛大坝的宣传，当时美国农业部发起了视觉公共宣传运动（20世纪30年代美国还没有电视，摄影是最有吸引力的宣传大坝建设进展的方式），使用相机制作了“传输进度图像”（Transmiting Images of Progress），形成了2.3万张影像（现存于美国国家档案馆中）。鉴于大坝面临的技术挑战、工程和财政风险，垦务局的领导在公众对水坝的理解及其政治影响方面也多有考虑。为了证明工程结构的合理性和政府资金正被明智地利用，垦务局有意地雇用了颇有艺术才能的Ben Glaha进行摄影，来记录大坝建设过程的细节。Glaha的照片兼具艺术性和写实性，可作为大坝建造过程的技术资料。垦务局经过小心甄别，将他拍摄的照片公布给立法者、媒体和公众，事实证明，这些照片对于促进公众对胡佛大坝的理解和支持起到了不可忽视的作用[①]。

在这方面，与美国不同的是，我国的大型调水工程管理部门有着自己系统的新闻宣传媒体矩阵，并且系统内宣传力量较强，现在与系统外宣传媒体沟通联系也日益受到了重视。这从2018年5月在河南省南阳市南水北调中线工程陶岔渠首启动的“水到渠成共发展”网络主题活动中可见一斑。中央网络安全和信息化委员会办公室协调人民网、新华网、光明网、央广网等34家中央网络媒体和商业媒体、行业媒体组成采访团，沿中线总干渠一路向北，沿途采访南阳、平顶山、许昌、郑州、邢台、石家庄、沧州、天津、北京共九座城市。期间，四个省、直辖市属地网络媒体陆续加入。同年6月5日，主题活动在北京密云水库顺利结束。34家媒体全程参与了采访报道，河南、河北 、北京、天津媒体积极配合。采访团冒着高温酷

---

① 张志会. 世界经典大坝——美国胡佛大坝概览［J］. 中国三峡 ,2012(1):69-78，2.

暑，开启了约2500km的采访行程，共采访了覆盖四省（直辖市）的九座城市。截至2018年6月10日，全网发布信息1.6万条，127家中央重点新闻网站、商业网站和地方网站开设了活动相关专题，相关新闻5909篇，微博6635条，新闻客户端文章2001篇，微信公众号文章506篇，博客文章234篇，论坛贴文116篇。网站原创报道合计1358条，手机报5期102条消息，微博话题“水到渠成共发展”总阅读量731万人次。中共中央网络安全和信息化委员会办公室向全网共推送稿件64篇①。

美国传播学家M·E·麦库姆斯和D·L·肖提出的“议程设置”理论指出，媒介对某个问题的重视程度同公众对该问题的重视程度具有高度一致性，传播媒介在一定时期内选择某个议题，实行强化报道，可以使其成为社会舆论的中心议题②。大型调水工程是很多人都感兴趣，想知道却不知道的事物。要让人们注意并重视主流意见和话题，从而达成一致意见，应预先设定议事日程。我们知道，南水北调工程“上马”从提议开始，关于这个项目的争论就没有停止过。而且，媒介建构的南水北调形象与现实情况并不总是一致，甚至完全相反。曾几何时，某些西方媒体对中国的发展抱有偏见，使得中国的负面信息量超过了正面信息量，其原因除了某些西方媒体对中国的某些偏见之外，我们调水工程有关负责部门在当时与中国媒体沟通不够和媒体的议程设置能力较弱也是一个“内因”。过去，有识之士对此曾“哀其不幸、怒其不争”，而今有了正反两方面的经验教训后，站在战略高度，积极主动地参与到舆论的议程设置中，可以为公众树立一个良好的形象。例如，围绕工程建设重大节点如工程正式开工、蓄水、调水等，可组织媒体进行集中报道；围绕社会关注的热点、疑点、难点问题（关于质量 、投资、生态环境等），可组织媒体答疑解惑；根据不同受众群体需要，向国外观众策划安排定向报道；能为媒体提供及时的新闻线索、有秩序地安排日常采访等。

第三节 科学对待大型调水工程建设中的民主决策与科学决策问题

直观地看，跨流域调水可以改变河流的自然流向和径流量分配，是人类改造自然的一种重要的水利活动。但进一步探究，跨流域调水工程的兴建，实际上是一个庞大的系统工程和多学科综合研究的对象，它已远远超出了单纯水利工程实践的范畴。当今世界，随着世界城市化的推进和全球气候干旱趋势加剧，在水资源短缺和水危机背景下，调水工程在水资源开发利用方面提出了新问题、面临新的挑战，同时也暴露出一些问题，由于这些问题引发的原因不同、造成的后果不同、主体责任不同，质疑和争议的焦点、热点也不尽相同，随之而导致的社会关注、跨界参与的程度也因事而异。这些争议，自然也给调水工程的各个建设阶段

① 孙永平，张存有，秦颢洋．南水北调工程宣传与主流网络媒体合作的探索与实践［J］．中国水利，2020（23）：58-59.

② 希伦·A·洛厄里，梅尔文·L·德弗勒．大众传播效果研究的里程碑［M］．北京：中国人民大学出版社，2004：242-263.

带来了相应影响，而更多的则是困惑与挑战。

在工程建设前前后后发生的各种争议，可能是特定领导决策集团内部的、各级组织的，也可能是外部的、社会各界的。不同的领导决策文化，不同的工程管理文化，对待争议的态度是不一样的，其采取的决策模式常常也是大相径庭的。无论是出自内部的、各级组织的，还是来自外部的、社会各界的，如果能够使其纳入一个发扬民主、听取民意的轨道，成为一个科学论证、协商咨询的过程，是非常必要的，非常合适的；或者说，如果特定领导决策集团能够让各方利益攸关者完整地提出自己的意见建议，自由地表达自己的愿望要求，适当地参与领导决策，对他们在工程"调还是不调"或"建还是不建"问题上的抉择予以足够的重视，也是再明智不过了。当然，如果参与相关大型调水工程建设争议的各类主体，都具有高水平、高素质，都能自觉地遵循自然规律、生态规律、资源规律和经济规律，把自己的主张、意见和建议建立在深入的调查研究的基础上，通过认真细致的论证，负责任地围绕"是否需要""是否能够"和"是否值得"发表看法，从科学价值、社会价值和经济价值等方面对"调还是不调""建还是不建"做出理性的判断，更是非常必要，非常合适的。

面对过去已经发生的问题，向后看的同时也需要向前看。有些问题，例如水污染问题、水权归宿问题、水量分配问题、调水区域与受水区域的利益冲突问题、气候变化带来的问题等，原因肯定是多方面的，应当具体问题具体分析，不能把并非是调水工程本身引起的问题，统统归咎于大型调水工程的建设来加以责难。一方面，工程决策管理主体和工程技术界在对待大型调水工程重大问题的抉择上，权力大责任也大，决不可一意孤行、行为偏激而陷入极端。另一方面，人水关系和谐，首先是人人关系和谐。社会各界对水利工程建设中的事情应尽量弄清弄准，不同意见尽可能地通过正常的民主渠道反映，要共同营造一个民主、团结、融洽、和谐的社会环境。

俗话说"当断不断，反受其乱"，当断即断应"就早不就晚"。研究解决工程中存在的涉及生态、关乎民生的重大问题，最好是早发现、早研究、早解决，决不可等闲视之，任其发展。这是一个已经在苏联、美国、加拿大等国家一一证实了的历史经验与教训。

我们知道，苏联从20世纪30年代就开始建设跨流域调水工程，截至20世纪90年代初苏联解体，已经建成各种规模的调水工程近百项，调水线路总长约6000km，调水总量约861.5亿m^3，相当于我国南水北调中线和东线第一期工程调水总量的6.1倍。1985年，在苏联的媒体上出现了关于调水工程利弊问题的大论战，一些学者批评调水工程严重破坏了生态环境，造成经济、社会和文化的重大损失。于是，苏联政府针对调水工程对环境有利的与不利的、直接的与间接的、短期的与长期的、暂时的与积累的、一次的与两次的或多次的影响，进行深入研究与反复论证，以期消除环境隐患。最后，1986年，苏联共产党中央委员会和部长理事会通过了一项决定，禁止了新的引水项目的规划与设计工作。

经过长时期的会上会下的争议，美国不仅在水治理方面尤其是水工程建设方面做出了明显的政策调整，而且，在跨流域调水工程从规划设计到运行管理的各个环节，都不惜投入必要的财力与人力，就调水工程对环境的影响进行了广泛而深入的分析研究，制定了各种行之有效的对策措施，防止和处理一些可能出现的不利影响，以实现工程的最佳环境效益。为了缓解中央河谷工程的生态环境负面影响，1992年美国总统颁布《中央河谷工程改良法案》，对以前的工程授权进行了修正，并使鱼类和野生动物保护、减少工程负面影响以及栖息地修复等成为与灌溉和生活用水同样优先的优先事项；将野生生物的生活环境作为与发电任务同等重要的目标。另外的重要举措是在长期监测和评估的基础上，采取河流生态修复措施，包括调整调水比例，维持最低环境流量，栖息地修复以及大坝改建等。

加拿大基马诺工程从尼查科河向基马诺河调水，利用落差发电以发展炼铝业。自1952年一期工程竣工后，来自各方面的争议不断。该工程淹没了印第安人社区房屋和墓地，印第安部落为此要求政府补偿。到20世纪70年代中，尼查科河径流量不断减少，引起河流干涸、泥沙淤积和水温升高等问题，加拿大渔业部当时采取法律措施，迫使电站业主铝业公司将30%的调水量重返尼查科河。调水尽管对基马诺河生态维持有利，但是炼铝过程产生的氟化物会导致大面积森林破坏和水生生物死亡，危及居民健康。正因为如此，基马诺二期工程计划就没有再实施。

前车之辙，后车之鉴。上述国家的做法，其经验值得我们汲取，其教训也值得我们借鉴。但是，我们应当清醒地看到，我们国家的情况同西方国家的情况有很大不同，在对待大型调水工程建设问题上，大辩论、大论战的方式并不可行，我们决不能等到民怨沸腾时才被动地反应过来。

我们国家遵行的是“坚持科学决策、民主决策、依法决策，健全决策机制和程序”，实现重大决策的科学化、民主化、法治化[①]。科学决策往往涉及信息、技术、经济成本效益分析和专家代表在合理决策模式中的作用，以确保决策的可行性，核心是坚持依法办事，即坚持科学决策规律，坚持科学决策程序和使用科学决策方法；民主决策就是在决策过程中引入民主参与，为政府和公众创造一个对话的平台，核心是凝聚民智，即在决策过程中充分发扬民主，听取大家的意见，按照民主程序进行决策；依法决策是指依法做出的决策，这实质上意味着按照法律程序做出决定，并接受合法性审查，以确保行政决策不能违反法律，不能损害社会利益和公民权利，并在本质上是合法的和正确的。三者的出发点和落脚点是一致的而不是分裂的，是和谐的而不是冲突的，其根本通道都是民主集中制。在重大事项决策过程中，科学决策、民主决策、依法决策并不是孤立的，而是相互影响的；科学、民主、法治的制度设计和程序要求可能交织在一起，也可能在三个层面反复进行。

但这并不意味着，在决策制度设计与具体决策中，科学化、民主化、法治化可以互相替

---

① 党的十六届四中全会通过的《中共中央关于加强党的执政能力建设的决定》提出要“改革和完善决策机制，推进决策的科学化、民主化”。党的十九届四中全会明确提出“健全决策机制，加强重大决策的调查研究、科学论证、风险评估，强化政策执行、评估、监督”。党的十九届五中全会通过的《中共中央关于制定国民经济和社会发展第十四个五年规划和二〇三五年远景目标的建议》，进一步提出“健全重大政策事前评估和事后评价制度”。2015年底，中共中央、国务院联合印发《法治政府建设实施纲要（2015—2020年）》，将“推进行政决策科学化、民主化、法治化”列为2020年法治政府基本建成的主要任务之一。

代。这是因为，“如果科学的价值取代民主的价值，就会因为忽视社会民主参与而产生分歧；如果过度强调民主，会降低科学论证的价值、专家的作用和决策的效率；如果忽视决策的法治约束，则科学决策和民主决策都将失去法律保障，无从确立。”①

我国南水北调工程的战略决策充分体现了科学决策、民主决策和依法决策的要求。南水北调工程的战略决策考虑了人民的切身利益，是战略决策的核心部分。南水北调工程实施的关键在于做好整体规划、全面部署、循序渐进、分阶段实施。南水北调工程的总体规划是不同部门、不同地区之间协调的整体结果。在南水北调工程总体规划的编制过程中，规划部门克服了许多困难，遵循民主讨论、科学比选的原则，接受了大量知识分子和各界专家的建议，并对列入选点的重要线路进行了现场查勘或复勘，补充或更新了大量的基础资料。

目前，各级政府重大行政决策程序体系已基本建立，明确了规划编制类、政府重大投资和重大建设项目类、重大改革创新政策和措施类、民生与社会建设类、自然资源开发利用与生态环境保护类、制定或调整价格类、国企重组及国有资产处置类等若干范围的若干内容；明确了将涉及重大公共利益，对本管辖区域经济社会发展具有重大影响，或对公民、法人和其他组织的生产生活有直接重要影响的事项作为重大行政决策范围；明确了公众参与、专家论证、风险评估、合法性审查、集体研究决策五个必经程序，使得重大行政事项的决策过程更加科学、规范。随着各级政府重大行政决策程序体系的建立和不断完善，处理大型调水工程建设中的重大社会关切，有效化解各种矛盾和争议，就有了可靠的保障。

① 马建川．提高行政决策科学化民主化法治化水平［N］．人民日报，2013-8-23（7）．

第十五章 科学回应大型调水工程建设中的重大社会关切（下）

第一节 科学对待大型调水工程综合效益最大化问题

据联合国估计，到2025年，全球将有35亿人面临水资源短缺的状况。清洁的水源已成为世界各国社会和经济发展的重大制约。大规模、长距离、跨地区跨流域调水工程成为世界解决水资源短缺和分布不均的重要手段。现代化的调水工程最早出现在19世纪的澳大利亚、印度和美国。20世纪后，以色列、加拿大、中国等国家紧随其后。调水工程文化的社会属性是在有限时空内将水利工程发挥的社会效益最大化，因此，水利经济是评价中外调水工程的重要维度，涉及防洪、灌溉、水力发电、治涝、航运、城镇供水、河道整治、水土保持、牧区水利、滩涂开发、水利旅游、水产养殖、水利移民及水环境保护等诸多领域。无论是国内还是国外调水工程，水利工程发挥的作用越来越得到普遍的认同和重视。因此，中外调水工程评议首先要考虑的是调水工程的经济效益。

世界上的调水工程都是为解决水资源的区域性分布不均衡而建造的，比如我国的南水北调工程，美国加利福尼亚州的北水南调工程，巴基斯坦的西水东调工程等等。但由于大型调水工程涉及的用地范围广，况且基本上都会直接或间接地改变相关水域的生态环境，再加上工程投资大、建设周期长、拆迁赔偿多等因素，历来对调水工程可建与否的争议都是比较大的。比如我国南水北调工程，是一项功在当代、利在千秋的系统工程，是优化水资源配置、促进区域协调发展的基础性工程，是新中国成立以来投资额最大、涉及面最广的事关国计民生的基础设施型工程。但也有人认为南水北调工程耗时长、耗资多，工程环境地质复杂，涉及移民安置等，不宜开工建设。再如澳大利亚的雪山工程，每年产生的经济效益占到了澳大利亚农业产值的40%，是一个发挥经济效益的水利工程，但也有人认为该工程每年仅提供工农业用水量23.6亿m^3，灌溉面积26万hm^2，产生的社会效益非常有限。因此，对于该工程的作用和效益也是质疑不断。

水是生命之源，水资源支撑着人类的生产生活和经济社会的可持续发展。水资源是关系到国家环境与发展的战略性经济资源。然而，水资源供需矛盾突出、水质污染加剧、水土流失等已成为困扰世界的重要环境问题。就国内而言，我国水资源分布不均匀，南方水多，北方水少。长江流域及以南地区，水资源量占全国河川径流的80%以上；但是在黄淮海流域，水资源量只有全国的1/14，其中北方九省区，人均水资源不到500m^3，特别是城市人口剧增，生态环境恶化，工农业用水技术落后，浪费严重，水源污染，成为国家经济建设发展的瓶颈。

基于此，一方面，人类重新分配水资源得益于大规模、长距离、跨流域的调水工程，有效缓解了缺水地区供需水资源不均衡的问题，引起国际社会的广泛重视。另一方面，必须把水资源作为最大的刚性约束，对可开发利用的水资源进行科学核算，严格控制水资源开发，以水定城、以水定地、以水定人、以水定产，全面提升水资源利用效率。

为了使调水工程能取得最大的经济效益，特别是要保护生态平衡和环境质量，必须对调水方案的可行性和现实性进行科学的、技术经济的、关于生态环境影响的等多方面的综合评价和论证，从而制定出经济效益最优化、没有或最小不利影响的调水方案，舍去不合理的、利少弊多的方案。选择合适的方案后，仍应对其规划、设计、施工和运行等各方面进行跟踪、分析和研究，提出减免或改善不利影响因素的措施。

规划、勘测和设计是调水工程的前期工作，而生态环境影响评价和环境保护设计是前期工作的基础性环节。在调水工程的规划设计中，必须把环境保护作为重要的内容之一。为此，应通过社会调查，查阅历史资料和调研座谈，研究其他调水工程的经验教训；利用统计方法、测绘技术和无人采样飞机进行环境监测；通过统计分析、分类对比，建立环境数学模式，进行模拟试验和现场试验；利用3D仿真技术和虚拟技术，展示调水系统和有关流域的生态环境的演变历史和现状，预测生态环境的发展趋势；再根据调水工程目前和长远的效益，结合社会调查和公众参与，权衡利弊，实行多方案比较，然后采取适当措施。这样，既能达到跨流域调水工程的预期效益，又能减少不利的生态环境等影响。

马克思主义关于经济基础和上层建筑的辩证关系原理告诉我们，经济基础决定上层建筑，上层建筑反映经济基础，并具有相对的独立性，对经济基础有反作用。对中外调水工程进行评价的重要标准是“坚持社会效益和经济效益有机统一”。正确把握社会效益和经济效益之间的关系，是正确协调水利工程建设和工程文化关系的必然要求。

第二节　科学对待大型调水工程生态环境效应和生态保护问题

跨流域调水的目的主要是满足人类的生活和生产需要，以及实现经济社会的高质量发展。但如果在环境方面考虑不周，不仅会给一条河流、一个湖泊带来负面影响，而且会使相关流域内的生物、生态系统和环境质量发生很大变化。如果在调水之前，只注意到缺水的需要，而忽视那些事后才逐渐显示出来，或逐渐积累才发生作用的生态环境问题，则即使达到了调水的预期目的，也会给调水沿线或受水地区甚至调水工程的水源区带来或多或少的生态问题，甚至会使环境恶化，危害人身健康，影响工农业生产，导致自然灾害的加剧，造成不可弥补的严重损失。这就是所谓的水利工程生态环境效应问题。一般来说，大型跨流域调水工程建设和运行对河流及周围生态环境的功能和系统都会有各种影响，其生态环境效应就是指其建设和运行过程中对生态环境系统造成的有利或不利的影响。生态环境效应是一个涉及生态环境和社会经济的复杂系统，客观、全面地分析大型跨流域调水工程建设和运行对当地生态环境和社会经济的影响是必要的[①]。

从中外大型调水工程建设来看，在这方面既有很多值得总结的成功经验，也有不少需要警悟的失误案例。当然前者占比要比后者大得多。因此，大型调水工程建设，必须充分统筹兼顾、深入研究、科学论证、权衡利弊和审慎决策。

成功的工程案例有很多，例如，加利福尼亚州的调水工程被认为是一项宏大的跨流域调水工程，输水渠道南北长度达到千余公里，纵向贯穿加利福尼亚州。该工程的输水能力在各个区段都是不相同的，其中设计最大区段的输水流量可达到509m^3/s，一年的调水总量约为140亿m^3。该工程为南部的经济和社会发展及生态环境的改善提供了足够的水资源，使其成为果树、蔬菜等经济作物生产出口基地，还保障了洛杉矶约1700多万人口的生活生产用水需求。现在已经发展的灌溉面积约有133万hm^2。

澳大利亚雪山工程是澳大利亚跨越州界、跨流域，集发电、调水功能于一体的水利工程，澳大利亚雪山工程也是世界上较为复杂的大型调水工程，很大程度上促进了墨累—达令盆地农牧业的发展。并且澳大利亚雪山工程还产生了巨大的发电效益，电能可以输送到堪培拉、悉尼等重要城市。同时，为了调水工程的顺利进行还建造了16座不同规模的水库，点缀于绿树雪山之间，使科修斯科雪山国家公园成为著名的旅游地。

卡拉库姆运河是世界最大的灌溉及通航运河之一，总长1400km，在土库曼斯坦让成百万牧民结束游牧生活，将畜牧业发展推向新的高度。它向土库曼斯坦居民提供生活和工业用水，使克拉斯诺伏斯克、涅比特—达格等石油天然气田得到大规模开发，一座座工业新城矗立在荒漠之上。从此土库曼斯坦东西之间有了航道快捷方式，里海和咸海之间可通过运河相连。这条运河主要功能在于农业灌溉，可使1500万亩耕地受益，新垦750万亩耕地，改良2.25亿亩牧场，使土库曼斯坦成为苏联稳定的长纤维优质棉生产基地；或成为生态环境宜人的旅游胜地。卡拉库姆运河还使周围的生态环境得到了极大的改善。本来死气沉沉的沙漠，变成了一个生机勃勃的富饶之地。其中运河流经的克尔基、阿什哈巴德等城市都因为运河而得到了很好的发展，人口也得到了迅速的增长。

失误的工程案例也有很多，例如，苏联东水西调导致咸海濒临消失问题。大体情况是，在调水工程完成之后发现，由于输入咸海的水量锐减，再加上中亚干燥的气候和庞大的蒸发量，湖泊面积锐减，湖水咸度急剧增加，当地渔业枯竭。与此同时，鄂毕河、叶尼塞河和勒拿河三大水系，流经苏联的温带地区而注入北冰洋，保证了北部地区正常的生态平衡和北冰洋海水盐的浓度及正常的冰冻期。调水后，会使苏联北部和北半球气候发生变化，并且提高

---

① 跨流域调水工程建设对生态环境有着积极和消极的影响。积极影响包括跨流域调水工程将解决“分洪区”易遭水灾和挽救区域生态危机的问题。我国南水北调工程将缓解北部的干旱造成的生态环境恶化。修建蓄水设施不仅可以防沙排涝，还可以明显加强库区的空气湿度，有利于附近绿色植物的生长。但是跨流域调水工程的建设也会带来一些不可避免的消极影响，如工程的大规模建设可能会导致大量的水体蓄积，这将改变库区的地壳应力，为诱发地震创造了条件。输水渠道的建设可能造成两岸渗漏，抬升地下水位，并使大面积土壤次生盐渍化、沼泽化，高坡度地区因土壤水分过高会引起山体滑坡、泥石流等自然灾害。此外，大量水利工程建设破坏了原有水系统中的生物生存环境，打破了原有的生态平衡体系，造成了食物链被破坏，可能导致鼠疫或动植物的灭绝。

北冰洋河口附近海水的含盐量，使冰冻期改变。另外，大量北方较冷的河水逆流至南方，也会使降水、气温发生变化。由于输送水资源的路线和受水区域长时间受到渗透补给地下水的影响，导致很多水利工程的渠道出现盐碱化现象，这种现象在高位输送水资源的地段发生频率较高[①]。苏联的教训告诉人们，人们在改造大自然的时候，一定要对大自然保持敬畏的心态，切记不要做出超出环境生态阈值、超出人类能力范围和可能影响大区域生态平衡的负向改变。

不甚成功的还有巴基斯坦西水东调工程。虽然该工程在一定程度上可以改善巴基斯坦的水资源配置且取得了社会效益和经济效益，并且这些效益也是非常显著的，工程在总体上是非常成功的，受到社会公众普遍的赞誉，但是由于灌溉和排水系统设计得不合理，水资源损失严重，致使土壤盐碱化程度越来越严重，给当地的农民带来了不可估量的经济损失，后来采取紧急措施降低地下水位，相应的土壤盐碱化程度得到有效控制，才使得土壤得到了改良。

值得一提的是，一些专家学者针对国内外大型调水工程建设的优缺点，从经济和环保的角度，提出了许多关于科学对待工程建设和运行中的生态环境保护的新思路和新方法，强调工程的建设和应用应与生态环境保护紧密结合，努力实现生态保护与经济发展双赢。许多国家和地区在水处理理念、工程建设、管理调度等方面进行了有益的探索和尝试，积极开展了标准工程建设审批流程、水管体制改革、水生态环境保护工作等等。随着人们对生态环境保护意识的增强，人们深刻意识到保护环境、维护生态平衡对于人类生存和可持续发展的必要性。在新的历史条件下，用什么样的眼光看待大型调水工程建设，用什么样的方式管理大型调水工程建设，是我们面临的重要问题。

我国的大型调水工程，总结吸纳了世界相关工程的成败得失的经验教训，取得了巨大的胜利。如引大入秦工程是甘肃省中部地区一项跨流域调水自流灌溉工程。从发源于青海省境内的大通河引水，调水至兰州市以北约60km的秦王川地区。工程设计年自流引水4.43亿m^3，灌溉土地5.87万hm^2，以改变秦王川地区的荒漠面貌，逐步增加植被，在兰州市北部形成绿色屏障，改善兰州市小气候和缓解大气环流污染，具有明显的经济、社会和环境效益。

特别是南水北调工程，在2000年进入总体规划论证阶段，国务院制定了“先节水后调水，先治污后通水，先环保后用水”的原则。南水北调东线一期工程经江苏、山东两省，这

---

① 苏联曾经是世界上最大的国家，整体面积达到2240万km^2，大约占世界陆地面积的1/6。苏联地区的纬度高气温低，中亚地区是最温暖的一块区域，对于苦寒的苏联来说，如何利用好这些地区，发展农业生产，成为一件十分紧迫的事情。20世纪50年代，苏联政府决定截取阿姆度河以及谢尔河的水利资源，用来促进中亚地区的农业发展，这些水流原本会流入咸海。1967年东水西调工程正式竣工，这一项目在一开始确实获得了很大的成效，中亚地区接收到源源不断的水流，为农业种植提供了良好的自然条件。中东地区一跃成为世界棉花出口最大的地区，极大地带动了当地的经济发展。但是问题很快就暴露出来，流入咸海的水源逐年减少，那里的渔民靠捕鱼维持生计，至少有4万人在这片水域生活。1947年苏联军舰都可以进入咸海同行，然后东水西调加速了当地生态环境的恶化，咸海的水域面积也在逐年萎缩。2004年的时候，咸海面积已经萎缩到原来的1/4，再加上中亚干燥的自然环境，形成了难以挽回的恶性循环。咸海原本是世界上第四大湖泊，经此变故，湖水的咸度急剧上涨，当地的捕鱼业也销声匿迹。东水西调工程被迫停止，中亚经历了短暂的繁荣消失之后，将要面对的是满目疮痍的大自然。目前处于咸海地区的哈萨克斯坦和乌兹别克斯坦，已经派了官方专家们，绞尽脑汁地想要缓解该地区的恶劣条件，但问题到底该如何收场仍需等待后续方案。

些地区经济发达、交通便利，但水体污染严重，人们最担心的是治污成败问题。因此，工程重点就是加强污水处理，实施清水廊道建设，完成苏、鲁两省的治污及截污导流项目。原国务院南水北调工程建设委员会办公室高度重视生态环境保护工作。该机构历次全体会议均对治污环保工作进行了研究和部署，并提出了明确要求。会议指出，治污和环保关系南水北调工程的成败，要坚持先节水后调水、先治污后通水、先环保后用水，继续加大库区和沿线地区专项治理力度，严格保护好上游水源地，加快治污工程项目建设进度，严防输水干线污染，保证北上的水质全面稳定达标。东线调水成败在于治污。2003—2013年：COD（化学需氧量）平均浓度下降85%以上、氨氮平均浓度下降92%、水质达标率从3%到100%。水清了，岸绿了，南水北调东线一期工程有力地促进沿线各地经济发展和生态保护迈向双赢。全面通水以来，南水北调东线干线水的质量已经全部达到Ⅲ类水，中线源头丹江口水库中95%的水资源的质量已经达到Ⅰ类水，干线中的水质量已经连续多年优于Ⅱ类水的标准。

近年来，南水北调工程吸取流域污染治理的经验教训，在污染治理方面积极探索，对于工程沿线中结构性污染比较严重的问题，主要是从调整经济框架入手，重点推动河道沿线的各地经济转型且促进产业技术的升级，为了防治污染的工作顺利进行，通过各种方法关停有污染的企业，取消排放特权。这些都是治污工作的关键。

江苏省结合淮河流域治污，全面淘汰落后的化学制浆造纸企业和低产能的酒精、淀粉生产线。大力开展化工专项整治，截至2009年，对沿线123家重点污染企业开展强制性清洁生产审核，不断削减工业企业的排污量。江苏省提高了苏北地区化工行业的准入门槛，为了集中处理污染垃圾，将新建项目安排到工业区，同时为了加快治理老项目，逐步实施搬迁。2022年，通过江苏省政府部门的努力工作及各企业的积极配合工作，防治污染攻坚战的成果还是非常明显的。PM2.5的浓度已经降到33.3%，优良天数比率、国家地表水考核水质优良（Ⅲ类）断面比例分别有效提升5.2%、30.4%，已经全面减少劣质的Ⅴ类水体并且全面消除了城市中的黑臭水体，太湖治理已经连续15年实现“两个确保”，受到污染耕地和地块安全利用率已经实现“双90%”的目标。生态岸线的占比已经提高到64.1%，长江干线中的江苏地段的水质量始终保持在Ⅱ类，长江的生态环境实现预期的“沧桑巨变”。

山东省把地方流域标准作为目标要求，针对造纸等重度污染行业，加大防治污染技术的研发力度，强化环保科学技术的支撑，通过实施这些有效的措施，突破了制浆工艺和废水深度处理回收利用技术等行业环保瓶颈。针对环境容量处于饱和状态的区域，山东省禁止新增有污染排放量的项目建设，严格控制重度污染行业的项目，比如新上造纸、化工和酿造等。

为确保南水北调中线调水水质安全，国家发展改革委、生态环境部、住房和城乡建设部、水利部等部门联合印发考核办法，明确河南、湖北和陕西三省人民政府是中线水源保护的责任主体，并对年度水质、水污染防治项目、水土保持项目等情况进行考核，考核结果纳入各级政府领导干部的综合考核评价。

总的来说，南水北调工程吸取流域污染治理的经验教训，在污染治理、环境保护等方面积极探索，从调整经济结构入手，动用法律、行政、经济、民间等手段，走出了科学规划、提前治污、保护生态的新路子，为其他流域污染治理树立了标杆。山东省通过“截蓄导用”联合调度，使21个截污导流项目每年可以消化中线水量约2.06亿t，削减COD约5万t、氨氮约3000t。在东线工程可行性研究阶段总投资中，防治污染工程的投入资金所占比例已经提高到32%。东线防治污染工作的总投入资金将达到350亿元，中线丹江口水库区域及上游防治水污染和水土保持投入资金达到189亿元。南水北调治污环保工作的顺利开展，不仅大幅度提高了沿线和水源的水质，而且改善了工程沿线周边环境，使南水北调工程惠及更多的人民群众。在南水北调工程通水前，为了维持供水区正常经济社会发展，不得已必须大量超采地下水。据有关部门统计，南水北调供水区原来每年大约超采76亿m^3地下水，其中深层地下水约32亿m^3。地下水的连年超采，导致地面沉降、海水入侵、地下水污染。因水资源短缺而严重超采地下水，是前一个时期北方地区生态环境最大的问题。东、中线一期工程通水后，每年可向供水区增加133亿m^3的水，虽然供水主要满足城市用水需求，但通水后可以有效缓解地下水超采的局面，并且每年还可以增加生态和农业两个方面的供水量，约60亿m^3，这不仅初步遏制了北方区域水生态恶化的趋势，还可以不断地恢复和改善生态环境。因此，南水北调工程最大的效益实际上是生态效益，是将生态文明建设融入国家重大基础设施建设的一个范例。

通过中外大型调水工程生态环境效应理论与实践分析，我们看到，面对当前问题，必须从实现人与自然和谐共生的现代化宏伟蓝图的全局出发，把生态环境效应摆在重要位置，多措并举，建立一个新的生态环境友好型工程建设体系，并落实到规划、勘察、设计、施工和运营管理的各个阶段及关键环节，不断开创资源的开发利用和生态环境保护的双赢新局面。

第三节　科学对待大型调水工程建设中“两手发力”问题

制约社会经济发展日益严峻的水安全问题诸多，比如水资源短缺、水环境恶化和水资源时空分布不均衡等，调水工程可以有效解决部分地区水资源短缺的问题。虽然调水工程可以为缺水的区域提供水资源，但调水工程往往会面临投资乏力、运营亏损和老化失修等影响工程效益的实际问题。中外大型调水工程的建设、发展和运营，需要有技术、经济、环境、社会、政治、法律、人文等多行业和多学科的共同参与和相互支撑，还需要具备完善的法律保障、科学的水权管理、强有力的政府主导与市场工具。哪一项都不能缺失，否则就不可能实现工程建设目标，更不可能获得最大综合效益。

从中外调水工程发展来看，一般情况下，调水工程都是国家或地区的大型或特大型公共水利基础设施，并且都是从国家和地区全局的角度来考虑整个工程的论证、规划、设计和建设。调整重大生产力的布局及优化配置重要的自然资源，稳定国民经济，合理分配经济收入，增强国家竞争力和综合国力，协调区域发展和全体人民共同富裕并改善地区生态环境质量，从而实现整个国家或地区范围内的结构升级，以及经济、社会和环境的可持续发展。这类重大项目的建设只有责任政府才有能力组织实施，一般情况下，营利性企业不愿意到周期长、见效慢的工程投资。因此，政府对跨流域调水主体工程建设将起到决定性的主导作用，因为调水工程是一项系统工程，不仅建设周期长、投资大，而且参与人员多、部门多，所以调水工程一般都是政府主导，带有很强的政治色彩。

调水工程开工、建设和运行不可避免地会出现各方利益冲突和水资源开发利用的问题，尤其在枯水期，各地水资源紧缺，出现争水现象。这是因为在枯水期水源区水资源比较少，能外调的水量少，不能满足受水区需水要求，需要政府出面来调节水源区与受水区的利益冲突。还有沿线地区之间也会产生相应的社会问题冲突，有限的外调水无法满足每个受水区的要求，同样需要政府出面来调节地方的冲突。上述用水供需矛盾和现实水资源分配不均问题，就成为中外调水工程争议的焦点、热点，主要表现在水资源社会配置与社会发展目标的迥异。

国外工程建设的经验也表明，对于重大的公共基础设施建设项目需要政府决策、协调、支持与管理，包括作为工程建设的投资主体和主渠道，充分发挥政府的宏观调控作用和行政管理等都是重大调水工程项目成功建设与运营的关键。

为了满足不断扩张的城市发展需求，国外很多地区争相开工建设调水工程，尤其以地下水急缺的地区最为积极。作为调节区域水资源时空分布不均的手段之一，长距离引调水在满足缺水地区农业灌溉、工业和城市用水等方面发挥了积极作用。然而，随着经济社会快速发展，引调水工程开展的密集程度之高、调水量之大、调水线路之长和投资数额之巨已十分惊人。由于调水工程具有自然垄断性、多目标性、综合效益性、准公共物品的特性，单独靠政府管制或单纯运用市场机制来运作管理，都不能使工程达到预期目标。再加上由于国外政治集团代表不同阶层和利益，故因水资源开发利用导致的政治垄断和经济博弈日趋激烈。

美国是资本主义国家，但在水利建设上有很强的政府行为，几乎所有的调水工程都由联邦政府和各州政府统一组织建设，并负责工程的运行管理，政府可以从社会团体、个人和其他经济实体集资用于水利工程建设，但不允许私人直接建设和管理大型水利工程。在大型水利建设上，国家实行了垄断经营性管理，用以满足国家经济和人民生活对水资源的需求。

美国联邦政府和州政府有较完整的水管理机构，这些水管理机构的设置就是为了开发并利用好水资源，避免浪费水资源。这些水管理机构各司其职，分工负责，在美国水资源工程建设中发挥了很大作用。一些大型工程的建设均为总统直接干预，如：1931年总统批准的在科罗拉多河上建胡佛大坝；1933年罗斯福总统批准成立田纳西流域管理局，治理田纳西河水害、开发田纳西河水利；1935年总统批准的中央河谷工程总体规划等。在水资源调配及水工程中，尤其是跨流域、跨州河流和调水工程，其水量分配和调水量、建设项目的规划方案，除去技术经济问题外，还涉及大量的社会和环境问题，上下游之间、左右岸之间、调出和调入地区之间、各州之间利益冲突和矛盾大量发生。具体解决措施首先是由联邦政府进行协调，按协调达成的协议办事，对于长期协调不下的问题，为达到国家改善水资源配置的目的，最终要动用国家机器，由联邦高级法院做出判决。

例如美国西部的科罗拉多河，地处干旱地区，跨越七个州，最后由墨西哥入海。科罗拉多河年径流量200多亿m^3，为有效利用水资源，已建水库总库容达800多亿m^3，对天然径流做到了有效控制、多年调节。其水量分配经过政府协调，上游四个州按用水需要和人口数量于1922年达成分水协议，1944年美国和墨西哥两国就科罗拉多河水量分配和水质标准达成协议，但科罗拉多河下游的内华达、加利福尼亚和亚利桑那三州长期争议不下，最后由联邦高级法院判决，裁定各州应得水量及用水权益。

又如美国东北部的特拉华河，流域面积仅3.3万km^2，跨特拉华、新泽西、纽约和宾夕法尼亚四州，是美国经济发达人口稠密地区。纽约是美国第一大都会，但不在特拉华河流域内。当纽约市提出从特拉华河上游引水的要求后，受到下游几个州的反对，为保证纽约市的用水，1954年联邦高级法院判决，按均等分配的原则，纽约市可从特拉华河引水。目前纽约市在特拉华河上游已建成三座水库，经约200km长隧洞将特拉华河水东调到哈得孙河流域，供纽约市应用，日平均引水350万t，约占纽约市供水量的一半。特拉华河下泄水量减少后，费城附近一些支流河水重复利用已达六次之多。为管好用好特拉华河水资源，1961年成立了“特拉华河流域委员会”，负责协调工作、制定规划、调整计划、开展管理和研究工作等事务，由流域内四州州长和流域外的纽约市市长共同组成董事会，五方轮流担任执行董事，内政部长任董事长。

我国的南水北调工程就是在党和国家领导人的亲切关怀下，在国家相关部门通力配合下建设的跨世纪工程。我国调水工程具有中国特色社会主义制度显著优势。党的十九届四中全会首次系统提出了中国特色社会主义制度和国家治理体系具有13个方面的显著优势，其中有“坚持全国一盘棋，调动各方面积极性，集中力量办大事的显著优势”。集中力量办大事是中国特色社会主义制度的重要特征和突出特征，也能最直接、最形象、最有力体现中国特色社会主义制度的显著优势。新中国成立以来，我国建成了一座座举世瞩目的水利重大工程，在防洪除涝、农田灌溉、城乡供水、水土保持、水产养殖、水力发电等方面都取得了很大成就，逐步成长为水利大国、强国。南水北调工程、三峡水利工程、红旗渠、引黄济青、引滦入津、引黄入晋等，都是我国社会主义制度集中力量办大事优势的有力证明。

我国调水工程是集中力量办大事的重要实践领域，也是中国特色社会主义制度优越性在现代水治理事业中的重要体现。南水北调工程是在党和国家历届领导人的直接监督和指导下进行的。南水北调工程建设的每个重要阶段，都有中央领导同志的明确指示。最明显的是形成同意和最终批准总体规划，完成总体可行性研究报告，组建工程建设领导机构，筹措资金等重大事项，每一个阶段都要经过多部门、多省市的协调，如果没有中央领导同志的支持，这一切都很难实现。

就我国南水北调工程来说，原国务院南水北调工程建设委员会第二次全体会议对此做出了明确规定，即实行“政府宏观调控、准市场机制运作、现代企业管理和用水户参与”的体制。第一，原国务院南水北调工程建设委员会作为工程建设高层次的决策机构，决定南水北调工程建设的重大方针、政策、措施和其他重大问题。原国务院南水北调工程建设委员会办公室作为办事机构，负责研究提出南水北调工程建设的有关政策和管理办法，起草有关法规草案；协调国务院有关部门加强节水、治污和生态环境保护；对南水北调主体工程建设实施政府行政管理。第二，以政企分开、政事分开为原则，严格执行项目法人责任制、建设监理制、招标承包制和合同管理制。在项目法人管理的基础上，南水北调工程建设中实行直接管理与委托管理结合的方式，推行代建制管理的新型建设管理模式。为充分发挥工程沿线省市的积极性，部分项目建设实行委托制，由项目法人授权项目所在省市的建设管理机构通过合同进行建设管理。对技术含量高、工期紧的跨江、跨路大型枢纽建筑工程，以及省际、市际边界工程，应减少建设和管理的环节，由项目法人直接管理，便于控制关键节点工程的建设。无论项目是直接管理还是委托制，都应以代建制为主要方式。实行建管合一，不但可以改善管理水平，也为今后的运营管理留下了资源配置的空间。采用新的建设管理模式，是南水北调工程建设和管理的现实需要，对于发挥地方的积极性、提高工程建设和管理的效率、降低建设和管理成本，以及提高管理水平具有重要意义。

第十六章 中国南水北调工程的“大成智慧”

数千年来，中华民族在治水兴水及其重大工程建设方面取得了辉煌的历史成就，在工程建设管理实践中积累并形成了丰富经验。当今，我国大型调水工程建设管理实践在处理复杂性、前沿性、综合性问题方面居于世界前列。以此而论，研究中国的大型调水工程文化问题在很大程度上就是在研究世界性的调水工程文化创新发展问题。我国如此丰富的大型调水工程规划设计、建设管理、移民迁建之实践运作，是我们拥有文化自觉、增强文化自信的重要源泉。

举世瞩目的中国南水北调工程，既能促进南水北调与沿线生态环境有效融合，又能在南水北调的过程中实现经济效益、社会效益与自然效益和环境效益的共同发展，还能促进人与自然和谐相处，并在此过程中实现多重效益有机结合，形成良好的组织构建与循环系统，文化底蕴非常深厚，文化色彩非常灿烂，文化内涵新颖先进，是中华优秀传统文化同新时代红色文化相结合的集中体现，是我们党和国家“大成智慧”的集中体现，是我们的无价之宝。

第一节　由“大成智慧”到“大国重器”

钱学森晚年提出了“大成智慧”的思想，并就此做出大量的论述，目前集中表述为“必集大成，才得智慧”。如同钱学森独有的学识水平、人生经历、思维能力及社会责任，“大成智慧”无疑是一个内涵丰厚、意味深远、高屋建瓴的思想。而说到“大国重器”，既指航母、大飞机、天眼、高铁等重大成就，也指大型水利工程等。

2018年4月24日，中共中央总书记、国家主席、中央军委主席习近平在湖北考察时指出，三峡工程是国之重器。真正的大国重器，一定要掌握在自己手里。核心技术、关键技术，化缘是化不来的，要靠自己拼搏。2018年5月2日，他在北京大学考察时强调，重大科技创新成果是国之重器、国之利器，必须牢牢掌握在自己手上，必须依靠自力更生、自主创新。“必须”“牢牢”“一定”，斩钉截铁的用词，彰显的是大国重器在习近平总书记心中的分量。

南水北调工程则很好地将“大成智慧”和“大国重器”紧紧连结到了一起。

一、“大成智慧”之智

大成智慧学，是引导人们如何尽快获得聪明才智与创新能力的学问，是一个内涵很丰富的思想体系。大成智慧，是以科学哲学思想为指导的若干个“结合”：“量智”和“性智”的结合、科学与艺术的结合、逻辑思维与形象思维的结合等。其目的、宗旨在于通过将各个领域的知识和智慧综合起来，引导我们在面对宇宙、微观世界和快速变化的现代社会时，做出准确、科学、灵活、明智的决策和整体的、系统的判断，同时还能进行不断的发现和创新。简而言之，大成智慧就是以科学哲学思想为指导，在理论、工程、文化和艺术等多个领域中获得深层次的综合性的智慧，就是“集大成，得智慧”。南水北调工程的成功就是因为充分运用了现代信息网络和人机结合技术，以人为中心，依据辩证唯物论的指导思想，集古今中外有关信息、经验、知识、智慧之大成。

（一）这种智慧来源于对中外古代水利工程成功经验的借鉴

我们知道，调水工程是世界各地广泛存在的一种水利工程，早在4000多年前，埃及的尼罗河、印度的恒河、南美的亚马孙河、美国的密西西比河和科罗拉多河等地就已经有了调水工程。俄罗斯虽然水资源不缺，但却拥有纵横交错的大型运河网。目前全球40多个国家实施了400多项调水工程。中国历史上最早和最能体现人与水关系的事例是大禹治水的传说。传说开始负责治水任务的是大禹的父亲鲧，他采取“堵”的办法而做三仞之城，但经过九年治理而不得成功。大禹在总结父亲治水经验和失败教训的基础上，制定了可行的方案，用“疏导”的办法根治水患。在他的带领下，经过13年的努力，终于平息了水患。虽说这则传说的真实性有待历史考古学、社会科学、环境科学等方面的考证，但其流传久远的意义，不仅在于治水的经验与方法，更在于人们意识到大禹治水的伟大奋斗精神和治水方略的恒远价值和政治意义！

在中国古代历史上，曾涌现出了许多调水工程的例子，如京杭大运河、郑国渠、都江堰等均是2000多年前的代表。而新中国成立后，更有多项调水工程相继问世，例如东深供水、引滦入津、引黄济青等工程。

众所周知，始于春秋、形成于隋代、发展于唐宋、完善于元明清的京杭大运河是中华民族的宝贵历史文化遗产。大运河北起北京，南到杭州，途经京津两市及河北、山东、江苏、浙江四省，贯通海河、黄河、淮河、长江、钱塘江五大水系，全长约1794km。大运河的开通改变了中国不同地理环境的区域联系，形成了一张南北方位的水网，直接带动了运河沿岸经济的发展和城市的崛起。京杭大运河系人工开挖，虽然是对原有自然环境做出改变，但是经过漫长的历史演变，改变的自然环境逐渐形成一种独特的、相对稳定的、有着广泛影响的半自然的生态系统。

都江堰建成2000多年来一直发挥着作用，把解决防洪灌溉难题这一人类最大的梦想发挥到了极致，也使饱受水患的成都平原成为沃野千里的“天府之国”，使用至今灌区已达30余县市，面积近千万亩。都江堰治理最大的智慧在于对洪水的疏导和利用，不是盲目地建坝封堵，而是因势疏导，科学地将水分流，将沙分离，各自有出路，相安共存在。这一工程把治水科学理念、人类思想哲学情怀、文明开发的大智慧完美体现出来，让后人一直仰慕着。

与其他调水工程相比，南水北调工程又有其特殊性：一是跨流域。纵观国内外的调水工程，真正跨流域调水的很少，而南水北调工程跨越长江、淮河、黄河、海河四大流域，不仅解决了水资源供应的问题，更实现了全面的水资源优化调配。通过三条调水线路贯穿东、中、西部地区，并与长江、淮河、黄河、海河相连，形成以“四横三纵”为主的水网总体布局，能够为经济社会可持续发展提供稳定而有力的水资源保障。二是工程复杂，要求严格。现有的东、中线工程总长度达到3000km，又处于我国比较发达的地区，中线还有跨渠桥梁1800多座，跨越的公路、铁路、油气管道加在一起有几千处。作为一项长距离调水工程，其建设和运行均受到气候变化等多种因素的影响，这也是技术上的挑战，因此，对其建设和运营要求十分严格。三是水量大。南水北调工程计划三条线共调水448亿m^3，相当于一条黄河在当时的水量。四是领域广。南水北调工程不同于以往的水利工程项目，它不仅需要关注基础设施建设方面的问题，如修建渠道和建造堤坝，还需要重视社会领域的诸多挑战，例如征地移民、水污染治理、生态环境和文物保护等。为满足调水要求，东线项目在治理污染方面投入了140亿元，并安排了426个治污项目。这些举措已经初见成效，并为全国其他流域的重点污染治理提供了有益借鉴。南水北调工程正是在汲取中外古代水利工程智慧基础上集大成的典范。

（二）这种智慧来源于党和国家领导人决策集体的智慧

首先提出南水北调工程设想的是开国领袖毛泽东主席，他一生对于江河治理和水利工程做出过许多气势宏伟的批示，如“一定要根治海河”“一定要把淮河修好”“为广大人民的利益，争取荆江分洪工程的胜利”和“要把黄河的事情办好”等，但对于南水北调这一设想，他很严谨地说“如有可能”和“借点水来”。根据我国资源分布实际情况，从20世纪50年代开始，国家有关部门组织各方面专家对南水北调进行了近50年的勘察、调研和可行性研究，在科学论证的基础上进行了民主决策，论证阶段包括：1952—1961年的南水北调探索阶段、1972—1979年以东线为重点的规划阶段、1980—1994年东中西线规划阶段和1995—2002年全面论证及总体规划阶段。1995年，国务院召开会议指出，南水北调是一项跨世纪的重大工程，关系到子孙后代的利益，一定要慎重研究，充分论证，科学决策。2002年8月，国务院召开会议审议并通过了《南水北调工程总体规划》，重点调整增加了节水治污、环境保护、工程分期、水价分析、监管体制等要求。编制《南水北调工程总体规划》是一项复杂的工作，采取跨部门、跨地区、跨学科联合协作编制的方式进行，其内容涉及计划、财政、水利、农业、国土、物价、建设、环保等专业和部门，参与工作的工程技术人员达2000余人。总体规划成果包含1项总报告、4项分报告、12项附件、45项专题，凝聚了新中国上上下下几代人的心血和智慧。2002年12月27日，时任国务院总理朱镕基在人民大会堂宣布：“南水北调工程开工”，标志着南水北调这一跨世纪的宏伟构想开始变为现实。南水北调工程是一个巨大而复杂的系统工程，它不仅需要涉及大量主体和配套建设工程，还必须考虑诸多方面的问题，例如水污染防治、水资源保护、征地移民、文物挖掘保护等，因此，在实施过程中会面临来自各方的意见分歧和利益博弈。最高决策层需要站在各方利益的结合点上考虑问题，谋划工作。于全局需协调国家、企业与个人利益，平衡眼前利益与长远利益；于地方，要平衡各省、市利益；于实施，须坚持政府、市场“两手发力”。

（三）这种智慧来源于各类业界的相关技术创造与发明

就南水北调中线工程来说，这是我国自行设计建设的规模空前的跨流域调水工程，需要面对未曾遇到过的一系列技术难题，许多技术难题堪称“世界级”，必须锐意创新。南水北调是一个规模巨大且技术要求高的综合性工程项目，它包括150多个设计单元工程和2700多个单位工程，面临着十分复杂的技术问题。例如丹江口大坝的加高工程，该工程不仅需要增加混凝土厚度，还需要连接新旧混凝土并保证联合受力，这是全球范围内还没有类似实践的技术难题。值得自豪的是，南水北调建设者和科技工作者坚信“世上无难事，只要肯登攀”，最终，总干渠中的膨胀土处理问题、穿黄工程大口径盾构机穿过复杂地质层等难题，经过建设者创新攻关，均得到了有效破解。又如，沙河渡槽工程是南水北调中线规模最大、技术难度最高的控制性工程之一，综合规模世界第一，渡槽的设计和施工中多项技术在国内外处于领先水平，堪称“建筑奇迹”[①]。再如，北京的PCCP管道，直径4m，从生产、运输到安装，攻克了多个技术难关，管道制作就获得了两项国际专利。另外，南水北调技术管理也面临着很多挑战。从初步设计方案优化，到施工管理规范要求制定，在技术方案上面临着技术和社会两个方面的博弈，既要考虑技术上的必要性，又必须考虑在实施当中的可行性，倾听各方的意见，兼顾各方的利益。工程实施阶段，很多工程实践没有相应的技术规范和标准，需要我们深入研究和制定，并应用到施工当中去。这一举世罕见的工程，也是一个复杂的超级项目集群，其规模及难度国内外均无先例。在南水北调工程科技工作中，取得了大量的新产品、新材料、新工艺、新装置、计算机软件等科技成果；完成了专用技术标准13项（如：《南水北调中线一期丹江口水利枢纽混凝土坝加高施工技术规定与质量标准》《渠道混凝土衬砌机械化施工技术规程》《渠道混凝土衬砌机械化施工质量评定验收标准》等），申请并获得国内专利数十项（如：重力坝加高后新旧混凝土接合面防裂方法、长斜坡振动滑模成型机、电动滚筒混凝土衬砌机、电化学沉积方法修复混凝土裂缝的装置等），部分科研成果已应用到工程设计与施工中，对工程质量和进度起到了保障作用；多项科技研究成果获得了国家与省部级科技奖。

二、“大国重器”之重

人与水关系的处理，欲达到人水和谐的最佳状态，很大程度上依靠的是水利工程，尤其是在现代条件下，大型水利工程更是成为“大国重器”。南水北调工程，如长江三峡枢纽工程一样，亦显然荣列其中。

---

① 数据显示，沙河渡槽全长超过9000m，工程起点位于沙河南至黄河南段，终点设在鲁山坡流槽出口50m处，与南水北调中线鲁山北段设计单元相接，单槽重量达1200t，U形结构的槽身最大高度9.6m，远大于一般桥梁的箱梁高度；同时，大跨度薄壁双向预应力结构的槽身空间受力复杂，架设难度极大，因多项工程指标排名世界第一而被誉为“世界第一渡槽”。

（一）南水北调工程规模之大，体现了大国重器之大

1. 项目规模全世界首屈一指

南水北调是目前世界上最大型的调水工程，跨越长江、淮河、黄河、海河，横跨十几个省（自治区、直辖市），输送线路长、跨河多，工程范围广泛，效益显著，包括水库、湖泊、运河、河道、水坝、泵站、隧洞、渡槽、地下涵洞、倒虹吸、高压管道、渠道等，是一项极其复杂的大型水利工程。南水北调工程累计已有几十万人参与建设，投资总额已经达到2541亿元。

2. 全球最大的水利工程

南水北调工程的最大年调水目标是448亿m^3。其中，东线地区148亿m^3，中线地区130亿m^3，西线地区170亿m^3。

泵站群规模之大，堪称“世界第一”。南水北调东线一期工程输水干线长度为1467km，在整个项目中，设置了13个梯级泵站，一共有22处枢纽、34座泵站，总扬程为65m，总装机台数为160台，总装机容量为36.62万kW，总装机流量为4447.6m^3/s，它具有规模大、泵型多、扬程低、流量大、年利用小时数高等特点。项目完成后，将形成亚洲和全球最密集的大型抽水泵站群，其抽水系统的水力学模型和抽水系统的生产技术都将达到国际领先水平。

（二）南水北调工程影响范围之广，标注了大国重器之强

1. 受益者之众多

南水北调以黄淮海为重点，规划范围为4.38亿人口（2002年）。单是东、中线一期工程，就有253个县以上的城市直接用水，使1.4亿人直接受益。并为这些地区的产业结构、区域结构的调整提供机遇与空间。同时，还可为黄河下游补水，改善我国西北水资源的承载力。

2. 受益面之广大

南水北调是中国北方特别是黄淮海地区缓解水资源紧缺问题的一项重大战略任务。中国国土面积超过960万km^2，其水资源可利用范围为145万km^2，水资源储量约为15%。在东线和中线一期工程通水后，若以每次5万～10万元的计算投入工程，每年将新增18000个工作岗位；通水后，不仅可以改善水资源状况，而且可以充分发挥经济和社会发展的后劲，还可以带来更多的就业岗位；它将产生农业供水效益、防洪效益、航运效益、排涝效益和生态环境效益，以2000年的价格水平计算，多年平均年直接经济效益大约为553亿元。

3. 调水距离之长

南水北调东线、中线和西线三条主干线共计4350km，是我国目前调水距离最长的工程。到现在为止，东、中线一期工程的干线全长是2899km，沿线的六个省份的一级配套支渠大约有2700km，总长度达到了5599km。

4．移民迁建任务之重

南水北调中线丹江口水库扩高工程需要搬迁34.5万人，涉及河南省16.4万人、湖北省18.1万人，均须于2010、2011年内完成搬迁任务。其中，2011年完成搬迁19万人，这一年的搬迁强度，即搬迁人数，在全国乃至全球都创下了新的纪录，也是国际上首次出现的。河南和湖北等地建立了移民安置指挥部，形成了上下联动、责任明确、指挥有力、运行高效的工作机制，使搬迁群众的住房、交通、医疗、教育等条件得到了明显的改善。中线丹江口水库的搬迁工作，可以说是水运历史上规模最大的一次。

（三）南水北调工程开技术创新之先，彰显了大国重器之新

1．U形输水渡槽工程之大，堪称“世界第一”

如前所述，为避免影响调水线路上的其他河流，南水北调工程使用了大量渡槽，用来跨越调水路线上的原有河流，以降低工程产生的生态影响。其中，由于鲁山县地势相对低洼，又需要同时穿越沙河、将相河、大郎河三条大河，南水北调工程在这里采用了渡槽形式。南水北调中线湍河、沙河两个项目所用的渡槽，都是三向预应力U形渡槽，直径9m，跨径40m，最大过水能力420m/s，采用开槽机械进行原位浇筑。它的内径、单跨、最大流量在世界上都是第一。

2．输水隧洞管径之大，堪称“世界第一”

南水北调中线北京段西四环暗涵，由两个直径4m的有压输水隧道组成，通过北京市五棵松地铁站，这是世界上首次出现了大管径浅埋暗挖有压输水隧洞，它从正在运营的地下车站下部穿越，并且创造了暗涵结构顶部与地铁结构距离仅3.67m、地铁结构最大沉降值不到3mm的纪录。

3．解决了许多工程建设当中的世界难题

工程建设者克服重重困难，中线工程在20世纪50年代修建的湖北丹江口老坝基础上增高13m，从河南南阳淅川陶岔渠首闸放水自流到达北京，此项工程难度很大，因为老坝存在许多工程隐患，通过一系列复杂的施工，工程人员最终让老坝重新背起了一座新坝，解决了这一世界难题。另外，中线工程修建了长达4km的隧洞，在黄河底部穿越，施工过程历尽艰辛、意外重重，终于顺利完成；东线工程修建了13座梯组泵站，将江苏扬州附近的长江水提高到十几层居民楼的高度到达山东，利用山东与天津之间的地势差，使水自流至天津。

在长达12年的建设周期中，南水北调工程多项技术领先国内外，科技成果非常辉煌。

（四）南水北调工程的运行健康之效，检验了大国重器之优

南水北调工程的生命是质量。党中央、国务院高度重视南水北调工程质量，多次强调把南水北调工程建设成优质、可靠、放心的工程。确保清水北送、造福沿线群众，特别是通水后的工程安全、输水安全、水质安全，使工程真正发挥综合效益，以一种对国家、对人民、

对历史高度负责的态度，对工程质量进行全方位的管理，把重点放在加强质量监督上。特别是2011年工程建设进入高峰期、关键期以来，国务院南水北调工程建设委员会办公室进一步加强制度建设，明确质量责任，理顺体制机制，建立了以飞检、稽查和举报为主的监查体系，以“飞检”为主要检测手段，在工程施工现场进行质量监督检查[①]。“飞检”大队和稽查工作认真贯彻执行“高压严管”的质量监督原则，以“零容忍”的态度对待施工质量问题，对建设质量问题从速、从严、从重进行责任追究。经过上上下下的不懈努力，工程建设总体上按部就班，效果明显。在进行全方位的工程质量管理方面也积累了宝贵经验。

一是完善制度，明确质量管理责任。在全国范围内率先制定国家重点工程领域的质量责任终身制实施细则，颁布了《南水北调工程质量责任终身制实施办法（试行）》，明确了南水北调工程责任单位和个人，按照法律法规和有关规定对工程质量负相应的终身责任，因违反工程质量规定，造成工程质量问题的，即使发生单位转让、分离与合并，个人工作调动与退休，仍依法追究责任。

二是加强队伍建设，加强质量监督。抽调人手，组建南水北调工程建设稽察大队，以3～5人为一组，随机到施工现场，进行高频率的飞检，也就是不打招呼、不定期等，对在建工程质量展开检查，建立起质量飞检、质量问题认定和质量问题处罚三位一体的质量监管新体系。

三是鼓励群众积极参与。在南水北调东线和中线工程的主要线路上，每5km设置一块明显的公示牌。公告栏上有举报电话、举报邮箱、举报方式，举报内容涉及工程质量、安全、资金等。对群众的举报，做到及时接受、受理，抓紧查证、查实，从而充分调动社会人士监督工程质量，构建形成了一种南水北调系统甚至全社会齐抓共管工程质量的良好氛围，为将南水北调工程建成让人民群众放心、经得起历史考验的优质精品工程，提供了有力保障。

三、“大国重器”蕴藏的“大成智慧”

党的十八大以来，以习近平同志为核心的党中央高度重视南水北调工程建设和管理，推动南水北调工程建设步入决胜阶段。南水北调中线一期工程从全面建设到运行通水，在保障受水区居民生活用水、修复和改善生态环境、促进库区和沿线治污环保、应急抗旱排涝等方面，取得了实实在在的社会、经济、生态等综合效益，彰显了“大国重器”蕴藏的“大成智慧”。

一是科学决策、民主决策、依法决策的智慧。南水北调是一项系统工程，它不仅仅涉及

---

① “飞检”即飞行检查。飞行检查是检查的一种方式，就是在不通知被检查单位或被检查人的情况下，检查组直接到对方工地所在地，并对其进行检查，让对方措手不及，以达到检查真实水平和状况的目的。飞行检查启动慎重，行动快，一般采取“五不二直”（不发通知、不打招呼、不听汇报、不用陪同接待、不扰生产，直奔基层、直插现场）的抽查形式。因此，可以及时掌握真实情况，避免某些形式主义出现，发现被检查对象的实际情况，及时依法予以查处，避免出现严重的社会危害。

工程建设，还涉及水污染防治、水资源保护、征地移民、文物保护等方面的工作，这些工作充分体现了全面协调可持续的科学发展理念。南水北调既兼顾了工业和生活用水，又兼顾了农业和生态用水。在项目的建设与运营管理中，既要兼顾项目的建设与运营，又要兼顾项目的生态保护与水源治理。但是，在20世纪80—90年代，对于如何调水的问题，有关部门和单位内部存在着很大的分歧。南水北调和三峡不一样，三峡的争议在于要不要修建，而南水北调的争议在于怎么修建，也就是所有人都觉得有必要修建。但如何建造，意见分歧较大。有人提议先修建东线，也有人提议修建中线。关于东、中两条路线的辩论和论证进行了很多年，主要是因为当时资金有限，无法同时修建这两条路线。直到2000年6月，经几十年的论证，南水北调的总方案确定为从长江上游调水、中游调水和下游调水的东线、中线和西线。事实上，南水北调要解决的不仅仅是技术问题，还有很多关于设计、施工、移民、治污等问题的争议，特别是土地征用和安置涉及国家、地方、单位、集体和个人等多方面的利益，是一项政策性很强的工作。南水北调的重点是中线，中线调水的重点是移民问题。丹江口水库移民是我国南水北调中线工程建设中的一项重要内容，也是最具挑战性的问题。所以，兴建南水北调工程，首先要全面、科学地对待各方面提供的决策建议意见，统筹兼顾协调好各种利益诉求，实行科学决策、民主决策、依法决策。

二是高度协同、密切合作、两手并用的智慧。南水北调是解决我国北方缺水问题的重要战略基础设施，对未来的经济、社会和子孙后代都具有重要意义。国务院有关部门以及各省、自治区、直辖市人民政府对此都给予了足够的重视，正是得益于中央通盘考虑、科学规划，各方面密切合作，认真做好每一项工作，才确保南水北调工程能够顺利实施，并且能够早日发挥出应有的效益。

高度协同、密切合作的智慧不可或缺。南水北调工程除了需要部门、系统内外的高度协同、齐力攻坚，还需要区域省份之间的对口协同。2013年，国务院印发了《国务院关于丹江口库区及上游地区对口协作工作方案的批复》（国函〔2013〕42号），明确由北京、天津两市对中线水源区河南、湖北、陕西三省开展对口协作。“十二五”期间，北京市和河南省、湖北省建立健全了对口协作工作机制，确定了“一对一”结对关系。北京市每年从市财政安排5亿元，支持两省生态特色产业发展，改善基础设施条件。2017年，北京市出台《北京市南水北调对口协作“十三五”规划》，明确继续加大对口协作力度，安排对口协作资金25亿元，在提升精准扶贫、促进环境改善、发展生态产业、深化民生协作等方面，加强与河南、湖北两省的深入协作，共同构建起南北共建、互惠双赢的协调发展新格局。

用好“两手发力”，保障南水北调工程良性运行，充分发挥工程综合效益。单纯依靠市场手段，以现行的高水价，很难发挥出优化水资源配置、保护改善水生态环境的作用。一方面明确南水北调工程的公益性特点，适当发挥政府宏观调控作用，区别同一区域不同供水水源，通过调整水资源费，或者明确给予南水北调水一定政府补贴等方式，平衡不同水源供水价格。特别是增加不利于水资源可持续利用的供水水源成本，比如超采地下水和挤占生态用水。另一方面，运用市场手段，推行区域综合水价改革试点，在一定行政区域内（市或县）实现各类供水水源统一价格，运用市场手段消纳南水北调水量，促进区域内各类水资源优化配置。

两手并用的智慧不可或缺。这是因为，南水北调工程作为跨流域、跨省市的特大型水利基础设施，具有公益性和经营性双重功能。为了实现南水北调工程既定目标，首先，要按照“先节水后调水，先治污后通水，先环保后用水”的原则，进一步落实有关节水、治污和生态环境保护的政策和措施，实现节水、治污和生态环境保护的各项目标（尤其是南水北调东线沿线各省、直辖市，要切实加大治污力度，保证水质，确保供水安全）。其次，与此同时，又要综合考虑北方受水区水资源的供需状况和生态环境建设的要求，在《北京市南水北调对口协作“十三五”规划》提出的调水规模基础上，按照责权结合的原则，认真研究水价、用水权、筹资方案等因素，在立项阶段进一步核实工程调水规模。最后，要通过多种渠道筹集建设资金。对于南水北调主体工程，在使用国家财政预算内资金和银行贷款的同时，还要通过提高现行城市水价建立南水北调工程基金。基金方案既要考虑工程建设对投资的需求，还要考虑各类用水户的承受能力。

三是统筹兼顾、“三先三后”、系统治理的智慧。决策层经过多次研究，考虑到当时国家的财力等实际情况，提出了“先节水后调水，先治污后通水，先环保后用水”的“三先三后”的原则，并以此作为南水北调工程规划、建设和运行调度的基本方针。提出“先节水后调水”，是以我国水资源紧缺和水资源浪费严重的国情、水情、社情为依据的。在很多地区，农业灌溉仍然采用“大水漫灌”的方式，造成了大量的工业用水和城镇生活用水的浪费。所以，在加快南水北调工程的组织实施的过程中，采取了一系列有力的措施，进行节水工作，防止和避免发生大调水、大浪费的情况。为了更好地发挥价格的杠杆作用，目前已经初步建立起了一个合理的水价形成机制。长期以来的水价偏低，对节水和发展不利。因此，今后要继续进行坚定的改革，使水价更加合理，以推动全面的、科学的和立体式的节水。关于“先治污后通水”，既是形势所迫、大势所趋，也是以人为本、科学发展之道。水污染不仅会对人们的生命安全、身体健康、工农业生产造成严重威胁，还会加重水资源的紧张状况，使得有限的水资源无法得到有效的利用。在进行南水北调工程的规划与实施时，加大了对水质的控制力度，否则随着调水规模的扩大，水质会越来越差，最终变成“污水搬家”。在引水之前，必须先治理污染。以“以水为先，以水为本”为基础，提出了“以水为重”的解决方案。如果生态平衡被打破，其结果将是不可逆的。尤其是调出水源的区域，要对调水对当地的生态环境造成的影响给予足够的重视，在进行调水工程建设之前，必须对生态环境的保护进行全面考虑。

关于“先环保后用水”，南水北调工程的根本目标是改善生态环境。要通过水资源的配置，满足北方经济社会发展的水资源需求，保障经济社会的可持续发展，并使北方地区已遭到破坏的生态系统有所改善。在规划和实施南水北调工程中，要高度重视对生态环境的保护，生态平衡一旦遭到破坏，就会造成难以挽回的后果。特别是对调出水的地区，要充分注意调水对其生态环境的影响，一定要在周密考虑生态环境保护的条件下才能实施调水工程，也就是要“先环保后用水”。黄淮海流域是我国严重缺水地区。21世纪以来，由于长期干旱和经济社会的不断发展，水资源供需矛盾日益尖锐，许多河道断流、湖泊干涸、地下水过量超采、地面沉降塌陷、水体严重污染，直接危及人民群众的身体健康，制约经济社会的可持续发展。南水北调工程的实施，将较大地改善和修复黄淮海平原和胶东地区的生态环境，特别是提高受水区水资源与水环境承载能力，对实现受水区的可持续发展具有重要的战略意义。南水北调工程的近期供水目标，主要是城市生活和工业用水，同时兼顾农业和生态用水。解决农业缺水主要依靠发展节水灌溉、调整种植结构等措施，提高农业用水的效率。同时，将现在城市挤占的农业用水份额退还给农业，以及将城市污水经处理达标后的水量部分供给农业和生态。在丰水季节，通过合理调度还可直接向农业和生态补水，妥善安排好生活、生产和生态用水。南水北调在保证受水区可持续发展的同时，也高度重视调水区可持续发展和生态建设与环境保护，科学合理地确定南水北调工程的调水规模。南水北调工程对生态环境的影响，从调水区、线路区和受水区三个方面分别评价，对受水区的有利影响是主要的，受水区尤其是黄河以北地区，水资源短缺和水污染十分严重，已危及区域生态安全，通过东、中线工程的建设可以提高其水资源承载能力，促进受水区和线路区的环境治理和改善。但调水后会增加受水区的污水排放量，应加强受水区的水资源保护与水污染防治。南水北调可能引起的环境问题，重点在调水区。

四是保护自然、尊重自然、顺从自然的智慧。南水北调东线工程充分利用了京杭大运河及淮河、海河流域现有河道和建筑物，黄河以南沿线利用洪泽湖、骆马湖、南四湖、东平湖四个湖泊进行调蓄，湖泊与湖泊之间的水位差都在10m左右，形成四大段输水工程，各湖之间设三级提水泵站，南四湖上、下级湖之间设一级泵站，从长江至东平湖共设13个抽水梯级，地面高差40m，泵站总扬程65m，过黄河后全线自流输水。南水北调一期工程全长1432km，取自长江支流丹江口水库汉江陶岔渠，沿河道向西，经过唐白河，跨越长江和淮河之间的分水岭，沿着黄淮海平原向西延伸，在郑州西面的孤柏嘴，再沿着京广铁路向北延伸，最终到达北京和天津。整个输水线路从丹江口水库引水北上，利用伏牛山和桐柏山间的方城垭口是工程布局的一大亮点。方城垭口位于方城县东北部，垭口地势平坦，两侧地面高程达200m，垭口处仅为145m，被形象地比喻为南阳盆地“水盆”边沿上的天然“缺口”，正是这种独特的地形，才使南水北调中线工程顺利“流出”南阳盆地，从长江流域进入淮河流域，实现全程碧水自流到京、津。中线工程没有在高山中开挖大隧洞，保存了原有的山、水、林、田布局，可以说“方城垭口”就是南水北调中线自流输水线上的“鱼嘴”，中线布局充分地利用了南阳盆地周围难得的“鱼嘴”地形，顺势建渠，工程布置和地理环境达到了高度的统一，形成了浑然一体的工程体系。南水北调工程科学合理地确定了调水规模和调水布局，在保证调水区可持续发展的基础上，高度重视了调水区的生态建设与环境保护，这些项目都是国家水资源优化配置，促进经济社会可持续发展，保障和改善民生的重要战略基础设施，也是一项伟大的生态环境工程，更是一项保护自然、尊重自然、顺从自然的工程。

第二节 由“功在当代”到“利在千秋”

2014年12月12日，南水北调中线一期工程正式通水。中共中央总书记、国家主席、中央军委主席习近平做出重要指示，强调经过几十万建设大军的艰苦奋斗，南水北调工程实现了中线一期工程正式通水，标志着东、中线一期工程建设目标全面实现。他对工程建设取得的成就表示祝贺，向全体建设者和为工程建设做出贡献的广大干部群众表示慰问。同时他指出，南水北调工程功在当代，利在千秋。

一、南水北调工程功在当代

（一）南水北调工程实现了我国水资源的优化配置

南水北调工程是解决黄河、淮河和海河流域资源匮乏的战略措施。黄河、淮河和海河是中国西北和华北地区的重要水源地，目前该地区的水资源已接近其承载能力。海河流域的水资源开发和利用已经超过了该地区可用的水资源总量，黄河和淮河流域也将要达到其上限。根据国家经济发展战略，以及维护河流生态健康的要求，流域内的经济、社会和生态用水严重不足，南水北调工程的实施可以改善黄河、淮河、海河流域的缺水问题。作为旨在缓解北方地区严重缺水的重要战略性基础设施，南水北调工程旨在从长江沿东、中、西三线调水，穿越长江、淮河、黄河、海河四大流域，总调水规模448亿m^3，向145万km^2的地区供水，惠及4.38亿人。东线和中线一期工程已经完工，东线一期工程已于2013年通水。南水北调中线一期工程将从丹江口水库调水，沿京广铁路线西侧北上，全程自流，向河南、河北、北京和天津供水。干线全长达到1432km，平均每年调水95亿m^3，使沿线20个大中城市和100多个县（市）受益。

（二）南水北调工程促进了经济社会的可持续发展

南水北调，就是把长江流域丰盈的水资源抽调一部分送到华北和西北地区，从而改变中国南涝北旱和北方地区水资源严重短缺的局面，目的是促进中国南北经济、社会与人口、资源、环境的协调发展。截至2022年7月22日，南水北调中线一期工程陶岔渠首入总干渠水量逾500亿m^3，相当于为北方地区调来了超过黄河一年的水量，工程受益人口超8500万。沿线受水省份供水安全系数有效提升，居民用水水质明显改善，南水北调在保障水安全、修复水生态、改善水环境、优化配置水资源等方面发挥了经济、社会、生态等综合效益，惠及亿万群众，为经济社会发展提供了有力支撑。南水北调工程可以保障黄淮海流域的水资源，对保障北京、天津、河北、河南、山东经济社会发展，促进西部大开发进程、区域生产发展、生活富裕和生态良好意义重大。

（三）南水北调工程保障和改善了民生

这是我国改革开放和社会主义现代化建设的一件大事，成果来之不易。南水北调工程的建设有力保证了水质和供水安全。监测显示，南水北调中线一期工程通水以来，各项水质指标稳定达到地表水标准Ⅱ类以上，保证了“从丹江口到家门口，从源头到龙头”的水质安全。“水碱少了，口感甜了！”在天津，南水北调工程成为供水保障线，14个行政区的居民都喝上“南水”，从单一“引滦”水源变双水源保障，供水保证率大大提高。在河北，南水北调工程作为稳定水源，为石家庄市、保定市、邯郸市等沿线大中城市提供了可靠的饮用水保证。有力保证了生态安全。沿线各地地下水水源得到涵养，地下水位得到不同程度回升。在北京，南水北调中线一期工程对北京水资源调配、水源丰枯互济起到了重要作用。截至2023年3月22日，丹江口水库作为南水北调中线工程的起点，已累计向北方调水548.14亿m^3，水质持续保持或优于地表水Ⅱ类标准，惠及沿线24座大中城市、200多个县市区，直接受益人口达8500多万。按照黄河多年平均天然径流量580亿m^3计算，相当于为北方地区调来了超过黄河一年的水量。

二、南水北调工程利在千秋

（一）南水北调工程实现了造福当代、泽被后人、利在千秋的统一

过去，绝大多数的国内和国际调水工程都是单一用途的，有的针对农业灌溉，有的针对生活用水。南水北调工程是一个多用途的工程，不仅是一个输水工程，也是一个造福人民的整体生态工程。工程的实施将大大改善受水区的水资源状况和承载能力，向沿线100多个城镇供水，同时将城镇分配的部分水返还给农业和生态。在某种意义上是工业反哺农业，城市反哺农村，是利在千秋的生动体现。东、中线一期工程正式通水以来的运行实践证明，工程运行安全平稳，输水水质全面达标，在保障受水区居民生活用水、修复改善生态环境、促进库区和沿线治污环保、应急抗旱排涝等方面，均已取得实实在在的社会、经济、生态综合效益。南水北调东线工程对江苏、山东省内原有运河河道和湖泊进行了扩宽、疏浚，通过新建船闸扩大了原有的运河航运能力，同时开展环保治污，有力地促进了运河沿线生态环境建设。据环保部门监测，东线工程输水干线水质达标，输水沿线水质情况总体满足通水需要。南水北调中线工程从生态效益看，通过水源地生态保护、生态补水和干渠沿线缺水状况的根本改善，大大减少了过度提取地下水量，恢复了地下水位，增强了河流生态活力，改善了沿

河流域生态环境和局部气候条件，形成内陆城市独特的湖光山色。同时，通过加大生态建设力度，建设生态保护区，从根本上改善了受水区域的生态环境。通过精心组织、科学管理、做好移民工作等，使工程运行安全高效、水质稳定达标，移民安稳致富，实现了使之不断造福民族、造福人民的目标。

（二）南水北调工程实现了社会效益、经济效益、生态效益的统一

首先，巨大的社会效益。它解决了北方缺水的问题，促进了该地区的经济社会发展和城市化进程，也解决了700万人口长期饮用严重氟化和苦咸水的问题。南水北调工程的建设开创了“南北分布、东西互济”的综合水网模式，可以带动北方地区的经济发展，提高当地水资源的承载能力。其次，巨大的经济效益。根据东线和中线的总体可行性研究方案估算，南水北调工程投入的大量资金对中国经济发展和社会进步具有一定的推动作用，预计可以推动我国经济每年增长0.2%～0.3%。调水工程增加了我国北方的水资源供应，促进每年500亿元的工业和农业产出。此外，调水工程的实施每年将增加50万～60万人的就业机会。最后，巨大的生态效益。东、中线一期调水工程实施后，可有效缓解受水区地下水的过度使用，使北方地区水生态恶化的趋势得到初步遏制，生态环境得到逐步恢复和改善。工程通水以来，安全、平稳运行，水质全面达标。工程在保障库区群众用水、恢复和改善生态环境、促进库区及沿线污染治理和环境保护、抗旱防涝应急等方面取得了巨大的社会、经济和生态效益。

（三）南水北调工程实现了顺从民心、关注民意、改善民生的统一

移民在他乡遇到的就业、教育、文化等方方面面的问题，都很好地得到了解决，反映出南水北调工程在以人为本、保障群众利益方面取得了良好的安置效果，可谓是世界移民史上的经典案例。南水北调工程作为特大型基础设施，工程占地规模很大。根据东、中线一期工程项目建议书，工程永久占地面积约为100万亩，临时占地面积约50万亩，涉及7个省市100多个县，38万人需要搬迁，50多万人需要进行生产安置，平均每年需要搬迁约8万人。有些项目往往只重视移民安置，忽视生产发展，没有真正解决移民的生产能力问题，使移民安而不稳。国务院制定的南水北调征地移民工作方针是：要求实行开发性移民，把移民安置与资源利用和经济建设结合起来。因此，制定并实施了科学合理的移民制度和政策，既保证了可信度，又保证了灵活性。在全国率先将水利水电工程征地移民补偿标准由被征耕地前三年平均年产值的10倍提高到16倍。此外，还组织对贫困村、贫困组的生产安置进行追加补助，把移民新村建设与新农村建设相结合，把搬迁群众的生产安置与当地社会经济建设相结合，多渠道组织资金，协调地方在供水、供电、交通、通信、医疗、教育等方面的扶持政策，使大多数移民感受到党和政府的关怀。丹江口库区已安置24万多人，占库区移民总数的69%，初步实现了“平安、文明、和谐”的安置目标。

（四）南水北调工程助力了京津冀协同发展

随着京津冀协同发展、长江经济带发展、长三角一体化发展、黄河流域生态保护和高质量发展等区域重大战略相继实施，我国北方主要江河特别是黄河来沙量锐减，地下水超采等水生态环境问题动态演变。这些都对加强和优化水资源供给提出了新的要求。南水北调中线工程成为京津冀豫沿线大中城市地区主力水源。经过党和国家持之以恒对水资源进行科学调剂，促进南北方均衡发展、可持续发展，如今，中国版图上已经初步构筑起南北调配、东西互济的水网格局，正源源不断造福百姓。截至2023年2月5日，南水北调东、中线累计调水已经突破600亿m^3，惠及42座大中城市280多个县市区，直接受益人口超过1.5亿人。

第三节　由“空间均衡”到“人水和谐”

党的十八大以来，党中央统筹推进水灾害防治、水资源节约、水生态保护修复、水环境治理，建成了一批跨流域跨区域重大引调水工程。南水北调是跨流域跨区域配置水资源的骨干工程。南水北调工程通过调配自然资源，极大地缓解了人与水的空间失衡和人水关系紧张问题。

一、南水北调工程有力解决了“空间不均衡”的问题

我国水资源配置极不均衡。1998年，南方长江发生特大洪水，北方黄河水入海时间仅有5天；西南每年近6000亿m^{3}水资源白白流出国境，西北十年九旱，救命水卖到每吨800多元。包括首都在内的北方许多城市和工业区缺水矛盾日益尖锐。如何在保护、恢复生态健康，实现可持续发展的战略方针指导下，根据需要和可能适当调配水资源，使一部分南方水能调往北方，成为我国现代化建设进程中一件万民关注而又须慎重对待的大事。我国水资源非常贫乏，全国人均水资源量为2163m^3，只占世界平均水平的1/4，北方区域则更少，黄淮海河流域人均水资源量是全国的1/5。黄淮海流域人口、粮食产量、GDP占全国总量的1/3，水资源量是全国总量的7.2%，严重缺水已经成为北方区域经济社会发展的瓶颈。我国水资源短缺，且时空分布还不均匀，更加剧了问题的严重性。我国大部分地区夏季7月至9月雨水较多，南方和沿海区域经常会出现洪涝灾害，其他月份水资源短缺更加严重。1998年长江的大洪水，2000年、2001年北方地区严重干旱，带来的启示是要加强防汛工程的建设，还要利用洪水资源给北方多补水，在减少南方洪涝灾害时，须兼顾北方对水资源量的需求。华北地区缺水越来越严重，已经到了非解决不可的地步。尤其是北京，中国政治、经济、文化的中心，这个在中国最重要、最具活力的城市，一直承受人口快速膨胀的压力，伴随城市规模的迅速扩大，北京缺水的严重性也逐年加剧。当地表水日益短缺，北京2/3的用水须靠超采地

下水维持，致使城区地下水位下降了近40m，相当于十几层楼的高度。解决北方地区水资源短缺的问题，首先要加强节水。经过长期实践和论证，我们发现即便充分发挥节水、治污和挖潜的优势，短期内仅仅依靠当地的水资源也无法支持经济社会的可持续发展。事实证明，正是中央决定在加大节水、治污的同时，从水量相对充沛的长江流域向黄淮海地区调水，实施南水北调工程，才解决了我国夏汛冬枯、北缺南丰，水资源时空分布极不均匀的问题。

二、南水北调工程有力缓解了“人水关系紧张”的局面

中国南方区域水资源量大，经常发生洪涝灾害，但北方严重缺水，南水北调工程就是要修建东、中、西三条输水线路，将南方的水资源输送到北方，有效解决南涝北旱的问题，这是一个历时60多年的战略工程。而丹江口水库是中线工程的源头，从20世纪50年代就已经开始建造了。其实，中国的缺水问题早已影响了未来的发展，中国的水资源量只有世界人均水平的1/4，是世界上13个人均水资源最贫乏的国家之一。中国北方的北京、天津、山东、河南、河北等九个省市，人均水资源拥有量远远低于国际公认的人均500m^{3}极度缺水警戒线。目前北京人均水资源占有量还不足100m^3，假如世界上每人拥有一杯水，中国人每人只能拥有这杯水的1/4，而北京人只能喝到这杯水的1/88。从20世纪50年代开始，中国的水利工程技术人员开始对南水北调工程进行规划和设计，最终形成了现在的引水方案：南水北调东线工程从江苏扬州附近抽取长江水，利用京杭大运河及与其平行的河道逐级提水北送，并连接起调蓄作用的洪泽湖、骆马湖、南四湖和东平湖；出东平湖后一路向北穿过黄河，输水到河北、天津，另一路向东，经济南输水到烟台、威海。整条线路惠及江苏、安徽、山东、河北、天津五省市。中线工程把长江中游的湖北丹江口水库作为水源地，通过开挖渠道经过长江流域与淮河流域的分水岭方城垭口，在郑州以西穿过黄河，沿京广铁路西侧自流北上，沿途向河南、河北、北京、天津供水。西线调水，在长江上游通天河、支流雅砻江和大渡河上游筑坝蓄水，通过建渠首闸工程和隧洞穿过巴颜喀拉山，向黄河上游补水，正是这一举世瞩目的调水工程有效缓解了“人水关系紧张”的局面。

三、南水北调工程实现了多区域多维度的综合效益

遏制黄淮海地区和河西地区生态环境恶化的重要手段就是建设南水北调工程。黄淮海和西北地区生态环境恶化的根源是水资源量不足，治理和保护环境、建设和恢复生态系统的关键在于水资源量。实施南水北调工程，通过水资源置换等手段，为生态脆弱区域提供水资源，一定程度上修复了被破坏的生态环境，提高了地区的环境容量及承载能力，合理安排上中下游用水、生态环境和国民经济等的用水，实现人水和谐。随着西线工程前期研究工作的

深入，结合新形势和新时代发展要求，西线工程形成了上、下线组合调水方案，一期工程已具备开展可行性研究的条件。南水北调东、中线工程不但是“同胞”，更像一对“孪生子”，它们的兴建都是为了解决黄淮海平原和京津冀地区的缺水问题。东线调水成败在于治污，若干年前人们质疑条条“酱油河湖”能否变清，若干年后的今天，人们肯定东线成了流域治理的范例，水质达标率从3%到100%，水清了，岸绿了，有力地促进了沿线各地经济发展和生态保护的双赢。中线供水水质优良，已达到国家饮用水Ⅰ类和Ⅱ类水质要求。沿线河南、河北、北京、天津四省市5300多万人喝上了甘甜的“南水”，500多万人告别了高氟水、苦咸水，河湖环境得到改善，地下水位明显回升。北京按照“喝、存、补”的用水原则，通过自来水厂进行补水，并利用密云等大中型水库对水资源进行储存和回补。全市人均水资源量由原来的100m^3提升到150m^3，城区自来水日供水量近七成来自“南水”，供水范围基本覆盖中心城区和大兴、门头沟、昌平和通州部分地区。截至2021年12月12日，南水北调中线工程累计向天津市引调长江水超70亿m^3，水质24项指标全年在地表水Ⅱ类以上，供水范围覆盖天津市中心城区、环城四区及滨海新区等14个行政区，1200多万市民直接受益；向天津市子牙河、海河补水量连年增长，累计超过14亿m^3。南水北调水已经成为天津市的主力水源，为天津市经济社会的可持续发展和人民生活水平提高提供了强有力的水资源保障。石家庄市“南水”占供水比例73%，“南水”已成为居民主力水源。

东、中线一期工程正式通水以来的运行实践证明，工程运行安全平稳，输水水质全面达标，在保障受水区居民生活用水、修复改善生态环境、促进库区和沿线治污环保、应急抗旱排涝等方面，均已取得了实实在在的社会、经济、生态综合效益。南水北调工程解决了北方缺水问题，改善了当地饮用水水质的同时，提高了受水区城市的供水保障能力，破解了经济社会发展格局与水资源不匹配的难题，实现了资源配置效益的最大化，也有效促进了当地的经济发展，谱写了一曲从“空间均衡”到“人水和谐”的恢弘赞歌。

第十七章 中国南水北调工程文化的核心与传播

人类工程史的实践表明，伟大工程呼唤并催生伟大文化，伟大文化成就并引领伟大工程。南水北调工程是一项功在当代、利在千秋的特别重大的系统工程，涉及长江、淮河、黄河、海河四大流域，包括东线、中线和西线三个方向，跨越十余省市，调水量和工程距离均为世界最大，其政治、经济、社会、文化和生态效益非常显著。作为世界宏大的水利工程，其跨越时空、超越地域，富有巨大魅力，正在并将继续改变中国人的时空观、生态观及水事观，在人类水工程历史上具有重要价值。这一伟大工程，是我国水利事业“创新发展、协调发展、绿色发展、开放发展和共享发展”的首创与重举，是保障人民群众过上更美好的生活的重要物质基础。南水北调工程的建设，为实现人与自然和谐共生提供了新的智慧和新的方案，开辟了新的路径和新的境界。

第一节　中国南水北调工程文化的核心是南水北调精神

在漫长的治水过程中，中华民族形成了丰硕而瑰丽、独特而充实的水文化。水文化作为中华传统文化的重要部分，是中华民族独特精神标识的重要体现，积淀了中华民族深厚的精神追求。南水北调工程文化是中华水文化的辉煌明珠，是中华民族独特精神在当代的显著标识。南水北调工程文化的核心是南水北调精神。南水北调精神是新的历史条件下产生的伟大民族精神和国家精神。南水北调精神属于新中国，属于新时代，属于中国共产党精神谱系，同井冈山精神、长征精神、延安精神、红旗渠精神、愚公移山精神、焦裕禄精神、三峡精神、“两弹一星”精神一样，必将成为国家民族文明进步的强大精神动力。南水北调精神作为新时代国家精神和民族精神的集中体现，具有丰富的文化内涵与特色。

一、本色：人水和谐理念

人水和谐是水文化的精髓。“人”是社会、经济活动的主体，“水”是人类赖以生存和发展的基础性和战略性自然资源，“和谐”是和睦协调之意。不同时期的不同文献，对“人水和谐”的含义有不同的认识和定义。从人水和谐研究对象来看，有些专家学者强调的是人与水的地位、前途命运问题，有些专家学者则强调的是人与水生态、水环境的正向关系问题，还有些专家学者强调的是水文化或水生态文化发展的核心问题等。人水系统是人水和谐的研究对象，它依靠自身水循环动力和经济社会发展动力而演变。在明确人水和谐研究对象的基础上，不难看出，人水和谐一般是指人水关系发展进步的实质、核心、目标和过程。用水科学、水文化专业的话来讲，人水和谐是指人文系统与水系统相互协调的良性循环状态，即在不断改善水系统自我维持和更新能力的前提下，使水资源能够为人类生存和经济社会的可持续发展提供久远的支撑和保障[①~③]。目前世界上最大的调水工程——中国南水北调工程，是我国优化水资源配置，有效缓解北方水资源严重短缺的问题，关乎发展全局和保障民生的重大工程。

二、底色：人民至上思想

人民至上是我们立党立国的根基。党的最高利益和核心价值是全心全意为人民服务，是习近平总书记所说的“以人民为中心”。把“人民至上”作为南水北调工程的基本精神内涵，回答了建设南水北调工程“为了谁”和“为什么重要”“为什么重大”“为什么成功”的问题，也集中展现了南水北调工程决策的崇高境界。在南水北调中线工程建设中，在移民征迁过程中，各级政府、施工单位坚持人民至上，帮民困，解难题，推动了各项工作的开展。

三、亮色：大爱担当典范

大爱无疆是集体主义的灵魂。数十万库区移民和工程沿线征迁群众、移民征迁干部、工程建设者、工程管理者表现出的感人精神，属于最生动、最权威的大爱无疆。这种大爱精神是南水北调工程的灵魂和核心，推动了南水北调中线工程的建设。中华民族是一个有大义担当的伟大民族，是南水北调精神的亮色和强力支撑，南水北调精神是这一优良传统在新时代的彰显与弘扬。在南水北调中线工程建设实践中，广大党员干部和人民群众表现出了伟大的奉献担当精神。

（1）移民群众舍家为国、大爱无疆的奉献担当精神感人至深。为了国家大局，几十万移民忍痛舍弃家业，挥泪告别故土。

（2）移民征迁干部殚精竭虑、鞠躬尽瘁的奉献担当精神催人泪下。广大移民征迁干部亲情服务、勇挑重担，河南省有13位移民干部牺牲，体现了共产党人的先进性和纯洁性。

（3）工程建设者倾情付出、攻坚克难的奉献担当精神可歌可泣。建设者从讲政治、讲大局、讲责任的高度出发，倾情付出、攻坚克难，诠释了奉献担当精神在工程建设中的重要性。

（4）南水北调工程管理者周密组织、精心管理的奉献担当精神值得铭记。南水北调中线工程建设历时十余年，工作艰巨繁杂，工程管理者顽强拼搏，全身心投入，保证了工程按时建成通水。

南水北调精神丰富了社会主义核心价值观。宣传提倡南水北调精神，对于统筹协调配置

---

① 左其亭．人水和谐论及其应用研究总结与展望［J］．水利学报，2019，50（1）：135-144.
② 左其亭，张云．人水和谐量化研究方法及应用［M］．北京：中国水利水电出版社，2009.
③ 左其亭．人水和谐论——从理念到理论体系［J］．水利水电技术，2009，40（8）：25-30.

国家资源，敢于谋划更加伟大的事业和更加伟大的工程；对于学习传承广大移民的牺牲奉献精神，支持伟大国家建设；对于倡导工程技术人员科学、创新、求精精神，为了国家大业，一丝不苟、严谨敬业、精益求精、追求卓越，塑造大国工匠精神，都具有重要且强烈的示范作用。作为时代和民族精神重要组成部分的南水北调精神，是社会主义核心价值观的生动体现，也是践行社会主义核心价值观的重要成果。大力宣传、倡导南水北调精神，是在全社会培育和践行社会主义核心价值观的有效途径。

四、特色：彰显大国气象

大国气象是中华民族振兴的体现。中国共产党的坚强领导，使世界人民看到了伟大的“南水北调”工程项目。各级党组织和各条战线的共产党员始终不忘自己的初衷，充分地发挥自己的战斗堡垒和先锋模范作用，这就是共产党人的政治担当，也是我们党所具有的独一无二的优势。没有强大的国力作为支撑，“南水北调”这一大型的跨流域调水项目，是不可能完成的。前期，由于国家的科技和经济实力还没有发展到相当的地步，对于“南水北调”，也只是进行了一些勘测规划设计，并没有开始建设。由此可见，国家力量不仅是实现“南水北调”梦想的必要条件，也是南水北调精神得以产生的物质基础。在整个南水北调精神谱系形成过程中，大国统筹是最为重要的基石。南水北调是一项跨流域、跨行政区划的特大项目，仅凭某一部门或地方之力是很难完成的。国家作为统筹主体，要对南水北调进行全面规划和长期规划，将各方的资源和力量都汇集在一起。国家统筹是集中力量办大事的根基，是中国特色社会主义制度的巨大优势。在南水北调工程建设过程中，国家统筹发挥了重要作用，使得南水北调工程建设有序、高效地进行，最终实现了南水北调梦想。除此之外，大国工匠精神也是南水北调梦想成功的关键，它是中国传统文化中的一种重要价值观。在南水北调工程建设中，大力弘扬大国工匠精神，不断提高工程建设质量和效率，为南水北调梦想的实现贡献了重要力量。没有“精细”和“完美”的工匠精神，就不可能实现“伟大”和“辉煌”的工程项目。总而言之，南水北调工程的成功建设离不开中国共产党的坚强领导、大国实力的支持和推动、大国统筹的发挥和大国工匠精神的弘扬。这些都是南水北调精神形成的基础或重要组成部分。南水北调是极其复杂的系统工程，党中央国务院的坚强领导，各级地方党委政府的共同努力，规划设计施工部门的高度负责，基层组织和党员干部的艰辛工作，这一切，构成了当代中国建设伟大国家的特殊政治优势，也为中国未来基础设施建设提供了重要的借鉴和经验。

五、成因：生机活力无限

一种精神的形成，必有其赖以产生的环境和土壤。南水北调精神形成于中华民族站起来、富起来和强起来的历史时期，植根于中华民族母亲河——长江流域和黄河流域，具有很深的文化渊源和现实成因。

（一）革命红色基因的世代传承

中国共产党的建党精神，中国人民在共产党领导下争取独立解放、不怕牺牲的革命精神，是南水北调精神的“灵魂”。无论是井冈山精神、长征精神、延安精神，还是无数革命先烈英勇牺牲为国捐躯的精神，实际上都从深层次影响着南水北调工程建设主体的思想与行为，影响着库区移民的思想与行为。

（二）社会主义建设精神和改革开放时代精神的充分体现

南水北调精神的产生，不仅受到中国革命精神的影响和感染，而且直接受到产生于中原地区的红旗渠精神、焦裕禄精神、愚公移山精神的榜样、示范和激励作用。如果说红旗渠是一个地方的劳动人民的智慧结晶，而南水北调工程就是新的历史条件下国家层面的“红旗渠”，是在共产党领导下中国人民实践愚公移山精神所创造的新的伟业。

（三）长江文化和黄河文化的滋养

东线工程自不待言。仅就中线工程而言：一是楚风汉韵的孕育。丹江口水库是南水北调中线工程的直接水源地，而真正水源来自整个汉江流域。自豫西南至鄂西北至陕南，是中华文明，尤其是楚汉文化的主要起源地。这里走出的人物，如屈原、姜尚、范蠡、张衡、张仲景等都是以报效国家为终身使命，而立足汉江流域和文化终成大业的刘邦、刘秀、刘备，不仅先后创造了“两汉三国”历史辉煌，也使这一区域成为汉朝、汉人、汉族、汉字、汉语、汉文化的圣地。生活在这样一种社会环境中的人民，具有浓厚的民族自豪感和爱国主义精神，甘愿为自己的祖国做出牺牲与贡献；遵照国家的要求，不为政府增加负担，是他们的集体意志，也是自觉选择。二是受到中原文化的滋养和滋润。在中原地区积极进取、尚中爱国、宽容大度、生生不息的人文精神熏陶下，南水北调中线工程受益，无论是在规划设计、工程建设、征地拆迁、科技革新等工作中，还是中原百姓在搬迁安置等方面，他们所展现出来的是一种朴实的精神；面对国家的重大工程，他们表达的是担当、上进的黄河精神特质和崇高的思想理念。

也就是说，南水北调精神不仅与伟大的南水北调工程紧密相连，而且同长江文化、黄河文化、中原文化、荆楚文化紧密相连，和整个中华民族生生不息、顽强拼搏的历史文化背景紧密相连。

六、传承与弘扬：精神力量无穷

（一）确定新时代的南水北调精神作为国家格式的“民族精神”

挖掘和提炼该项目在建设过程中所产生的爱国情怀、奉献精神和高尚品德，有利于后世子孙牢记和继承这些精神，奋力实现中华民族伟大复兴的中国梦。将百年项目所留下的宝贵精神财富，纳入中国的发展史，成为新时代民族精神的主要内容，将为实现中华民族的伟大复兴提供源源不断的精神力量。

（二）在推动重点水利事业的发展中，把南水北调精神发扬光大

面对当今水治理环境复杂，涉及面广、难度大、周期长的情形，广大水利工作者需要大力弘扬南水北调工程中敬业奉献、创新求实、追求卓越的伟大精神。“只要精神不滑坡，办法总比困难多。”我们必须把南水北调精神作为我国重大水利事业发展的强劲动力。

（三）在南水北调运行工作中，将南水北调精神发扬光大

从实际出发，将南水北调精神纳入供水工程中，是对这一思想最好的传承与弘扬。一是要弘扬南水北调精神，加强与之“配套”的项目的建设与运营，保证“一条清渠”进入每一个家庭。二是要继续发扬“南水北调”精神，保护“绿色生命线”。南水北调的成功与否取决于水质的好坏，保护好这条滋润北方的“绿色生命线”是弘扬南水北调精神的首要前提。三是要积极发展对口协作关系，推动“南北共建、互利共赢”的地区发展模式，使所有人都能享受发展的果实。

（四）在帮助移民群众创造美好生活过程中继续发扬南水北调精神

南水北调是一项重大的水利项目，也是一项重要的民生项目，其基本的出发点和落脚点就是为了满足人们的生活和发展需求。让移民群众“搬得出、稳得住、能发展、快致富”，既是调水工程实施后亟待解决的难题，又是发扬“南水北调”精神的根本。弘扬南水北调精神，就要落实好人民的主体地位，始终坚持以人民为中心，切实维护好、发展好、实现好广大移民群众的根本利益，让他们真正体会到，自己不但是南水北调工程的参与者，还是这一千秋伟业的直接受益者。

总之，我们党在加速推进社会主义现代化建设，实现中国梦的过程中，凝聚了一种新的时代精神——南水北调精神，它继承并发扬了以爱国主义为主要内容的民族精神，发扬了以改革开放为主要内容的新的时代精神。大力发展南水北调精神，有利于使全党和全国人民更好地团结在以习近平同志为核心的党中央周围，更加自觉地增强道路自信、理论自信、制度自信、文化自信，更加信心百倍地进行伟大斗争、建设伟大工程、推进伟大事业、实现伟大梦想，具有重大的现实意义和深远的历史意义。

第二节　中国南水北调工程文化的对外交流

南水北调工程是中国水利史上的一座丰碑，是我国在改革开放中铸就的大国重器，已经

永久地载入了中华民族的史册。加强中国南水北调工程文化的对外交流，对彰显中国文化软实力、坚定文化自信、为世界提供水工程文化交流方案具有十分重要的示范意义和引领价值。

让南水北调工程文化走出国门，让世界领略南水北调工程和谐之美。国家主席习近平日前在亚洲文明对话大会开幕式上的主旨演讲中指出，中华文明是亚洲文明的重要组成部分，中华文明是在同其他文明不断交流互鉴中形成的开放体系。他强调，今日之中国，不仅是中国之中国，而且是亚洲之中国、世界之中国。未来之中国，必将以更加开放的姿态拥抱世界、以更有活力的文明成就贡献世界。回顾历史，从某种意义上说，中华民族悠久的文明史是一部兴水利、治水患、除水害的历史。大禹治水是中华民族大规模治水的开始，都江堰使成都平原成为水旱从人、沃野千里的"天府之国"，京杭大运河历经春秋、隋唐、元明清2500多年的风风雨雨，至今仍发挥着重要的作用……新中国成立以后，党中央、国务院领导组织全国人民开展了一系列治水活动：治淮工程、官厅水库、三门峡水利枢纽、长江三峡、黄河小浪底、百色水利枢纽等一大批重点工程相继开工或建成……这其中，气度非凡的南水北调工程，是新中国成立70多年来水利建设史上的一项创举。南水北调工程及沿线的建筑之美、人文之美、生态之美、地理之美和发展之美，足以让世界动容。

让南水北调工程文化走出国门，让世界知晓南水北调工程背后的伟大精神和动人故事。国家主席习近平在亚洲文明对话大会开幕式上发表的主题讲话，深刻诠释了中华文化在传承与创新中不断发展，在顺应时代潮流中不断提升的丰富内涵，揭示了中华文化在兼收并蓄中长盛不衰的品质和品格，为共建亚洲命运共同体、人类命运共同体提供了强劲的正面力量。中华民族既具有发奋图强、刚健勇猛的进取精神，又具备厚实和顺、厚德载物的优良品质，在南水北调工程文化中，无疑包含这些优良的精神品质。南水北调工程中的移民彰显了中华民族的精神品质，在具体操作上也具有许多时代的特征，如国家对移民的救济补助、移民安置的优惠政策、工程施工的科技手段、国家对工程项目的经济调节与调控等等，既发挥了国家集中力量办大事的传统优势，又发挥了现代市场经济的调节优势。南水北调工程本身就是利国利民的大事情，工程建设过程中还把调动民众积极参与、促进经济发展与解决民生问题、生态问题等相结合，一举多得。可以说南水北调工程移民精神蕴含着新的时代意义。

让南水北调工程文化走出国门，让世界感知中国道路、中国方案的独特魅力。南水北调工程文化作为中华民族文化的重要组成部分，把中华民族千百年来的理想诉求变成了可以看得见的恢弘景观。中国人民为什么能够在南水北调中取得如此辉煌的成绩，为什么能够谱写出如此惊天动地的"世界奇迹"，这一切都来自党的领导力量、国家制度的力量、人民群众的力量、科学技术的力量、改革开放的力量、市场经济的力量和文化的力量等。实现中华民族的伟大复兴和实现中国梦，同样需要借助这些现实的力量、文化的力量。向世界全面展示南水北调工程文化的独特魅力，在"越是民族的越是世界的"的对外传播中，让世界知道"真实的中国、自信的中国、文化的中国"。

参考文献

1 金元浦，薛永武，李有光，等. 中国文化概论（第二版）［M］. 北京：中国人民大学出版社，2012.

2 中国水利文学艺术协会. 中华水文化概论［M］. 郑州：黄河水利出版社，2008.

3 靳怀堾. 中华文化与水［M］. 武汉：长江出版社，2005.

4 董文虎，刘冠美，等. 水工程文化学：创建与发展［M］. 郑州：黄河水利出版社，2017.

5 朱海风，张多新. 中华文化“水”之核心话语研究［M］. 北京：中国水利水电出版社，2022.

6 左其亭，张云. 人水和谐量化研究方法及应用［M］. 北京：中国水利水电出版社，2009.

7 赵纯厚，朱振宏，周端庄. 世界江河与大坝［M］. 北京：中国水利水电出版社，2000.

8 杨立信，等. 国外调水工程［M］. 北京：中国水利水电出版社，2003.

9 王光谦，欧阳琪，张远东，等. 世界调水工程［M］. 北京：科学出版社，2009.

10 水利部国际合作与科技司，水利部信息研究所. 国（境）外水利水电考察报告与学习报告选编（1994—1997）［M］. 北京：海潮出版社，2000.

11 左大康，刘昌明. 远距离调水：中国南水北调和国际调水经验［M］. 北京：科学出版社，1983.

12 弗雷德·皮尔斯. 当江河枯竭的时候：21世纪全球水危机［M］. 张新明，译. 北京：知识产权出版社，2009.

13 朱学西. 中国古代著名水利工程［M］. 天津：天津教育出版社，1991.

14 本书编纂委员会. 中国南水北调工程［M］. 北京：中国水利水电出版社，2017.

15 钱正英，张光斗. 中国可持续发展水资源战略研究综合报告及各专题报告（第1卷）［M］. 北京：中国水利水电出版社，2001.

16 文丹. 南水北调中线工程［M］. 武汉：长江出版社，2010.

17 刘汉桂. 南水北调北京工程前期工作纪实［M］. 北京：中国水利水电出版社，2009.

18 张修真. 南水北调：中国可持续发展的支撑工程［M］. 北京：中国水利水电出版社，1999.

19 张基尧. 南水北调工程建设管理体制探索与实践［M］. 北京：中国水利水电出版社，2008.

20 国务院南水北调工程建设委员会办公室，等. 南水北调中线生态文化旅游产业带规划纲要［M］. 北京：中国电力出版社，2013.

21 国务院南水北调工程建设委员会办公室. 南水北调工程人文报道集［M］. 北京：中国水利水电出版社，2009.

22 欧阳敏. 水源地：南水北调中线工程［M］. 北京：人民出版社，2010.

23 傅新平，等. 南水北调中线工程与全面建设小康社会研究［M］. 武汉：长江出版社，

2006.
24 潘家铮，张泽祯．中国北方地区水资源的合理配置和南水北调问题［M］．北京：中国水利水电出版社，2001.
25 程殿龙．南水北调精神大家谈［M］．北京：中国水利水电出版社，2013.
26 钱正英．中国水利［M］．北京：水利电力出版社，1991.
27 钱正英．水利文选［M］．北京：中国水利水电出版社，2000.
28 汪恕诚．人水和谐：科学发展［M］．北京：中国水利水电出版社，2013.
29 张基尧．南水北调回顾与思考［M］．北京：中共党史出版社，2016.
30 王树山．记忆［M］．郑州：黄河水利出版社，2011.
31 赵学儒．圆梦南水北调［M］．北京：作家出版社，2014.
32 程殿龙，等．南水北调进行时：中国作家南水北调中线行［M］．北京：中国水利水电出版社，2011.
33 赵川．我的南水北调：百名人物访谈实录［M］．郑州：郑州大学出版社，2016.
34 中共南阳市委组织部，中共南阳市委南水北调精神教育基地．历史的见证［M］．北京：中央文献出版社，2015.
35 刘道兴．南水北调精神初探［M］．北京：人民出版社，2017.
36 朱海风，等．南水北调工程文化初探［M］．北京：人民出版社，2017.
37 潘家铮．千秋功罪话水坝［M］．北京：清华大学出版社，2000.
38 上海发展战略研究会．三峡工程的论证与决策［M］．上海：上海科学技术文献出版社，1988.
39 中国水利学会．三峡工程的论证［M］．北京：中国社会科学出版社，1990.
40 聂辰席．文化传播力［M］．北京：学习出版社，2012.
41 汪恕诚．人与自然和谐相处：破解中国水问题的核心理念［J］．今日国土，2004（Z2）：6-9.
42 陈雷．弘扬和发展先进水文化　促进传统水利向现代水利转变［J］．中国水利，2009（22）：17-22.
43 鄂竟平．南水北调工程的战略效益［J］．瞭望，2011（28）：1.
44 王健君，王仁贵．专访国务院南水北调工程建委办主任鄂竟平　世纪调水“重组”中国水资源［J］．瞭望，2011.
45 余达淮，张文捷，钱自立．人水和谐：水文化的核心价值［J］．河海大学学报（哲学社会科学版），2008（2）：20-22，29，90.
46 左其亭．人水和谐论——从理念到理论体系［J］．水利水电技术，2009，40（8）：25-30.
47 郑晓云．水文化的理论与前景［J］．思想战线，2013，39（4）：1-8.
48 朱海风．关于南水北调工程命名的思考与建议［J］．华北水利水电大学学报（社会科学版），2014，30（1）：1-8.
49 朱海风．水文化与水科学融通共振是当代中国治水兴水的重要路径［J］．中州学刊，2017（8）：89-92.
50 楚行军．西方水伦理研究的新进展——《水伦理：用价值的方法解决水危机》述评［J］．国外社会科学，2015（2）：155-159.

51 徐元明. 国外跨流域调水工程建设与管理综述［J］. 人民长江，1997（3）：13-15.
52 李庆中. 南水北调工程保障国家水安全的作用探析［J］. 水利发展研究，2020，20（9）：9-12.
53 贲克平. 国外大规模跨流域调水的经验教训与展望［J］. 湖南水利水电，2000（6）：26-29，34.
54 冯德顺，石伯勋. 美国加利福尼亚州调水工程成功的启示［J］. 水利水电快报，2003（4）：1-2.
55 郑连第. 中国历史上的跨流域调水工程［J］. 南水北调与水利科技，2003（S1）：5-8，48.
56 刘冠美. 中西水工程文化内涵比较初探［J］. 华北水利水电学院学报（社科版），2013，29（3）：8-12.
57 史鸿文. 论中华水文化精髓的生成逻辑及其发展［J］. 中州学刊，2017（5）：80-84.
58 张元刚，蔡洪卿. 从文化的视角规划布设水利工程设施［J］. 中国水利，2010（14）：66-67.
59 马吉刚，张伟，崔群，等. 以绿色文化理念提升调水工程水平的思考［J］. 中国水利，2013（6）：58-59.
60 聂艳华，刘东，黄国兵. 国内外大型远程调水工程建设管理经验及启示［J］. 南水北调与水利科技，2010，8（1）：148-151.
61 马芳冰，王烜. 调水工程对生态环境的影响研究综述［J］. 水利科技与经济，2011，17（10）：20-24.
62 朱桂香，唐海峰，樊万选. 南水北调：功在当代　利在千秋［J］. 生态经济，2011（7）：18-23.
63 李天良. 南水北调工程规划研究历程［J］. 河南水利与南水北调，2007（5）：5-7.
64 李志启. 举世瞩目的跨世纪工程——南水北调［J］. 中国工程咨询，2013（2）：15-20.
65 李斯杨. 南水北调工程的建设技术难题及解决措施研究［J］. 科技资讯，2009（33）：109，112.
66 盛昭瀚，等. 重大工程管理理论的中国话语体系建设［N］. 光明日报，2018-6-22（11）.
67 韩亦方. 半个世纪的梦想——南水北调规划的研究历程［J］. 南水北调与水利科技，2003（S1）：10-13，49.
68 陈磊. 南水北调工程技术创多项世界之最［N］. 科技日报，2012-12-28（1）.
69 赵敏，常玉苗. 跨流域调水对生态环境的影响及其评价研究综述［J］. 水利经济，2009，27（1）：1-4，75.
70 汪达. 论国外跨流域调水工程对生态环境的影响与发展趋势——兼谈对我国南水北调规划的思考［J］. 环境科学动态，1999（3）：28-32，20.
71 刘斌，庞进武，祝瑞祥，等. 美国长距离调水工程考察报告［J］. 人民长江，1994（7）：35-39.
72 王瑞平，陈超. 浅析南水北调移民精神——以河南省南水北调丹江口库区移民为例［J］. 河南水利与南水北调，2014（7）：18-20.
73 王菡娟. 鄂竟平：希望全社会都来呵护南水北调这个伟大工程［N］. 人民政协报，

2015-10-22（7）.
74 孙鸿烈，郑度，夏军，等. 专家笔谈：资源环境热点问题[J]. 自然资源学报，2018，33(6)：1092-1102.
75 耿思敏，夏朋. 社会关切的调水工程影响问题刍议[J]. 水利发展研究，2020，20(10)：84-89.
76 杨国辉. 不断提高文化传播能力和水平［N］. 人民日报，2018-8-23.
77 曲莹璞. 坚定文化自信 增强中华文明传播力影响力［N］. 求是，2023.
78 齐林，黎晓奇. 构建数字经济时代文化传播新模式［N］. 学习时报，2019-8-9（8）.

后记

本书是河南南阳干部学院委托项目的最终研究成果，也是华北水利水电大学水文化研究团队集体劳作的结晶。几年来，课题组各位同仁深耕细耘，付出了辛勤的努力。具体分工是：前言、第一章、第二章、第四章、第九章、第十章、第十四章由焦红波编写；第三章由朱海风和史鸿文编写；第五章、第六章、第八章、第十一章、第十二章、第十五章、第十六章由朱涵钰编写；第七章由史鸿文编写；第十三章由郭度编写；第十七章由包晓编写。各章写成后，课题组内部进行了讨论修改，并认真征求了有关专家的意见，最后全书润色通稿事宜由焦红波和朱涵钰负责。

非常感谢河南南阳干部学院的指导、支持，感谢华北水利水电大学有关领导的关心、帮助。本书的出版得到了2022年河南省哲学社会科学规划年度项目“马克思哲学视野中人类命运共同体思想的整体性研究”（项目批准号：2022BZX006）、2023年河南省专业学位研究生精品教学案例项目（项目批准号:YJS2023AL008）、2023年度河南省重点研发与推广专项（软科学）项目“河南省‘五位一体’人才政策吸引力评价研究”（项目编号：232400411111）、2022年度河南省重点研发与推广专项（科技攻关）项目“基于区块链的水利工程水毁修复项目投资管控综合平台设计与实现”（立项编号：222102320174）和2023年度河南省重点研发与推广专项（软科学）项目“基于Z世代传承弘扬黄河文化需求的数字化精准传播机制研究”（立项编号：232400410146）的资助，在此一并表示感谢。

本书参考了诸多的理论类、研究报告类、新闻报道类、辞书参考类等文献资料，这里一并向所有的作者表示我们的敬谢之意。限于篇幅，有不少没有列入“参考文献”之中，也请相关作者给予谅解。

本书着眼于中外大型调水工程的文化比较，学术上涉及的学科和专业比较多，包括文化学、工程学、管理学、哲学、政治学、经济学、历史学、水科学、地理学等；实际上还需要有更多的实地考察、访问，掌握更多的第一手材料。于此，我们虽努力攻关，但仍感力所不逮。作为课题组牵头人，我深感水平有限，文中的失当在所难免。谨望各位读者不吝赐教！容后在大家的指导帮助下修改，以争取不断提高。

焦红波
2023年5月5日于华北水利水电大学